计算机系列教材

张千帆　主　编
莫嘉铭　王　翀　副主编

数据结构与算法分析
（C++实现）

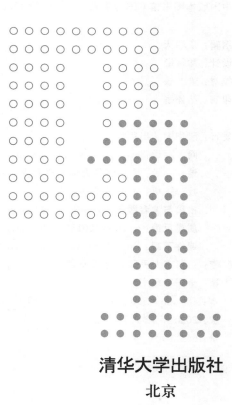

清华大学出版社

北京

内 容 简 介

本书基于面向对象的概念和对象类设计原则，由浅入深、系统地介绍各类数据结构的内在逻辑关系及其在计算机中的表示和实现。对实际问题的求解，展示了数据结构的定义和算法设计的方法；对各类查找和排序算法的详细描述，对比了不同数据结构的适用性。C++算法实现，在落实算法思想的同时，展示算法实现技巧以及算法效率分析。所有C++程序均可以直接编译运行，算例和运行结果所见即所得。C++类的 UML 类图汇总每个类的属性与方法以及各个类之间的关系，帮助读者构建数据结构与算法分析的整体知识架构。

本书内容丰富、图文并茂、实用性强，配有电子课件、完整的程序源代码、习题参考答案等教学资源，适合作为信息管理与信息系统专业、大数据管理与应用专业、计算机类专业本科生数据结构课程的教材。

图书在版编目（CIP）数据

数据结构与算法分析：C++实现/张千帆主编.—北京：清华大学出版社，2020.10（2023.10重印）
计算机系列教材
ISBN 978-7-302-56437-9

Ⅰ.①数…　Ⅱ.①张…　Ⅲ.①数据结构－高等学校－教材 ②算法分析－高等学校－教材③C++语言－程序设计－高等学校－教材　Ⅳ.①TP311.12

中国版本图书馆 CIP 数据核字（2020）第 178260 号

责任编辑：张瑞庆
封面设计：常雪影
责任校对：梁　毅
责任印制：丛怀宇

出版发行：清华大学出版社
网　　　址：http://www.tup.com.cn, http://www.wqbook.com
地　　　址：北京清华大学学研大厦 A 座　　　　邮　　编：100084
社　总　机：010-83470000　　　　　　　　　邮　　购：010-62786544
投稿与读者服务：010-62776969，c-service@tup.tsinghua.edu.cn
质量反馈：010-62772015，zhiliang@tup.tsinghua.edu.cn
课件下载：http://www.tup.com.cn，010-83470236
印　装　者：三河市人民印务有限公司
经　　　销：全国新华书店
开　　　本：185mm×260mm　　　印　　张：22.5　　　字　　数：533 千字
版　　　次：2020 年 12 月第 1 版　　　　　　　印　　次：2023 年 10 月第 2 次印刷
定　　　价：65.00 元

产品编号：082548-01

前　言

数据结构研究计算机系统内表示、组织、处理和存储数据的方式,算法则着重于程序处理流程的优化,二者相辅相成,共同提高程序的时间与空间效率。数据结构课程已经成为高等学校计算机科学与技术、信息管理与信息系统、软件工程等专业的核心课程,并有越来越多的专业技术人员对数据结构知识提出了更高的需求。

本书共 10 章和两个附录。第 1 章绪论,主要介绍学习数据结构的意义、数据结构的基本概念,算法中的抽象数据类型及其在 C++ 语言中的表示与算法实现的原则,算法的定义、特征及效率分析。第 2 章线性表,主要介绍线性表的基本概念和逻辑结构,线性表的顺序存储结构和链表的存储结构,顺序表、单链表、双向链表及循环链表的相关操作与 C++ 算法实现。第 3 章栈与队列,主要介绍栈和队列的基本概念、存储结构和基本操作,以及对应的 C++ 算法实现,并以算术表达式转化和求值为例介绍栈和队列的应用。第 4 章串,主要介绍串的定义、特点、存储结构和基本的串处理操作,以及对应的 C++ 算法实现。第 5 章数组和广义表,主要介绍数组和广义表的定义、特点、存储结构与 C++ 算法实现。第 6 章树和二叉树,主要介绍二叉树的基本概念、存储结构及其操作,并研究树和森林、二叉树之间的相互转换方法,以及树的一个重要应用——最优树和哈夫曼编码方法。第 7 章图,主要介绍图的基本概念,图的邻接矩阵、邻接表、十字链表、邻接多重表等存储结构,图的深度优先遍历与广度优先遍历算法、最小生成树算法以及其他应用算法。第 8 章查找,主要介绍查找的基本概念,静态查找表、动态查找表及哈希表的表示方法,顺序查找、折半查找、分块查找、二叉排序树、二叉平衡树、B-树、哈希表等查找方法以及 C++ 算法实现与算法分析。第 9 章排序,主要介绍排序的基本概念,插入排序、希尔排序、快速排序、直接选择排序、堆排序、归并排序、基数排序的方法与 C++ 算法实现,以及各种排序算法的比较分析。第 10 章是一个综合案例,通过实际生产问题的求解过程,深化读者对数据结构的理解,提高读者的综合应用能力,展示数据结构与算法的魅力。附录 A 给出本书中算法实现时的文件夹结构,附录 B 给出本书中算法实现时 C++ 类中间的 UML 关系图。每章习题及其参考答案可以通过扫描每章后所附的二维码得到。

本书的主要特点如下。

(1) 参照数据结构普遍的分类规范进行内容编排,涵盖了一般需要掌握的所有基础数据结构与算法,并对算法的效率进行了对比分析。

(2) 实例引入和图文讲解展现了将实际问题转换为抽象的数据结构的方法,并设计了相应的算法。

(3) 基于 C++ 语言面向对象的概念和对象类设计原则进行算法实现,体现了面向对象的三大特点——封装、继承和多态,利用封装实现其独立的原理特点,利用继承实现各个数据结构之间的关联,利用多态展现数据结构在实际问题中的调用方法。附录 B 中涵盖了各个 C++ 类对应的 UML 类图,从中可清晰地看到每个类中的属性与方法,以及各个类之间的关系。

（4）为了满足教学过程中的上机练习需求，书中所有的算法实现均可以通过直接编译运行，并附上相应的算例和运行结果，便于读者对比实现。同时，采用.h 头文件与.cpp 定义文件分离的方式进行算法实现，避免对数据结构重复定义，引用位置也在附录 A 的文件夹结构中详细展示。

（5）建议将书中的数据结构进行自主实现，但同时本书也介绍了几种基础数据结构对应的标准模板库（STL）里的容器，若读者时间不足，可以在了解后直接使用现有组件。

（6）每一章最后通过扫描二维码都有匹配的思考和练习题，包含概念理解、算法拓展、解决实际问题等题型，同时参考答案里附上了每个问题的解题思路、可执行的 C++ 代码及运行结果供读者参考。

本书内容丰富、结构合理、实用性强，配有电子课件、完整的程序源代码、习题参考答案等教学资源。

本书由张千帆任主编，莫嘉铭、王翀任副主编。本书的编写得到了漆鹏飞、吴庆华的支持，并参考了同行专家的著作和成果，在此向他们表示衷心的感谢！

由于作者水平有限，书中难免有不当之处，敬请专家和读者批评指正。

张千帆

2020 年 5 月

目　录

第1章　绪论 ……………………………………………………………………………… 1

1.1　数据结构与程序设计 ……………………………………………………………… 1

1.1.1　学习数据结构的意义 ………………………………………………………… 1

1.1.2　数据与数据结构 ……………………………………………………………… 2

1.1.3　数据结构的类型 ……………………………………………………………… 4

1.2　抽象数据类型 ……………………………………………………………………… 5

1.2.1　C++ 中的数据类型 …………………………………………………………… 6

1.2.2　抽象数据类型与 C++ 特性 …………………………………………………… 6

1.3　算法分析 …………………………………………………………………………… 10

1.3.1　问题、算法与程序 …………………………………………………………… 10

1.3.2　算法效率的度量 ……………………………………………………………… 10

本章小结 ………………………………………………………………………………… 14

第2章　线性表 …………………………………………………………………………… 15

2.1　线性表的基本概念 ………………………………………………………………… 15

2.1.1　线性表的定义与特点 ………………………………………………………… 15

2.1.2　线性表的存储结构 …………………………………………………………… 15

2.2　顺序表的算法实现 ………………………………………………………………… 17

2.2.1　顺序表的创建和插入 ………………………………………………………… 19

2.2.2　顺序表内结点的查找 ………………………………………………………… 23

2.2.3　顺序表内元素的删除 ………………………………………………………… 28

2.3　单链表的算法实现 ………………………………………………………………… 30

2.3.1　单链表的结点结构和一般形式 ……………………………………………… 30

2.3.2　单链表的创建和插入 ………………………………………………………… 32

2.3.3　单链表内数据元素的查找 …………………………………………………… 37

2.3.4　单链表内数据元素的删除 …………………………………………………… 40

2.3.5　单链表的合并 ………………………………………………………………… 43

2.4　双向链表的算法实现 ……………………………………………………………… 47

2.4.1　双向链表的结点结构和一般形式 …………………………………………… 47

2.4.2　双向链表的创建和插入 ……………………………………………………… 49

2.4.3　双向链表内元素的查找 ……………………………………………………… 53

2.4.4　双向链表内元素的删除 ……………………………………………………… 55

2.5　循环链表的算法实现 ……………………………………………………………… 57

2.5.1　循环链表的结点结构和一般形式 …………………………………………… 57

2.5.2 循环链表的创建 ·· 58

2.6 线性表的应用——一元多项式的存储和相加 ·········· 63

2.6.1 一元多项式的存储和相加的实现方式 ·············· 63

2.6.2 一元多项式的存储和相加的实现 ·················· 65

2.7 STL 的使用 ·· 68

2.7.1 STL 简介 ·· 68

2.7.2 STL 应用实例 ·· 68

本章小结 ·· 69

第 3 章 栈与队列 ·· 71

3.1 栈的基本概念 ·· 71

3.1.1 栈的定义与特点 ······································ 71

3.1.2 栈的两类存储结构 ···································· 71

3.2 顺序栈的算法实现 ·· 72

3.2.1 顺序栈的建立和顺序栈入栈 ························ 72

3.2.2 顺序栈出栈 ·· 74

3.3 队列的基本概念 ·· 76

3.3.1 队列的定义与特点 ···································· 76

3.3.2 队列的存储结构 ······································ 77

3.4 顺序队列的算法实现 ······································ 78

3.4.1 顺序队列的建立和顺序队列入队 ·················· 79

3.4.2 顺序队列出队 ·· 80

3.5 循环队列的算法实现 ······································ 83

3.5.1 循环队列的建立和循环队列入队 ·················· 83

3.5.2 循环队列出队 ·· 85

3.6 链队列的算法实现 ·· 87

3.6.1 链队列的建立和链队列入队 ························ 87

3.6.2 链队列出队 ·· 88

3.7 栈和队列的应用——算术表达式的转化和求值 ·········· 89

本章小结 ·· 96

第 4 章 串 ·· 97

4.1 串的基本概念 ·· 97

4.1.1 串的定义与特点 ······································ 97

4.1.2 串的存储结构 ·· 98

4.2 串的算法实现 ··· 100

4.2.1 串赋值算法 ··· 100

4.2.2 求子串算法 ··· 102

4.2.3 串比较算法 ··· 104

　　　4.2.4　串连接算法 ·· 106
　4.3　串的模式匹配算法实现 ·· 107
　　　4.3.1　串的朴素模式匹配算法 ·· 107
　　　4.3.2　改进的模式匹配算法 ·· 109
　本章小结 ··· 114

第 5 章　数组和广义表 ·· 115
　5.1　数组的基本概念 ·· 115
　　　5.1.1　数组的定义与特点 ·· 115
　　　5.1.2　数组的存储结构 ·· 116
　5.2　特殊矩阵的压缩存储 ·· 117
　5.3　矩阵的算法实现 ·· 120
　5.4　广义表的基本概念 ··· 126
　　　5.4.1　广义表的定义与图形表示 ·· 126
　　　5.4.2　广义表的存储结构 ·· 127
　5.5　广义表的算法实现 ··· 128
　本章小结 ··· 134

第 6 章　树和二叉树 ·· 135
　6.1　树的基本概念 ··· 135
　　　6.1.1　树的定义与基本术语 ·· 135
　　　6.1.2　树的表示形式和存储结构 ·· 136
　6.2　二叉树的基本概念 ··· 140
　　　6.2.1　二叉树的定义与性质 ·· 140
　　　6.2.2　二叉树的存储结构 ·· 142
　　　6.2.3　树、森林和二叉树的转换 ·· 144
　　　6.2.4　二叉树的遍历 ··· 146
　6.3　二叉树算法实现 ·· 147
　　　6.3.1　二叉树的建立 ··· 147
　　　6.3.2　递归的二叉树前序遍历、中序遍历、后序遍历 ····················· 150
　　　6.3.3　非递归的二叉树前序遍历 ·· 153
　　　6.3.4　非递归的二叉树中序遍历 ·· 155
　　　6.3.5　非递归的二叉树后序遍历 ·· 157
　6.4　哈夫曼树及其应用 ··· 161
　　　6.4.1　哈夫曼树与哈夫曼编码 ·· 161
　　　6.4.2　哈夫曼算法实现 ·· 162
　本章小结 ··· 168

第 7 章　图 ·· 169

 7.1　图的基本概念 ·· 169

  7.1.1　图的定义和术语 ·· 169

  7.1.2　图的表示与存储结构 ·· 173

 7.2　图的构造算法实现 ·· 176

  7.2.1　图的基本类定义 ·· 176

  7.2.2　构造顺序表存储的图 ·· 179

  7.2.3　构造邻接表存储的无向图与有向图 ···································· 182

  7.2.4　构造十字链表存储的有向图 ·· 188

  7.2.5　构造邻接多重表存储的无向图 ·· 193

 7.3　图的遍历算法实现 ·· 197

  7.3.1　深度优先遍历算法 ·· 198

  7.3.2　广度优先遍历算法 ·· 200

 7.4　最小生成树算法实现 ·· 204

  7.4.1　普里姆算法 ·· 205

  7.4.2　克鲁斯卡尔算法 ·· 209

 7.5　图的应用 ·· 216

  7.5.1　拓扑排序 ·· 216

  7.5.2　关键路径 ·· 220

  7.5.3　最短路径——迪杰斯克拉算法 ·· 225

  7.5.4　最短路径——弗洛伊德算法 ·· 229

 本章小结 ··· 234

第 8 章　查找 ·· 235

 8.1　查找的基本概念 ·· 235

  8.1.1　查找的相关术语 ·· 235

  8.1.2　查找表结构 ·· 236

 8.2　顺序表查找算法实现 ·· 236

 8.3　有序顺序表的折半查找算法实现 ·· 240

 8.4　索引顺序表的分块查找算法实现 ·· 245

  8.4.1　索引表 ·· 245

  8.4.2　分块查找算法实现 ·· 246

 8.5　二叉排序树及其算法实现 ·· 250

  8.5.1　二叉排序树及其查找过程 ·· 250

  8.5.2　二叉排序树建立及插入结点的过程 ···································· 251

  8.5.3　二叉排序树删除结点的过程 ·· 251

  8.5.4　二叉排序树的算法实现 ·· 253

 8.6　平衡二叉树及其算法实现 ·· 258

  8.6.1　平衡二叉排序树及其构造 ·· 258

　　　　8.6.2　平衡二叉排序树算法实现 ·· 261

　　8.7　B-树及其算法实现 ··· 268

　　　　8.7.1　B-树 ··· 268

　　　　8.7.2　B-树的查找 ··· 269

　　　　8.7.3　B-树的插入 ··· 269

　　　　8.7.4　B-树的删除 ··· 271

　　　　8.7.5　B-树的算法实现 ·· 273

　　8.8　哈希查找的算法实现 ··· 282

　　　　8.8.1　哈希表 ··· 282

　　　　8.8.2　哈希函数的构造方法 ··· 282

　　　　8.8.3　哈希冲突的处理方法 ··· 283

　　　　8.8.4　哈希表的算法实现 ··· 285

　　本章小结 ··· 289

第 9 章　排序 ··· 290

　　9.1　排序的基本概念 ··· 290

　　　　9.1.1　排序相关术语介绍 ··· 290

　　　　9.1.2　常用的内部排序算法类型简介 ··· 291

　　9.2　插入排序的算法实现 ··· 292

　　　　9.2.1　直接插入排序 ··· 292

　　　　9.2.2　希尔排序 ··· 295

　　9.3　交换排序的算法实现 ··· 299

　　9.4　选择排序的算法实现 ··· 303

　　　　9.4.1　直接选择排序 ··· 303

　　　　9.4.2　堆排序 ··· 306

　　9.5　归并排序的算法实现 ··· 313

　　9.6　基数排序的算法实现 ··· 316

　　9.7　各种内部排序方法的比较 ··· 321

　　　　9.7.1　时间性能 ··· 321

　　　　9.7.2　空间性能 ··· 321

　　　　9.7.3　排序方法的稳定性 ··· 322

　　9.8　外部排序 ··· 322

　　本章小结 ··· 322

第 10 章　综合案例 ··· 323

　　10.1　背景介绍 ··· 323

　　10.2　问题分解 ··· 323

　　　　10.2.1　旅行商问题 ··· 323

　　　　10.2.2　动态规划 ··· 325

10.2.3　带酒店选择的旅行商问题 ·················· 328

10.3　总结与思考 ···················· 331

附录 A　文件夹结构 ···················· 332

附录 B　UML 类图 ···················· 334

B.1　第 2 章线性表的相关类图 ···················· 334

B.2　第 3 章栈与队列的相关类图 ···················· 336

B.3　第 4 章串的相关类图 ···················· 337

B.4　第 5 章数组和广义表的相关类图 ···················· 338

B.5　第 6 章树和二叉树的相关类图 ···················· 339

B.6　第 7 章图的相关类图 ···················· 341

B.7　第 8 章查找的相关类图 ···················· 344

B.8　第 9 章排序的相关类图 ···················· 346

参考文献 ···················· 347

第 1 章　绪　　论

本章主要介绍数据结构的基本概念、数据结构的逻辑结构与物理结构、抽象数据类型的表示与实现、算法和算法设计的要求、算法代价的度量。本章的难点是算法效率的时间渐近度分析方法。

1.1　数据结构与程序设计

1.1.1　学习数据结构的意义

学习一门程序设计语言，记住了该语言的语法、词法以及一些常用的函数，就意味着已经掌握了编写程序的基本工具。不过语言只是语言，光靠语言是写不出好的程序的。就好比写一篇论文，首先要确定用哪种语言写，显然，如果是写给中国人看，就用中文；写给美国人看，就用英文。确定了语言之后就能写论文了吗？论文的结构如何设计？研究方法、写作技巧和注意事项是什么？如果不知道这些，语言能力再强也写不出好论文。同样，要写出一个好程序，仅学会程序设计语言也是不够的。

例如，求表 1.1 所示 4×4 矩阵中所有元素的平均数，可以用下面两种设计方法实现。

表 1.1　4×4 矩阵

2	0	3	0
0	7	0	0
0	0	1	0
3	0	0	0

第一种设计方法如下。

```
1.    int main()
2.    {
3.        int a11,a12,a13,a14;
4.        int a21,a22,a23,a24;
5.        int a31,a32,a33,a34;
6.        int a41,a42,a43,a44;                    //依次声明矩阵的元素变量
7.        int sum,average;                        //声明总和与平均数变量
8.        a11=2; a12=0; a13=3; a14=0;
9.        a21=0; a22=7; a23=0; a24=0;
10.       a31=0; a32=0; a33=1; a34=0;
11.       a41=3; a42=0; a43=0; a44=0;             //给矩阵赋初值
12.       sum=a11+a12+a13+a14+a21+a22+a23+a24+a31+a32+a33+a34+a41+
13.           a42+a43+a44;
```

```
14.        average=sum / 16;                          //求平均数
15.        cout <<" 矩阵元素的平均数为:" <<average <<endl;
16.
17.        return 0;
18. }
```

程序的运行结果如图 1.1 所示。

矩阵元素的平均数为：1

图 1.1　第一种设计方法程序的运行结果

第二种设计方法如下。

```
1.    int main()
2.    {
3.        //用数组给矩阵赋值
4.        int a[16] ={2,0,3,0,0,7,0,0,0,0,1,0,3,0,0,0};
5.        int sum, average;                          //声明矩阵总和与平均数变量
6.        sum =0;                                    //设置总和初值
7.        for (int i =0; i <16; i++)
8.            sum +=a[i];                            //计算总和
9.        average =sum / 16;                         //计算平均数
10.       cout <<"矩阵平均数为:" <<average <<endl;
11.
12.       return 0;
13. }
```

程序的运行结果如图 1.2 所示。

矩阵平均数为：1

图 1.2　第二种设计方法程序的运行结果

以上两种设计方法都是正确的。但是，第一种设计方法使用 16 个内存变量存储 4×4 矩阵中 16 个位置上的数据，算法的扩充性不是很好。如果不是 4×4 的矩阵，而是 100×100 的矩阵，这个程序就需要很大的修改。第二种设计方法使用数组结构存储矩阵元素值，算法的时空效率都有所提高。

可见，同一个问题的解决方法有多种，采用不同的数据结构会影响到程序运行的效率和灵活性。当对这些按照一定规律组织的数据进行操作时，理论上存在一种或几种与某种数据结构相匹配的最优（或近似最优）算法，以此确保操作数据的时空效率。

计算机科学家沃思（N. Wirth）提出：**数据结构＋算法＝程序**。数据结构和算法是程序设计的基础，这正是学习数据结构与算法课程的意义。

1.1.2　数据与数据结构

计算机是用来处理和存储数据的。数据在计算机中的表示和存储是有规律、有结构的。

1. 数据结构实例

在表 1.2 所示的学生信息登记表中,学号、姓名、性别、年龄是数据项(item),每一行内容是一条记录(record)。该学生信息登记表是一个线性表。

表 1.2 学生信息登记表

学　号	姓　名	性　别	年　龄
2008251001	张平	男	19
2008251002	王晶	男	19
2008251003	李梅	女	20

在图 1.3 所示的某高校的院系设置图中,学校、各学院、各系是结点(node);学校与学院、学院与系之间是层次关系或父子关系。该高校的院系设置图是树状结构的。

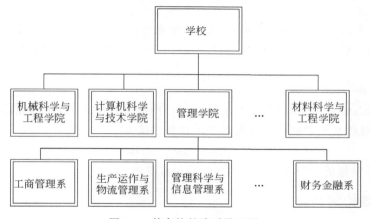

图 1.3 某高校的院系设置图

在图 1.4 所示的部分城市之间的飞机直航线路图中,北京、武汉、广州等城市是顶点(vertex),两个顶点之间的边(edge)表明这一对顶点之间有直航线路,图中任意两个顶点之间都可能有关系。该直航线路图是一个网状结构。

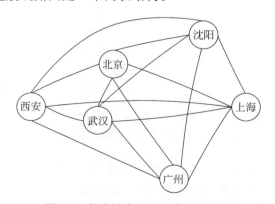

图 1.4 部分城市之间的直航线路图

2. 数据结构基本术语

1）数据

在计算机科学中，数据（data）是指所有能输入计算机并被计算机程序加工、处理的符号的总称。例如，具有一定意义的文字、字母、数字符号的组合、图形、图像、视频和音频等。计算机存储和处理的对象十分广泛，表示这些对象的数据也随之变得越来越复杂。

2）数据元素

数据元素（data element）是数据的基本单位。元素、记录、结点、顶点等在计算机程序中通常作为一个整体进行考虑和处理。

3）数据项

数据项（data item）是数据不可分割的最小单位，如学号、姓名、性别等。一个数据元素可由一个或多个数据项组成。例如，一个学生的个人信息作为一个数据元素，包含学号、姓名、性别等数据项。

4）数据对象

数据对象（data object）是由类型相同的数据元素组成的集合。数据对象是数据的一个子集。例如，由正整数组成的数据对象 $D_1 = \{1, 2, \cdots\}$，由 26 个字母组成的数据对象 $D_2 = \{A, B, \cdots, Z\}$。

5）数据结构

数据结构（data structure）是相互之间存在一种或多种特定关系的数据元素的集合。数据结构由数据对象及该对象中所有数据成员之间的关系组成。记为

$$\text{Data\_Structure} = (D, S)$$

其中，D 是数据对象的有限集，S 是 D 上关系的有限集。

1.1.3　数据结构的类型

数据结构包含逻辑结构和物理结构。

1. 逻辑结构

数据之间的相互关系称为逻辑结构。逻辑结构通常有 4 种基本结构：集合、线性结构、树状结构和网状结构，如图 1.5 所示。

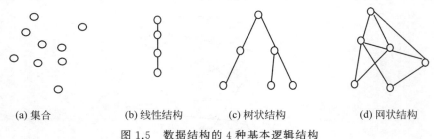

(a) 集合　　　(b) 线性结构　　　(c) 树状结构　　　(d) 网状结构

图 1.5　数据结构的 4 种基本逻辑结构

（1）集合中的数据元素除了同属于一种类型外，无其他关系。

（2）线性结构中的数据元素之间存在一对一的关系。

（3）树状结构中的数据元素之间存在一对多的关系。

（4）网状结构中的数据元素之间存在多对多的关系。

2. 物理结构

数据结构在计算机中的表示称为数据的物理结构,又称为存储结构。实现数据的逻辑结构到计算机存储器的映像有多种不同的方式。顺序存储结构和链式存储结构是两种最主要的物理结构。

1)顺序存储结构

顺序存储结构是将逻辑上相邻的数据元素存储在物理上相邻的存储单元里,结点之间的关系由存储单元的相邻关系决定。例如,用数组存储数据序列{1,2,3,4},如图 1.6 所示。数据的逻辑位序与其在数组中的物理位序是一致的。

数据元素	逻辑位序	数组中的下标
1	1	0
2	2	1
3	3	2
4	4	3

图 1.6　存储 4 个数据元素的数组

2)链式存储结构

链式存储结构打破了计算机存储单元的连续性,可以将逻辑上相邻的两个数据元素存放在物理上不相邻的存储单元中。链式存储结构的每个结点中至少有一个指针域体现数据之间逻辑上的联系。例如,用链式存储结构存储数据序列{1,2,3,4},其中,L 为指向单链表的头指针,如图 1.7 所示。数据的逻辑位序不一定与物理位序一致。

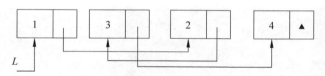

图 1.7　包含 4 个结点的单链表

数据的逻辑结构与物理结构是密切相关的,算法的设计取决于选定的逻辑结构,而算法的实现依赖于采用的物理结构。

1.2　抽象数据类型

现实生活中,数据之间的关系是千变万化的。抽象是认知世界的基础处理方法。例如,一栋房子可能是一间房、两室一厅、三室两厅、四室两厅或者别墅,但是它们的建筑材质都是砖瓦、钢筋、混凝土等建筑原材料。又如,一节节火车车厢、排队买饭的学生都可以抽象成线性结构;企业的组织结构、家族的谱系关系、字典的目录结构都可以抽象成树状结构;发达的城市交通网络、复杂的人际关系都可以抽象成网状结构。

同样地,可以使用抽象概念描述程序设计时使用的抽象数据类型。程序设计语言的数据类型是组成抽象数据类型的原材料。

1.2.1　C++ 中的数据类型

C++ 提供了基本数据类型和组合数据类型。基本数据类型有整型、字符型、浮点型和布尔型。组合数据类型有数组类型、结构体类型、枚举类型和联合体类型。两种数据类型的区别在于：构成数组的每一个元组，都必须拥有相同的数据类型；但是在结构体数据类型中，每一个组成元素的数据类型可以不同，可以是 4 种基本数据类型中的一种或多种。

例如，用数组将 C++ 中基本数据类型声明和输出如下。

```
1.   int main()
2.   {
3.       //数组初始化
4.       int a[5] ={3,5,1,8,9};
5.       char b[5] ={'a', 'b', 'c', 'd', 'e'};
6.       float c[5] ={1.1, 1.12, 1.121, 1.1212, 1.12121};
7.
8.       cout <<"各值为:" <<endl;
9.       //输出数组值
10.      for (int i =0; i <5; i++)
11.          printf("%d%4c%11.6f\n", a[i], b[i], c[i]);
12.
13.      return 0;
14.  }
```

该程序的运行结果如图 1.8 所示。

图 1.8　程序的运行结果

1.2.2　抽象数据类型与 C++ 特性

从众多相似的实例中概括出共同点，找到公共操作，构造一个抽象数据类型，进而得到一个数据结构，这样的过程就是抽象化过程。抽象让人们在使用数据时，把注意力放在想要利用或者针对数据去"做什么"，而不用关心如何实现这些任务以及如何表示这些数据。这种把数据的使用与它的实现分离开来的做法就称为数据抽象（data abstraction）。

抽象数据类型（abstract data type，ADT）是一组数据及其上定义的一组操作的集合。抽象数据类型可用以下三元组表示：(D,S,P)。其中，D 是数据对象，S 是 D 上的关系集，P 是对 D 的基本操作。ADT 定义如下。

ADT 抽象数据类型名
{

　　数据对象:(数据对象的定义)

　　数据关系:(数据关系的定义)

　　基本操作:(基本操作的定义)

}ADT 抽象数据类型名

其实,十进制整数类型就是一种抽象数据类型,它是某个范围的所有整数集合,每个整数用 32 位补码表示,并且知道一些预定义的操作,例如加、减、乘、除。当在具体问题中使用整数时,并不需要知道整型数据在计算机内是如何表示的,也不需要知道对整数的操作是如何实现的,只需要知道如何使用整数的操作。整数的具体存储方式和操作过程如何实现则与整数的使用无关。

C++ 作为一种基于过程和面向对象的混合型语言,同样具有面向对象程序设计的 4 个主要特点:抽象、封装、继承和多态性。而这些特性恰巧能最好地实现抽象数据类型。笼统来说,C++ 语言中"类"的概念实现了数据抽象化的过程:通过"类"中定义的属性和方法,程序可以预先定义数据"是什么"和"能做什么",这就是抽象的体现。而封装,就是将数据项与相关操作结合为一个整体,并将其从外部的可见性划分为若干级别,从而将数据结构的外部特性与其内部实现相分离,提供一致且标准的对外接口,隐藏内部的实现细节。于是,数据集合及其对应的操作就构成了所谓的抽象数据类型。

下面通过实例帮助读者理解数据抽象、抽象数据类型等概念以及它们与 C++ 特性之间的联系。

在表 1.1 的矩阵中,16 个数中只有 5 个数不为零。从只存储非零元这个角度重新设计数据结构,通过矩阵压缩存储优化算法是有可能的。但是,仅存储非零元的值是不够的,因为非零元可能在矩阵的任一位置。因此,还要同时存储非零元所在的行和列,即通过非零元的行、列和值可以唯一地确定一个非零元。这三个数据组合在一起,构造成一种抽象数据类型——三元组,即(行,列,值)。稀疏矩阵可由表示非零元的三元组及其行列数唯一确定。表 1.1 所示的矩阵可以由三元组表{(1,1,2),(1,3,3),(2,2,7),(3,3,1),(4,1,3)}加上{4,4}这对行列值描述。

要定义三元组抽象数据类型,除了上述的三元组这个值的集合之外,还要定义一个操作的集合。对矩阵常见的操作,如矩阵的加法、减法、乘法和转置等将在第 5 章中详细介绍。在下面的代码中,给出了利用三元组抽象数据类型改进求矩阵平均数的算法,同时也简要展示 C++ 程序的特点。

```
1.    # include <iostream>
2.    using namespace std;
3.
4.    class Matrix
5.    {
6.    private: //私有属性与函数
7.        //属性及其访问权限定义:将行、列、值隐藏,无法直接访问
8.        int x;
9.        int y;
10.
11.   public: //公有属性与函数
```

```
12.        //构造函数:构造类的对象
13.        Matrix(int _x, int _y) : x(_x), y(_y) {}
14.
15.        //打印矩阵情况
16.        void printMatrix()
17.        {
18.            cout <<"行序列:" <<x <<" 列序列:" <<y;
19.        }
20.    }; //Matrix 定义
21.
22.    //对父类 Matrix 公有继承,派生 ValueMatrix 类
23.    //ValueMatrix 拥有 Matrix 的所有成员,但只能调用 public 的属性与方法
24.    class ValueMatrix : public Matrix
25.    {
26.    private:
27.        //子类拥有父类所有属性(但不可见),同时声明自己的属性
28.        int value;
29.
30.    public:
31.        //子类自己的构造函数,调用了父类的构造函数
32.        //由于没有同名函数,可直接使用 Matrix(_x, _y)调用父类函数
33.        ValueMatrix(int _x, int _y, int _value)
34.            : Matrix(_x, _y), value(_value) {}
35.
36.        //重载,构造函数同名但参数不同,会根据参数调用
37.        ValueMatrix(int _x, int _y) : ValueMatrix(_x, _y, 0) {}
38.
39.        //通过对外接口获取 value 的值
40.        int getvalue() { return value; }
41.
42.        //重写,与父类拥有同名函数,直接使用会调用子类函数
43.        //由于子类有同名函数,此处需要声明使用父类中的方法
44.        void printMatrix()
45.        {
46.            Matrix::printMatrix();
47.            cout <<" 数值:" <<value;
48.        }
49.    }; //ValueMatrix 定义
50.
51.    int main()
52.    {
53.        //初始化矩阵数据
54.        ValueMatrix sparematrix[5] ={ValueMatrix(1, 1, 2),
55.                                     ValueMatrix(1, 3, 3),
56.                                     ValueMatrix(2, 2, 7),
```

```
57.                                ValueMatrix(3, 3, 1),
58.                                ValueMatrix(4, 1, 3) };
59.
60.     for (int i = 0; i < 5; i++)                        //输出矩阵数据
61.     {
62.         sparematrix[i].printMatrix();
63.         cout <<endl;
64.     }
65.
66.     int sum = 0, average;
67.     for (int i = 0; i < 5; i++)
68.         sum = sum + sparematrix[i].getvalue();
69.     average = sum / 16;                                //计算矩阵所有元素的平均值
70.     cout <<"矩阵平均数为:" <<average <<endl;
71.
72.     system("pause");
73.     return 0;
74. }
```

该程序的运行结果如图 1.9 所示。

```
行序列:1 列序列:1 数值: 2
行序列:1 列序列:3 数值: 3
行序列:2 列序列:2 数值: 7
行序列:3 列序列:3 数值: 1
行序列:4 列序列:1 数值: 3
矩阵平均数为: 1
Press any key to continue . . . _
```

图 1.9　程序的运行结果

可以看到,在 Matrix 类中,通过 x、y 两个私有属性以及共有的构造函数和析构函数的定义,明确了怎样用两个整数表示矩阵中的一个点,同时也通过一个函数明确一个功能:矩阵的打印,这体现了 C++ 的抽象性;非零点显然也是矩阵中的一个点,具有 Matrix 类的所有特性,但多出了 Value 这个属性,于是声明 ValueMatrix 类继承 Matrix 类,这样两个类可以独立定义,也省去了 ValueMatrix 类中的重复声明,这体现了 C++ 继承的特性;为了适应不同的构造情况,不传递 Value 时初始化为 0,传递 Value 时则为对应值,这里重载了构造函数能更方便快捷地调用,而结构的细微不同也使得重写打印函数对外的打印方法名称得到统一,这就是 C++ 多态性的特点。另外,为了获得私有属性的值,声明了一个公有的函数接口,并在主函数中得以被调用来计算矩阵所有元素的平均值,这又是 C++ 语言封装性的体现。

这是求解矩阵元素平均值问题的第三种方法,采用三元组抽象数据类型存储非零元使算法的时间复杂度和空间复杂度又有改进。

在后面章节的程序中,将持续使用这种类的结构:将抽象数据类型的数据对象、数据关系用类的私有属性、公有构造和析构函数定义实现,同时留下公有对外接口;数据结构的基本操作在主程序中另外通过函数或基本面向过程命令编写,并调用类的接口实现。其中,涉及的类的定义、创建等知识并不复杂，可以通过读程序直接领悟。实现简单功能时，C++ 编程会显得烦琐，但是随着深入学习数据结构，读者将会感受到 C++ 实现数据结构的魅力，所以推荐读者提前了解面向对象编程的相关知识。

1.3 算 法 分 析

1.3.1 问题、算法与程序

问题（problem）是一个需要完成的任务。算法（algorithm）是描述特定问题求解步骤的计算机指令的有限序列，算法是程序的灵魂。程序（program）是算法在具体语言中的实现。计算机按照程序逐步执行算法，实现对问题的解决。

算法和程序是有区别的。算法可能是抽象的，但程序必须是详细而且准确的；算法可以采用任何一种适当的语言或符号描述，例如 C、C++ 、Java、伪码等，而程序必须用程序设计语言表示，伪码不能用于程序中；算法可以由人或机器执行，但程序必须由机器执行。

算法具有以下 5 个基本特征。

（1）输入：一个算法具有零个或若干个输入，这些输入取自于某个特定的对象集合。

（2）输出：一个算法至少产生一个输出或执行一个有意义操作，这些输出是与输入有着某些特定关系的量。

（3）有穷性：算法的指令执行序列是有限的。

（4）确定性：每一条指令的含义明确，无二义性。

（5）可执行性：每一条指令都应在有限的时间内完成。

好的算法还应满足以下 5 个特征。

（1）正确性：算法应确切地满足具体问题的需求，这是算法设计的基本目标。

（2）可读性：算法的可读性有利于人们对算法的理解，这既有利于程序的调试和维护，也有利于算法的交流和移植。算法的可读性主要体现在两方面：一是类名、对象名、方法名等的命名要见名知义；二是要有足够的注释。

（3）健壮性：当输入非法数据时算法要能做出适当的处理，而不应产生不可预料的结果。

（4）高时间效率：算法的时间效率是指算法的执行时间。对于同一个问题如果有多个算法可供选择，应尽可能选择执行时间短的算法。执行时间短的算法也称为高时间效率的算法。

（5）低内存要求：算法在执行时一般要求额外的内存空间。对于同一个问题，如果有多个算法可供选择，应尽可能选择内存要求低的算法。

1.3.2 算法效率的度量

算法的高时间效率和低内存要求通常是矛盾的。例如，有些问题若采用较多的内存空间可使时间效率提高，若采用较少的内存空间则使时间效率降低。在目前计算机硬件存储价格快速下降的趋势下，算法的空间效率相对不再那么重要，因此时间效率应首先予以考虑。

1. 度量算法时间效率的两个阶段

对一个算法的效率，要做出全面的分析可分成两个阶段进行，即事先分析和事后测试。

（1）事先分析：求出该算法的一个时间界限函数。

（2）事后测试：收集该算法的实际执行时间的统计资料。

算法的时间效率是通过依据该算法编制的程序在计算机上运行所消耗的时间度量的。程序在计算机上运行所消耗的时间与下列因素有关：书写算法的程序设计语言、编译产生的机器语言代码质量、机器执行指令的速度和问题的规模（即算法处理的数据个数 n）等。

由于程序的运行快慢还与硬件条件和软件环境有关，而这些条件往往是不同的，所以在进行算法分析时，通常不会使用事后测试。

事先分析无须编写程序和运行，就可以对所有可能的输入情况估算出该算法及实现它的程序的效率和时间代价。由于没有实际编程和运行，这种方法可以排除硬件条件和软件环境的影响。因此，往往采取事先分析来估算算法的运行时间。

2. 算法的渐近时间复杂度

算法是由控制结构（顺序、分支和循环 3 种）和基本操作构成的。基本操作是指具有下列性质的操作：完成该操作所需时间与算法的输入规模（即输入量的数目）无关。例如，给一个变量赋值、两个整数进行四则运算、比较两个整数的大小等都是基本操作；而 n 个数累加就不是基本操作，因为它和输入规模有关。

设 n 为求解的问题的规模，基本操作执行次数总和称为语句频度，记作 $f(n)$，时间复杂度记作 $T(n)$。一般情况下，算法中基本操作重复执行的次数是问题规模 n 的函数，算法的时间量度用大 O 表示法，记作

$$T(n)=O(f(n))$$

这种表示法表示了算法的渐近时间复杂度，它表示当输入规模足够大时，算法执行时间的增长率和 $f(n)$ 的增长率相同。因此，大 O 表示法可以用来求解算法时间复杂度函数的最简形式。

（1）$O(c \times f(n))=O(f(n))$，其中，c 为常数，即可以忽略大 O 表达式中的常数因子。

（2）$O(f(n))+O(g(n))=O(\max(f(n),g(n)))$，即顺序执行的两段程序的总代价是它们之中开销较大的部分。

（3）$O(f(n)) \times O(g(n))=O(f(n) \times g(n))$，这条性质用于分析程序中的嵌套循环，即如果外层循环的代价是 $f(n)$，内层循环的代价是 $g(n)$，则总代价是二者的乘积。

例如，可以使用渐近时间复杂度分析下列程序段的时间复杂度。

1）程序段示例一

```
1.  {
2.      int a;                    //注释语言、声明语句不执行
3.      cin >>a;                  //1 次
4.      a =a +1;                  //2 次
5.      cout <<a;                 //1 次
6.  }
```

语句频度为 $f(n)=4$。

时间复杂度为 $T(n)=O(f(n))=O(4)=O(1)$。

说明该算法的时间复杂度为输入规模 n 的常量阶，即无论输入规模是多大，这个算法的时间代价是不变的。

2）程序段示例二

```
1.    void sum(int n)
2.    {
3.        int i, m;
4.        m = 0;                        //1 次
5.        for (i = 1; i <= n; i++)      //n 次 (严格说是 2n+2 次)
6.            m += i * i * i;           //4n 次
7.        cout << m;                    //1 次
8.    }
```

语句频度为 $f(n)=1+2n+2+4n+1=6n+4$。

时间复杂度为 $T(n)=O(f(n))=O(6n+4)=O(n)$。

说明该算法的时间复杂度为输入规模 n 的线性阶。

3）程序段示例三

```
1.    void sum(int n)
2.    {
3.        int i, j, s;
4.        s = 0;                        //1 次
5.        for (i = 1; i <= n; i++)      //n 次
6.        {
7.            for (j = 1; j <= n; j++)  //n² 次
8.                s++;                  //n² 次
9.            cout << s;                //n 次
10.       }
11.   }
```

语句频度为 $f(n)=1+n+n^2+n^2+n=2n^2+2n+1$。

时间复杂度为 $T(n)=O(f(n))=O(2n^2+2n+1)=O(n^2)$。

说明该算法的时间代价为输入规模 n 的平方阶。

当 $f(n)$ 的表达式不同时，算法的时间复杂度也有相应的不同等级。一般来说，当 n 越大时，其复杂度大小关系为

$$O(1)<O(\log_2 n)<O(n)<O(n\log_2 n)<O(n^2)<O(n^3)<O(2^n)<O(n!)<O(n^n)$$

3. 最佳、最差和平均时间复杂度

对于某些算法而言，即使输入规模相同，如果输入的数据不同，其时间复杂度也不同。因此，分析算法的时间复杂度还有最佳、最差和平均时间复杂度之分。

例如，查找已知数据是否在数组中，如果在数组中则输出其所在位置。

```
1.    int main() {
2.        int key;                       //要查找的数据
3.        int a[10] = {5, 4, 8, 1, 20, 6, 10, 2, 7, 9}; //已知的数组
4.        int location = -1;             //待查数据在数组中的位置, 初始值为负数
```

```
5.          cout <<"请输入要查找的值:\n";
6.          cin >>key;
7.          for (int i =0; i <10; i++) {
8.              if (a[i] ==key) {
9.                  location =i +1;
10.                 break;
11.             }
12.         }
13.         if (location >=0)
14.             cout <<"要查找的值是数组中的第" <<location<<"个值\n";
15.         else
16.             cout <<"数组中没有要查找的值\n";
17.         return 0;
18.     }
```

该程序的运行结果如图 1.10 所示。

请输入要查找的值:
10
要查找的值是数组中的第7个值

图 1.10　程序的运行结果

为了查找元素 key，算法从数组的第一个元素开始，依次比较每一个元素，直到找到 key，或者检查完数组中的所有元素后发现 key 不在数组中。该算法有查找成功和查找失败两种可能。查找成功的时间复杂度与数值在数组中的位置有关。

（1）最好情况：key 是数组中的第一个元素，时间复杂度为 $T_1(n)=O(1)$。

（2）最差情况：key 是数组中最后一个元素或者 key 不在数组中，时间复杂度为 $T_2(n)=O(n)$。

（3）平均情况：在等概率情况下，时间复杂度为 $T_3(n)=O(n)$。

一般来说，最佳情况发生的概率太小，而且条件的考虑太乐观，它并不能作为算法性能的代表。如果想知道算法对许多不同的输入运行多次的总计时间复杂度时，就应当分析平均情况，从而知道算法对输入规模 n 的"典型"表现。但是，在许多情况下，平均情况的分析是不可行的，因为它要求掌握程序的实际输入在所有可能的输入集合中如何分布。上例查找算法的平均时间复杂度就是建立在 key 在数组中每个位置出现的概率相等的前提下的。因此，平均情况分析不适合作为算法复杂度分析的研究对象。进行算法复杂度分析时，主要研究的是最差情况，它可以说明一个算法的计算速度至少能有多快。

4. 算法的空间复杂度

除了时间代价之外，空间代价也是算法分析要考虑的问题。空间复杂度是算法所需存储空间的度量，记作

$$S(n)=O(f(n))$$

其中，n 为问题的规模。

算法设计有一个重要原则，即空间/时间权衡原则。许多程序经过对信息进行压缩处理后，都可以节省存储空间。但是，压缩和解压缩的过程需要额外的时间，这就是所谓的"以时

间换空间"。相反，许多程序也可以预先存放部分结果或者对信息进行重组，以提高运行速度，但却占用了较多的存储空间，这就是所谓的"以空间换时间"。在设计算法时，要综合考虑时间复杂度和空间复杂度，以解决问题为目的，结合实际应用环境和约束，设计最适合的算法。

本 章 小 结

数据结构是相互之间存在一种或多种特定关系的数据元素的集合。数据之间的相互关系称为逻辑结构，通常分为 4 种基本结构：集合、线性结构、树状结构和网状结构。

数据结构在计算机中的表示称为数据的物理结构，又称为存储结构。顺序存储结构和链式存储结构是两种最主要的存储结构。顺序存储结构是将逻辑上相邻的数据元素存储在物理上相邻的存储单元里，结点之间的关系由存储单元的相邻关系决定。链式存储结构打破了计算机存储单元的连续性，可以将逻辑上相邻的两个数据元素存放在物理上不相邻的存储单元中。链式存储结构的每个结点中至少有一个指针域体现数据之间逻辑上的联系。

抽象数据类型是一组数据及其上定义的一组操作的集合。C++作为一种基于过程和面向对象的混合型语言，具有面向对象程序设计的 4 个主要特点：抽象、封装、继承和多态性。

算法是求解一个特定任务的指令的有限序列。算法的目标是正确性、可读性、健壮性、高时间效率和低存储要求。

算法的时间效率通常采用事先分析方法，用渐近时间复杂度表示。

设 n 为求解的问题的规模，基本操作（或语句）执行次数的总和称为语句频度，记作 $f(n)$，时间复杂度记作 $T(n)$，有 $T(n)=O(f(n))$。

渐近时间复杂度的主要性质为

- $O(c \times f(n))=O(f(n))$。
- $O(f(n))+O(g(n))=O(\max(f(n),g(n)))$。
- $O(f(n)) \times O(g(n))=O(f(n) \times g(n))$。

时间复杂度大小关系为

- $O(1)<O(\log_2 n)<O(n)<O(n\log_2 n)<O(n^2)<O(n^3)<O(2^n)<O(n!)<O(n^n)$。

习题 1　　　　　习题 1 参考答案

第2章 线 性 表

本章介绍线性表的逻辑结构,线性表的顺序存储结构和链式存储结构,顺序表、单链表、双向链表及循环链表的相关操作与算法实现。

2.1 线性表的基本概念

2.1.1 线性表的定义与特点

线性表(linear list)是由 $n(n \geqslant 0)$ 个性质相同的数据元素组成的有限序列,记为 $(a_1, a_2, \cdots, a_n)$。表中数据元素的个数 n 定义为线性表的长度。$n = 0$ 的表称为空表,即该线性表不包含任何数据元素。

线性表中存在唯一一个被称为"第一个"的数据元素;存在唯一一个被称为"最后一个"的数据元素。除第一个元素之外,每个数据元素均只有一个直接前趋;除最后一个元素之外,每个数据元素均只有一个直接后继。

日常生活中,电影院的座位、办公楼中的信箱、生产制造企业的流水线等都可以抽象为线性表结构。在较复杂的线性表中,一个数据元素可以由若干个数据项(item)组成。在这种情况下,通常把数据元素称为记录(record)。例如,学生基本情况登记表(见表 2.1)中每个学生的信息为一条记录,每条记录由姓名、学号、性别、年龄、籍贯和政治面貌 6 个数据项组成。

表 2.1 学生基本情况登记表

姓　　名	学　　号	性　　别	年　　龄	籍　　贯	政 治 面 貌
张义	2019050201	男	18	山东	团员
刘元	2019050202	男	19	山东	预备党员
何睿	2019050203	女	20	湖北	群众
程晓明	2019050204	女	18	湖北	团员
陈强	2019050205	男	19	北京	党员
…	…	…	…	…	…

2.1.2 线性表的存储结构

1. 顺序表

线性表的顺序存储结构称为顺序表(sequent list)。顺序表用一组连续的存储单元依次存放线性表的数据元素,并以元素在计算机内的物理位置相邻表示线性表中数据元素之间的逻辑关系。

C++ 语言中的一维数组即为最简单的顺序表，数组下标从 0 开始。例如，用长度为 maxSize 的一维数组存储 6 首歌曲 $a_0, a_1, a_2, a_3, a_4, a_5$，其存储结构如图 2.1 所示。

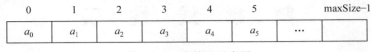

图 2.1　一维数组示意图

假设长度为 n 的顺序表中，第一个数据元素的存储位置为 $\mathrm{Loc}(a_0)$，每个数据元素占用 L 个存储单元，则表中任一数据元素 a_i 的存储地址为

$$\mathrm{Loc}(a_i) = \mathrm{Loc}(a_0) + i \times L \qquad 0 \leqslant i \leqslant n-1$$

顺序表中数据元素的存储地址如图 2.2 所示。

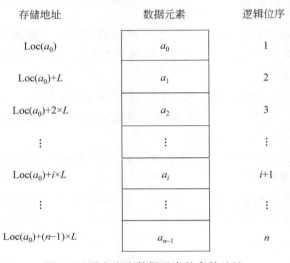

图 2.2　顺序表中数据元素的存储地址

2. 链表

用链式存储结构存储的线性表称为链表。链式结构中每个结点除数据域外还有一个或一个以上的指针域，数据域用来存放数据元素，指针域用来构造数据元素之间的关系。只有一个指针域的结点结构如图 2.3 所示，表结构如图 2.4 所示。

图 2.3　只有一个指针域的结点结构

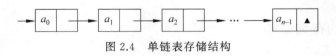

图 2.4　单链表存储结构

根据指针域的不同，形成了不同的链表结构。单链表、双向链表、双向循环链表都是基本链表结构。这些链表结构中，每一种又分为带头结点结构和不带头结点结构两种类型。头结点是指头指针所指的不存放数据元素的结点。其中，带头结点的链表结构在表的存储

中更为常用。

3. 顺序表和链表存储结构的比较

顺序表和链表因各自实现机制的不同而各有优劣,两者的优缺点见表 2.2。

表 2.2　顺序表与链表的优缺点

优缺点	顺 序 表	链 表
优点	(1) 无须为元素逻辑关系增加额外存储空间; (2) 随机存取表中的任意一个结点元素	(1) 动态分配和释放存储空间,空间利用率高; (2) 插入和删除操作时,无须移动大量的数据元素
缺点	(1) 静态分配预设大小的连续存储空间,可能造成溢出或者空间浪费; (2) 插入和删除操作时为保持元素逻辑关系,可能需要移动大量的数据元素	(1) 指针域需要额外增加存储空间; (2) 不能随机操作数据元素,对任一元素的操作必须先查找遍历

2.2　顺序表的算法实现

顺序表是最基础且非常重要的数据结构,为了方便读者理解 C++ 实现数据结构的流程,下面将详细解释它的存储结构和算法实现。

与通常的 C++ 程序一样,本书中的程序包含头文件(header file)和定义文件(definition file)两个部分。头文件的后缀名为.h,定义文件的后缀名为常见的.cpp。在编写时应把它们放在同一个路径下,以方便调用。以下面的顺序表程序为例,它在系统中的文件存储见图 2.5。

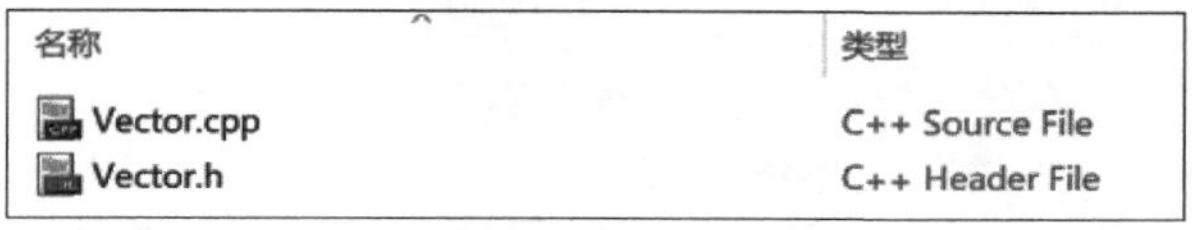

名称	类型
Vector.cpp	C++ Source File
Vector.h	C++ Header File

图 2.5　程序文件存储示意图

本书中主要用头文件定义数据结构的类,与第 1 章的 Matrix 类一样,类的定义主要包括属性、方法及接口的定义。

对于这些定义,有必要进行访问权限区分。C++ 的访问权限有 3 种:private、public、protected。被定义为 private 的属性和方法只能在类内被访问;被定义为 public 的属性和方法则在类内和类外均可被访问;被定义为 protected 的属性和方法在类外是不能被访问的,但对于类的派生类来说,它们又是可见的。一般在一个数据结构的类中,类的属性会设为 private,将功能中需要使用的方法及接口设为 public,对于有派生类的情况,需要继承的方法或属性设为 protected。但是,这些设置规则不是绝对的,应该在充分分析和了解类中各个属性、方法的定义后再决定它们的访问权限。

同时,在头文件开头会有下面的预定义常量,这样做的目的是让算法更加容易理解。

```
1.   #define OVERFLOW -2              //数据溢出时的标识符
2.   #define OK 1                     //正确运行时的标识符
3.   #define ERROR 0                  //运行异常时的标识符
```

```
4.    #define DEFAULT_CAPACITY 100          //顺序表的默认容量
```

C++ 的一维数组即为最简单的顺序表，相关知识在 C++ 语言的学习中已经接触过，所以此处为了增强顺序表的功能与实用性，实现了一个可以自动增长的多功能对象数组——Vector，遵循以上原则，算法中顺序表类统一定义如下。

```
1.    template <typename ElemType>
2.    class Vector
3.    {
4.    private:                              //定义顺序表存储结构
5.        int length;                       //顺序表的初始长度
6.        int capacity;                     //顺序表的最大存储容量
7.        ElemType * elem;                  //存储顺序表元素数组的指针
8.    public:
9.        //对外接口,这些接口是为了访问被定义为 private 的属性
10.       int size() const { return length; }      //返回规模大小
11.       bool empty() const { return !length; }   //判断是否为空
12.   };
```

当以上程序添加完之后，得到如图 2.6 所示的一个头文件。

```
1    #define OVERFLOW -2
2    #define OK 1
3    #define ERROR 0
4    #define DEFAULT_CAPACITY 100
5
6    template<typename ElemType>
7    class Vector {
8    private:                    // 定义顺序表存储结构
9        int length;             // 顺序表的初始长度
10       int capacity;           // 顺序表的最大存储容量
11       ElemType *elem;         // 存储顺序表元素数组的指针
12   public:
13       // 对外接口，这些接口是为了访问被定义为private的属性
14       int size() const { return length; }        // 返回规模大小
15       bool empty() const { return !length; }       // 判断是否为空
16   };
17
```

图 2.6　头文件示意图

同时，为了避免以后可能出现的 C++ 重复引用头文件的冲突，此处使用条件编译在头文件的开头加上如下语句。

```
#ifndef _VECTOR_H_
#define _VECTOR_H_
```

在最后一行加上如下语句。

```
#endif
```

需要注意的是，类中方法与接口的定义是随着数据结构功能的介绍逐步添加的。例如，对于下面的"顺序表的创建"，在介绍完算法的功能及思路后，将会给出构造函数、析构函数、下标运算符重载函数等相关方法，读者需要将它们添加到头文件类定义的相应位置中。

2.2.1 顺序表的创建和插入

例如,学院要建立一个学生信息管理系统对学生信息进行统一管理:①录入学生信息;②删除学生信息;③按姓名或学号查找学生的信息并显示等。

学号是区别于不同学生的唯一标志。学号对于学生是相对比较固定的,因此在构建系统的过程中可以采用顺序表存储学生信息。为了方便演示顺序表上的各种操作,下面只取学号说明各种操作的算法实现。

在顺序表的创建过程中,需要将所有学号依次插入顺序表的最后。

假如新学期开学后,某个班级新转入一名学生,则依然需要使用顺序表的插入操作。

1. 算法功能

首先,建立顺序表。

然后,在顺序表中第 $i(1 \leqslant i \leqslant n+1)$ 个位置插入新的数据元素 e。

2. 算法思路

1) 创建

先判断拟建立的顺序表的长度 n 是否大于顺序表初始化时的存储容量 DEFAULT_CAPACITY(这里假设为 100),如果 $n >$ DEFAULT_CAPACITY,则按照 n 重新分配顺序表大小,这就是前面提到的 Vector 类的扩容功能,反之则依次将数据元素依次插入顺序表。如此看来,要想建立顺序表,首先要实现插入功能。

2) 插入

已知顺序表中数据元素的物理顺序与逻辑顺序是一致的,因此在顺序表的第 $i(1 \leqslant i \leqslant n+1)$ 个位置插入新的数据元素 e。假如插入位置是在顺序表的最后$(i=n+1)$,直接插入即可;如果插入位置后有其他元素$(1 \leqslant i < n+1)$,则必须将原表中第 $n, n-1, \cdots, i$ 个位置的元素依次后移一个位置,空出第 i 个位置,然后在该位置上插入新元素 e。当 $i=n+1$ 时,在顺序表的表尾直接插入元素 e 即可。顺序表的表长增 1。

3. 实例描述

1) 创建

例如,要建立顺序表 $L = \{1,2,3,4,5,6,7,8,9,10,11\}$,顺序表长度为 11,已知顺序表的初始化存储容量为 100,因为 11<100,则直接输入元素,建立的顺序表如图 2.7 所示。

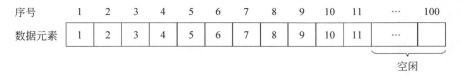

图 2.7 顺序表示意图

2) 插入

例如,在顺序表 $\{4,9,15,28,30,30,42,51,62\}$ 的第 4 个位置插入元素 21,则需要将第 9 个位置到第 4 个位置的元素依次后移一个位置,空出第 4 个位置后,将 21 插入该位置,如图 2.8 所示。

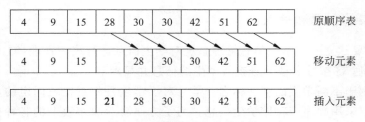

图 2.8　顺序表插入元素过程

4. 参考程序

Vector.h 文件 Vector 类中的相关函数如下。

```
1.    private:
2.        void expand()
3.        { //顺序表大小大于初始化大小,重新分配空间
4.            if (length < capacity)
5.                return;
6.            if (capacity < DEFAULT_CAPACITY)
7.                capacity = DEFAULT_CAPACITY;
8.            ElemType * oldElem = elem;
9.            elem = new ElemType[capacity <<= 1];
10.            for (int i = 0; i < length; i++)
11.                elem[i] = oldElem[i];
12.            delete[] oldElem;
13.        }
14.
15.    public:
16.        //构造函数用于初始化顺序表,在之后所有数据结构都有定义
17.        Vector(int c = DEFAULT_CAPACITY) : capacity(c)
18.        {
19.            elem = new ElemType[capacity];
20.            length = 0;
21.        }
22.
23.        //析构函数用于删除顺序表后释放空间,在之后所有数据结构都有定义
24.        ~Vector() { delete[] elem; }
25.
26.        //重载下标运算符,使其可像数组一样简单访问
27.        ElemType &operator[](int r) const
28.        {
29.            return elem[r];
30.        }
31.
32.        //在指定位置插入元素 e
```

```
33.        void insert(int r, ElemType const &e)
34.        {
35.            expand();
36.            for (int i =length; i >r; i--)
37.                elem[i] =elem[i -1];
38.            elem[r] =e;
39.            length++;
40.        }
41.
42.        //默认在最后插入元素 e
43.        void insert(ElemType const &e) { insert(length, e); }
```

在将以上 1 个私有函数、5 个公有函数添加到头文件之后,转向定义文件的编写。

本书中主要用定义文件保存用于实现的程序,即主程序。而主程序包括 3 个部分:一些实现通用功能的函数(如输出函数)、利用类中函数与接口最终实现所介绍功能的函数以及主函数。顺序表的主程序如下。

```
1.    # include "Vector.h"                        //引入头文件中的定义
2.    # include <iostream>
3.    using namespace std;
4.
5.    //创建顺序表
6.    void CreateVector(Vector<int>&L)
7.    {
8.        int Sqlen;
9.        cout <<"输入顺序表元素个数:";
10.       cin >>Sqlen;
11.
12.       cout <<"请输入顺序表元素:\n";
13.       for (int i =0; i <Sqlen; i++)
14.       {
15.           int e;
16.           cin >>e;
17.           L.insert(e);
18.       }
19.   }
20.
21.   void InsertVector(Vector<int>&L)
22.   {
23.       int location, element;
24.       cout <<"输入插入位置:";
25.       cin >>location;
26.       while (location >L.size() +1 || location <1)
27.       { //检查插入位置是否错误
```

```
28.            cout <<"输入位置错误,请重新输入!\n";
29.            cin >>location;
30.       }
31.
32.       cout <<"输入插入元素:";
33.       cin >>element;
34.       L.insert(location -1, element);
35.       cout <<"插入完成!";
36.   }
37.
38.   //打印顺序表中的元素
39.   void PrintVector(Vector<int>&L)
40.   {
41.       cout <<"顺序表一共" <<L.size() <<"个元素:\n";
42.       for (int i =0; i <L.size(); i++)
43.            cout <<L[i] <<' ';
44.       cout <<endl;
45.   }
46.
47.   int main()
48.   {
49.       Vector<int>L;
50.       CreateVector(L);
51.       PrintVector(L);
52.       InsertVector(L);
53.       PrintVector(L);
54.
55.       return 0;
56.   }
```

完成以上过程以后,得到如图 2.9 和图 2.10 所示的 Vector.h 头文件和定义文件。

当前已完成了顺序表的定义,以及顺序表功能的建立及实现。之后只需要运行定义文件、输入算例就可以查看运行结果。

与头文件类似,定义文件中的函数也是随着数据结构功能的介绍逐渐添加的。例如,在之后顺序表的插入功能介绍中,将会给出两个相关函数,同时修改主函数,读者需要将它们添加到定义文件中。

5. 运行结果

依次输入顺序表的元素个数和元素{1,2,3,4,5,6,7,8,9,10,11},打印建立的顺序表,如图 2.11 所示。

选择输入插入位置 4 和插入元素 3,运行结果如图 2.12 所示。

6. 算法分析

在顺序表的创建操作中主要涉及的计算时间复杂度的是循环调用的插入功能,因此,这里主要讨论插入操作的时间复杂度。

```
1    #ifndef _VECTOR_H_
2    #define _VECTOR_H_
3
4    #define OVERFLOW -2
5    #define OK 1
6    #define ERROR -1
7    #define DEFAULT_CAPACITY 100
8
9    template <typename ElemType>
10   class Vector
11   {
12   protected: // 定义顺序表存储结构
13       int length;
14       int capacity;
15       ElemType *elem;
16
17       void expand()
18       {    // 顺序表大小大于初始化大小，重新分配空间
19           if (length < capacity)
20               return;
21           if (capacity < DEFAULT_CAPACITY)
22               capacity = DEFAULT_CAPACITY;
23           ElemType *oldElem = elem;
24           elem = new ElemType[capacity <<= 1];
25           for (int i = 0; i < length; i++)
26               elem[i] = oldElem[i];
27           delete[] oldElem;
28       }
29
30   public:
31                // 构造函数初始化顺序表
32       Vector(int c = DEFAULT_CAPACITY) : capacity(c)
33       {
34           elem = new ElemType[capacity];
35           length = 0;
36       }
37
38       ~Vector() { delete[] elem; } // 析构函数释放空间
39
40       ElemType &operator[](int r) const
41       {    // 重载下标运算符
42           return elem[r];
43       }
```

图 2.9　Vector.h 头文件示例

　　顺序表的插入操作的执行时间取决于插入位置。最好情况是在表尾插入,此时无须移动元素,算法的时间复杂度是 $O(1)$;最坏情况是在表头插入,此时需要把所有的元素后移一个位置,算法的时间复杂度是 $O(n)$。假设在顺序表中每个位置插入元素的概率是相等的,即 $1/(n+1)$,则插入一个元素需要移动的元素的平均个数为 $[n+(n-1)+(n-2)+\cdots+2+1]/(n+1)=n/2$。因此,顺序表插入算法的平均时间复杂度是 $O(n)$。

2.2.2　顺序表内结点的查找

　　教学评估时要随机抽查学生信息是否完整,例如,查看学生信息表中序号尾数为 3 的学生信息,或者查看学号为 2019050205 的学生信息,即顺序表内元素的查找分为按序号查找和按内容查找两种类型。

```
1    #include "Vector.h"
2    #include <iostream>
3    using namespace std;
4
5    void CreateVector(Vector<int> &L)
6    {
7        int Sqlen;
8        cout << "输入顺序表元素个数: ";
9        cin >> Sqlen;
10
11       cout << "请输入顺序表元素: \n";
12       for (int i = 0; i < Sqlen; i++)
13       {
14           int e;
15           cin >> e;
16           L.insert(e);
17       }
18   }
19
20   void InsertVector(Vector<int> &L)
21   {
22       int location, element;
23       cout << "输入插入位置: ";
24       cin >> location;
25       while (location > L.size() + 1 || location < 1)
26       { //检查插入位置是否错误
27           cout << "输入位置错误, 请重新输入! \n";
28           cin >> location;
29       }
30
31       cout << "输入插入元素: ";
32       cin >> element;
33       L.insert(location - 1, element);
34   }
35
36   void PrintVector(Vector<int> &L)
37   {
38       cout << "顺序表一共" << L.size() << "个元素:\n";
39       for (int i = 0; i < L.size(); i++)
40           cout << L[i] << ' ';
41       cout << endl;
42   }
43
44   int main()
45   {
46       Vector<int> L;
47       CreateVector(L);
48       PrintVector(L);
49       InsertVector(L);
50       PrintVector(L);
51
52       return 0;
53   }
```

图 2.10　定义文件示例

图 2.11　顺序表创建算法演示

图 2.12　顺序表插入元素算法演示

1. 算法功能

分别按序号和按内容在顺序表中查找元素。

2. 算法思路

在顺序表中查找元素的算法思路如下。

(1) get_elem(int i)查找顺序表中第 i 个数据元素,直接在表中定位,并返回 $L.elem[i-1]$即可。

(2) locate_elem(ElemType e)查找顺序表中与给定值 e 相等的数据元素,若找到与 e 相等的第 1 个元素则返回该元素在顺序表中的序号;否则,查找失败返回 0。

3. 实例描述

1) 按序号查找

在顺序表{4,9,15,21,28,30,30,42,51,62}中查找第 5 个元素,则直接定位到 $L.elem[4]$,即是要查找的元素。查找过程如图 2.13 所示。

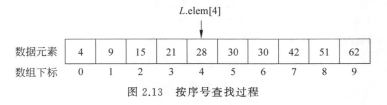

图 2.13　按序号查找过程

2) 按内容查找

若要查找元素 28 是否在该顺序表中,从第 1 个元素开始,依次和表中的每个元素比较,若相等则返回其在顺序表中的位置,若比较到顺序表的最后一个元素,仍不等则查找失败。查找过程如图 2.14 所示。

$e=28$ 与顺序表第 1 个元素 4 比较,不相等,如图 2.14(a)所示。

$e=28$ 与顺序表第 2 个元素 9 比较,不相等,如图 2.14(b)所示。

$e=28$ 与顺序表第 3 个元素 15 比较,不相等,如图 2.14(c)所示。

$e=28$ 与顺序表第 4 个元素 21 比较,不相等,如图 2.14(d)所示。

$e=28$ 与顺序表第 5 个元素 28 比较,相等,表明第一个与 28 相等的元素是顺序表中的第 5 个元素,如图 2.14(e)所示。

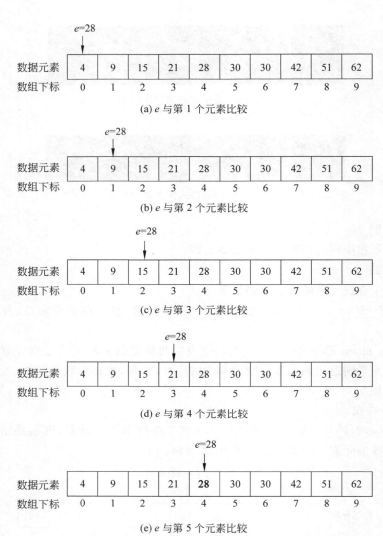

(a) e 与第 1 个元素比较

(b) e 与第 2 个元素比较

(c) e 与第 3 个元素比较

(d) e 与第 4 个元素比较

(e) e 与第 5 个元素比较

图 2.14　按内容查找过程

4. 参考程序

Vector.h 文件 Vector 类中添加的相关函数如下。

```
1.   public:
2.       //定位指定位置元素,如果有则返回该元素
3.       ElemType get_elem(int i)
4.       {
5.           if (!elem || i > length || i < 1)
6.               return {};                          //检查查找位置是否错误
7.           return elem[i - 1];
8.       }
9.
10.      //定位指定元素,如果有则返回第一个匹配的元素的位置
```

```
11.      int locate_elem(ElemType e)
12.      {
13.          if (!elem)
14.              return ERROR;
15.          for (int i =0; i <length; i++)
16.              if (e ==elem[i])
17.                  return i +1;
18.          return ERROR;
19.      }
```

定义文件中增添的相关函数和主函数修改如下。

```
1.   //查找顺序表中元素
2.   void FindVector(Vector<int> &L)
3.   {
4.       int location;
5.       cout <<"输入查找的位置:";
6.       cin >>location;
7.       while (location >L.size() || location <1)
8.       {
9.           cout <<"输入位置错误,请重新输入:";
10.          cin >>location;
11.      }
12.      cout <<"第" <<location <<"个元素是:"
13.          <<L.get_elem(location) <<endl;
14.
15.      int element;
16.      cout <<"输入查找的元素:";
17.      cin >>element;
18.      if (!L.locate_elem(element))
19.          cout <<"该顺序表中没有" <<element <<"这个元素。\n";
20.      else
21.          cout <<element <<"在顺序表中是第"
22.              <<L.locate_elem(element) <<"个元素\n";
23.  }
24.
25.  int main()
26.  {
27.      Vector<int>L;
28.      CreateVector(L);
29.      PrintVector(L);
30.      FindVector(L);
31.
32.      return 0;
33.  }
```

5. 运行结果

依次输入顺序表的元素个数和元素{4,9,15,21,28,30,30,42,51,62}，输入查找位置 5 和待查找元素 28，运行结果如图 2.15 所示。

2.2.3　顺序表内元素的删除

例如，学生何小荷已经出国，要将她的信息从学生信息表中删除，这时需要用到顺序表内元素的删除操作。

1. 算法功能

将顺序表的第 $i(1 \leqslant i \leqslant n)$ 个数据元素删除。

```
输入顺序表元素个数：10
请输入顺序表元素：
4 9 15 21 28 30 30 42 51 62
顺序表一共10个元素：
4 9 15 21 28 30 30 42 51 62
输入查找的位置：5
第5个元素是：28
输入查找的元素：28
28在顺序表中是第5个元素
```

图 2.15　顺序表查找元素算法演示

2. 算法思路

删除顺序表中第 $i(1 \leqslant i \leqslant n)$ 个元素时，需将第 $i+1$ 至第 n 个元素依次前移一个位置，顺序表的表长减 1。

3. 实例描述

删除顺序表{4,9,15,21,28,30,30,42,51,62}中第 5 个元素，则需将第 6~10 个元素依次前移一个位置，如图 2.16 所示。

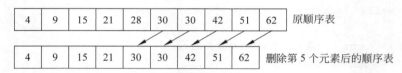

图 2.16　删除顺序表中元素

4. 参考程序

Vector.h 文件 Vector 类中添加的相关函数如下。

```cpp
1.  public:
2.      //删除指定位置的元素
3.      ElemType remove(int i)
4.      {
5.          ElemType e =elem[i];
6.          //强删除元素后的所有元素前移一位
7.          for (int j =i; j <length; j++)
8.              elem[j] =elem[j +1];
9.          --length;
10.         return e;
11.     }
```

定义文件中增添的相关函数和主函数修改如下。

```cpp
1.  void DeleteVector(Vector<int> &L)
2.  {
3.      int location;
4.      cout <<"输入删除位置:";
5.      cin >>location;
6.      //检查删除位置是否错误
```

```
7.        while (location >=L.size() || location <0)
8.        {
9.              cout <<"输入位置错误,请重新输入!\n";
10.             cin >>location;
11.       }
12.       cout <<"被删除的元素为:" <<L.remove(location-1) <<endl;
13.   }
14.
15.   int main()
16.   {
17.       Vector<int>L;
18.       CreateVector(L);
19.       PrintVector(L);
20.       DeleteVector(L);
21.       PrintVector(L);
22.
23.       return 0;
24.   }
```

5. 运行结果

依次输入顺序表的元素个数和元素{4,9,15,21,28,30,30,42,51,62},输入删除位置 5,输出被删除的元素及删除后的顺序表如图 2.17 所示。

6. 算法分析

顺序表删除算法的时间复杂度由表长 n 和删除的位置 i 决定。若删除最后一个位置的数据元素,无须移动数据元素,此时算法的时间复杂度是 $O(1)$;若删除第一个位置的数据元素,则需要移动表中除开始元素外的所有数据元素,移动次数是 $n-1$ 次,此时算法的时间复杂度是 $O(n)$。在长度为 n 的顺序表中,删除表中第 i 个元素的移动次数为 $n-i$,在等概率情况下,在顺序表上做删除操作,表中元素的平均移动个数为 $[(n-1)+(n-2)+\cdots+2+1]/n=(n-1)/2$,即顺序表删除算法的平均时间复杂度是 $O(n)$。

```
输入顺序表元素个数: 10
请输入顺序表元素:
4 9 15 21 28 30 30 42 51 62
顺序表一共10个元素:
4 9 15 21 28 30 30 42 51 62
输入删除位置: 5
被删除的元素为:28
顺序表一共9个元素:
4 9 15 21 30 30 42 51 62
```

图 2.17　顺序表删除算法演示

至此,顺序表的各个功能介绍及实现告一段落。如图 2.18 及图 2.19 分别为最终的头文件 Vector.h 和定义文件结构,读者可以对照以检查是否有遗漏。

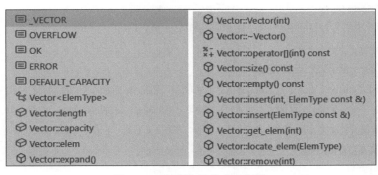

图 2.18　顺序表的头文件结构

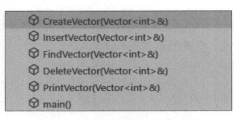

图 2.19　顺序表的定义文件结构

2.3　单链表的算法实现

2.3.1　单链表的结点结构和一般形式

在 C++ 中,类和结构体有许多相同之处,在某些情况下,可以粗略地将结构体视为拥有不完全功能的类。而在实现某些某些数据结构时,就可以将它们的各部分用结构体定义,再将整体用类定义。下面的单链表就用了这种方法。具体地,本算法的头文件定义分为单链表的结点结构定义和单链表的类定义两个部分。

1. 单链表的结点结构及其定义

单链表的结点由 data 域和 next 域组成,如图 2.20 所示。其中,data 域是存放结点值的数据域,next 域是存放结点的直接后继的地址(位置)的指针域(链域)。

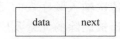

图 2.20　单链表的结点结构

单链表的结点结构定义如下。

```
1.   #ifndef NULL
2.   #define NULL 0
3.   #endif
4.
5.   template <typename T>
6.   struct LNode
7.   {
8.       T data;                                    //存储数据
9.       LNode<T> * next;                           //后继指针
10.      //和类一样,结构体也有构造函数
11.      LNode() {}
12.      LNode(T e, LNode<T> * n =NULL) : data(e), next(n) {}
13.  };
```

2. 单链表的一般形式及类定义

假设 L 是 LNode<T> ＊型的变量,为单链表的头指针,它指向表中第一个结点。通常,在单链表第一个结点之前附设一个头结点。链表的头结点不放元素,当 $L->$next＝NULL 时,则单链表为空表,如图 2.21(b)所示;否则,为非空表,如图 2.21(a)所示。

单链表的类定义如下。

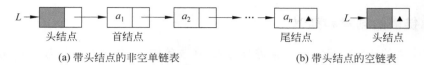

(a) 带头结点的非空单链表   (b) 带头结点的空链表

图 2.21 单链表的一般形式

```
1.  template <typename T>
2.  class List
3.  {
4.  //以后会有单链表的派生类,使用 protected 定义某些属性和方法
5.  protected:
6.      int _size;
7.      LNode<T> * header;
8.
9.  public:
10.     //对外接口
11.     int size() const { return _size; }
12.     bool empty() const { return !_size; }
13.     //返回首结点指针
14.     LNode<T> * head() const { return header->next; }
15. };
```

完成这两部分定义后,得到如图 2.22 所示的单链表头文件。

```
1   #ifndef NULL
2   #define NULL 0
3   #endif
4
5   template<typename T>
6   struct LNode {
7       T data;          // 存储数据
8       LNode<T> *next;           // 后继指针
9       // 和类一样, 结构体也有构造函数
10      LNode() {}
11
12      LNode(T e, LNode<T> *n = NULL)
13              : data(e), next(n) {}
14  };
15
16  #define ERROR 0
17
18  template<typename T>
19  class List {
20  // 由于之后的数据结构中有单链表的派生类, 所以使用protected定义某些属性和方法
21  protected:
22      int _size;
23      LNode <T> *header;
24
25  public:
26  // 对外接口
27      int size() const { return _size; }
28
29      bool empty() const { return !_size; }
30
31  // 返回首结点指针
32      LNode <T> *head() const { return header->next; }
33  };
```

图 2.22 单链表头文件示例

2.3.2　单链表的创建和插入

例如，学生的成绩信息需要经常进行插入、修改等操作，如果采用顺序表结构会有大量的数据移动。所以，学生成绩管理适宜采用线性表的链式存储结构，即链表存储。

1. 算法功能

首先，用头插法动态建立带头结点的单链表。

然后，在单链表的第 i 个位置插入一个新的数据元素 e。

2. 算法思路

1）创建

与顺序表一样，实现单链表的创建仍是建立在插入功能基础上的。

创建时，先建立一个空数据域的链表头结点，从该头结点开始依次生成新结点并读入数据，将读入的数据存放到新结点的数据域中，然后将新结点插入当前链表的头结点之后，直至以 Ctrl＋Z 组合键结束元素的输入。

2）插入

插入可分为 3 步实现：①查找，在单链表中找到第 $i-1$ 个结点，并由指针 p 指示；②申请，申请新结点 s，将其数据域的值置为 e；③插入，通过修改指针域将新结点 s 插入单链表中。

可见单链表的创建和插入功能的实现都需要查找功能。因此，查找功能的部分代码将会在本节给出，而具体实现将在 2.3.3 节介绍。

3. 实例描述

1）创建

例如，单链表 $L=\{4,9,25,38,46\}$ 的建表过程如图 2.23 所示。其中，图 2.23(a)为建立链表头文件，图 2.23(b)插入 46，图 2.23(c)插入 38，图 2.23(d)插入 25，图 2.23(e)插入 9，图 2.23(f)插入 4，图 2.23(g)为创建好的单链表。

2）插入

例如，在图 2.24(a)所示带头结点的单链表 $L=\{4,9,25,38,46\}$ 的第 4 个位置插入 30。插入的过程如图 2.24 所示。

（1）使指针 p 指向头结点 L，p 不为空，$i=4$，$j=0$，$j<i-1$ 为真，则 $p++$，$j++$，如图 2.24(b)所示。

（2）p 指向第 1 个结点，p 不为空，$j=1$，$j<i-1$ 为真，则 $p++$，$j++$，如图 2.24(c)所示。

（3）p 指向第 2 个结点，p 不为空，$j=2$，$j<i-1$ 为真，则 $p++$，$j++$，如图 2.24(d)所示。

（4）p 指向第 3 个结点，p 不为空，$j=3$，$j<i-1$ 为假，则 p 即为标记地址，如图 2.24(e)所示。

（5）生成新结点 s，将数据域的值置为 30，s 的指针域指向 p 的指针域，p 的指针域指向 s，如图 2.24(f)所示。

（6）插入元素后的新单链表如图 2.24(g)所示。

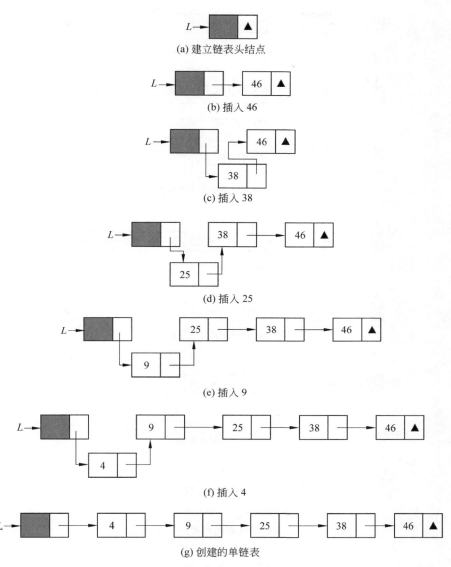

(a) 建立链表头结点

(b) 插入 46

(c) 插入 38

(d) 插入 25

(e) 插入 9

(f) 插入 4

(g) 创建的单链表

图 2.23　用头插法建立单链表过程示例

4. 参考程序

List.h 文件 List 类中添加的相关函数如下。

```
1.    protected:
2.        void init()
3.        {
4.            header = new LNode<T>;
5.            header->next = NULL;
6.            _size = 0;
7.        }
8.
```

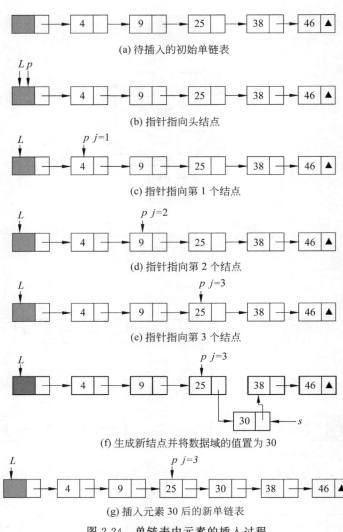

(a) 待插入的初始单链表

(b) 指针指向头结点

(c) 指针指向第 1 个结点

(d) 指针指向第 2 个结点

(e) 指针指向第 3 个结点

(f) 生成新结点并将数据域的值置为 30

(g) 插入元素 30 后的新单链表

图 2.24　单链表内元素的插入过程

```
9.   public:
10.      List() { init(); }                          //构造函数
11.
12.      //使用头结点存储某些信息,不随链表插入改变位置
13.      List(T info)
14.      {
15.          init();
16.          header->data =info;
17.      }
18.
19.      ~List()
20.      { //析构函数
21.          LNode<T> * p =header;
```

```
22.          while (header)
23.          {
24.              p =p->next;
25.              delete header;
26.              header =p;
27.          }
28.      }
29.
30.      //返回头结点指针
31.      LNode<T> * head() const { return header->next; }
32.
33.      //返回链表的信息
34.      T &info() { return header->data; }
35.
36.      //默认用头插法插入,开辟新空间
37.      void insert(T const &e)
38.      {
39.          _size++;
40.          LNode<T> * p =new LNode<T>(e, header->next);
41.          header->next =p;
42.      }
43.
44.      //与上面的 insert 函数名称相同,参数却不同
45.      //功能是在指定结点后插入,这样的函数称为重载函数
46.      void insert(LNode<T> * p, T const &e)
47.      {
48.          if (!p) return;                          //检查插入位置是否正确
49.          _size++;
50.          //新建结点 s 并插入
51.          LNode<T> * s =new LNode<T>(e, p->next);
52.          p->next =s;
53.      }
54.
55.      //返回第 i 个结点
56.      LNode<T> * get_node(int i)
57.      {
58.          int j =0;
59.          LNode<T> * p =header;
60.          while (p && j <i)    { p =p->next; ++j;   }
61.          if (!p || j !=i) return NULL;
62.          else return p;
63.      }
```

定义文件中的主程序如下。

```
1.    #include "List.h"
2.    #include <iostream>
3.    using namespace std;
4.
5.    //创建单链表
6.    void creat_List(List<int>&L)
7.    {
8.        cout <<"请逆序输入链表元素(以 Ctrl+Z 结束),建立带头结点的链表:";
9.        cout <<endl;
10.       int x;
11.       while (cin >>x) L.insert(x);               //按 Ctrl+Z 组合键结束输入
12.       cin.clear();                               //更改 cin 的状态标识符
13.       rewind(stdin);                             //清空输入缓存区
14.   }
15.
16.   //将元素插入单链表
17.   void insert_List(List<int>&L)
18.   {
19.       int i, e;
20.       cout <<"请输入要插入元素的位置 i:";
21.       cin >>i;
22.       cout <<"请输入要插入元素的值:";
23.       cin >>e;
24.
25.       LNode<int> * p =L.get_node(i -1);
26.       if (!p) cout <<"插入失败!\n";
27.       else
28.       {
29.           L.insert(p, e);
30.           cout <<"插入成功!";
31.       }
32.   }
33.
34.   //打印单链表中元素
35.   void print_List(List<int>&L)
36.   {
37.       if (L.empty())
38.       {
39.           cout <<"单链表为空!\n";
40.           return;
41.       }
42.
43.       LNode<int> * p =L.head();
44.       cout <<"单链表共有" <<L.size() <<"个元素:\n";
45.       while (p !=NULL)
```

```
46.     {
47.         cout <<p->data <<' ';
48.         p =p->next;
49.     }
50.     cout <<endl;
51. }
52.
53. int main()
54. {
55.     List<int>L;
56.     creat_List(L);
57.     print_List(L);
58.     insert_List(L);
59.     print_List(L);
60. }
```

5. 运行结果

依次逆序输入单链表 $L=\{4,9,25,38,46\}$ 的数据元素,按 Ctrl＋Z 组合键结束,打印出建立的单链表,如图 2.25 所示。

```
请逆序输入链表元素(以Ctrl+Z)结束  ，建立带头结点的链表:
46 38 25 9 4 ^Z
单链表共有5个元素:
4 9 25 38 46
```

图 2.25　单链表建表算法演示

输入要插入元素的位置 i 为 4,要插入元素的值为 30,打印插入后的单链表,如图 2.26 所示。

```
请输入要插入元素的位置i: 4
请输入要插入元素的值: 30
插入成功！单链表共有6个元素:
4 9 25 30 38 46
```

图 2.26　单链表插入元素算法演示

6. 算法分析

与顺序表类似,单链表的创建中主要涉及的是插入过程中的时间复杂度,因此,在这里只讨论插入操作的时间复杂度。

单链表插入操作的执行时间主要耗费在定位上。最坏情况是在表尾插入元素,此时要遍历所有的数据元素,算法的时间复杂度是 $O(n)$;最好情况是直接在头结点之后插入元素,此时不需要遍历数据元素,算法时间复杂度是 $O(1)$。若单链表中每个位置插入元素的概率是相等的,则算法的平均时间复杂度是 $O(n)$。

2.3.3　单链表内数据元素的查找

1. 算法功能

按序号或按值查找单链表中的数据元素。

2. 算法思路

由于单链表是非顺序存储结构，元素之间通过指针描述逻辑结构，因而无法实现随机存取，查找操作只能是顺链扫描。若查找单链表中的第 i 个元素，则要从链表的第 1 个结点开始，用 p 作为标记指针，j 作为计数器，顺序扫描链表。当 p 不为空且 $j=i$ 时，指针 p 所指结点元素即为所要找的第 i 个元素，用 e 返回该元素的值。按值查找，则是从单链表的头结点开始，用 p 作为标记指针，i 作为计数器，当 p 不为空时，p 所指的当前结点元素与 e 比较，若相等则返回该结点在链表中的位置 i，否则返回 0，表示查找失败。

3. 实例描述

1）按位置查找

例如，在带头结点的单链表 $L=\{4,9,25,38,46\}$ 中查找第 3 个位置的元素。$i=3,j=1$，$p=L->\text{next}$ 指向链表第 1 个结点，按位置查找元素的过程如图 2.27 所示。

（1）由于 p 不为空，$j=1$，$j<i$ 为真，令 $p=p->\text{next}$，$j++$，如图 2.27(a)所示。

（2）p 指向单链素第 2 个结点，且 p 不为空，$j=2$，$j<i$ 为真，令 $p=p->\text{next}$，$j++$，如图 2.27(b)所示。

（3）p 指向单链表第 3 个结点，且 p 不为空，$j=3$，$j<i$ 为假，所以已找到要查找的位置 i，p 所指向的结点即为要找的结点，令 $e=p->\text{data}$，如图 2.27(c)所示。

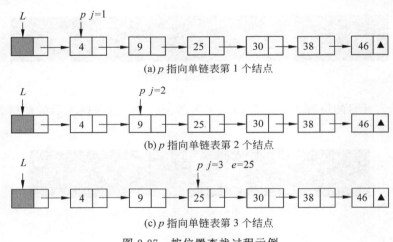

图 2.27　按位置查找过程示例

2）按值查找

例如，查找数据元素 30 是否在单链表 L 中，查找的过程如图 2.28 所示。

（1）令 $e=30$，$i=1$，$p=L->\text{next}$ 指向单链表第 1 个结点，由于 p 不为空，$p->\text{data}=4$，$p->\text{data}=e$ 为假，则 $p=p->\text{next}$，$i++$，如图 2.28(a)所示。

（2）p 指向单链表的第 2 个结点，p 不为空，$p->\text{data}=9$，$p->\text{data}=e$ 为假，令 $p=p->\text{next}$，$i++$，如图 2.28(b)所示。

（3）p 指向第 3 个结点，p 不为空，$p->\text{data}=25$，$p->\text{data}=e$ 为假，令 $p=p->\text{next}$，$i++$，如图 2.28(c)所示。

（4）p 指向第 4 个结点，p 不为空，$p->\text{data}=30$，$p->\text{data}=e$ 为真，所以查找成功，返回数据元素 30 在该单链表中的的位置 $i=4$，如图 2.28(d)所示。

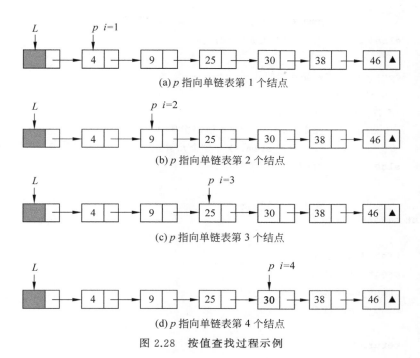

(a) p 指向单链表第 1 个结点

(b) p 指向单链表第 2 个结点

(c) p 指向单链表第 3 个结点

(d) p 指向单链表第 4 个结点

图 2.28　按值查找过程示例

4. 参考程序

List.h 文件 List 类中的相关函数如下。

```
1.   public:
2.       //实现按序号查找的 get_node(int i) 函数已在 2.3.2 节给出
3.
4.       //若有元素 e,返回第一个匹配元素的位置,否则返回 0
5.       int locate_elem(T e)
6.       {
7.           LNode<T> * p =header->next;
8.           for (int i =1; p; p =p->next, i++)
9.               if (p->data ==e) return i;
10.          return 0;
11.      }
```

定义文件中增添的相关函数和主函数修改如下。

```
1.   //查找单链表中元素
2.   void find_List(List<int>&L)
3.   {
4.       int i, e;
5.       cout <<"请输入要查找的元素的位置 i:";
6.       cin >>i;
7.       if (L.get_node(i))
8.           cout <<"第" <<i <<"个元素的值是:"
```

```
9.                    <<L.get_node(i)->data <<endl;
10.        else cout <<"没有这个元素!\n";
11.
12.        cout <<"请输入要查找的元素 e:";
13.        cin >>e;
14.        if (L.locate_elem(e))
15.            cout <<"元素" <<e <<"在单链表中是第"
16.                <<L.locate_elem(e) <<"个元素 \n";
17.        else cout <<"没有这个元素!\n";
18. }
19.
20. int main()
21. {
22.        List<int>L;
23.        creat_List(L);
24.        print_List(L);
25.        find_List(L);
26.
27.        return 0;
28. }
```

5. 运行结果

依次逆序输入单链表 $L = \{4,9,25,30,38,46\}$ 的元素，按 Ctrl＋Z 组合键结束。输入要查找元素的位置 $i = 3$，显示查询结果；输入要查找元素 $e = 30$，显示查询结果，如图 2.29 所示。

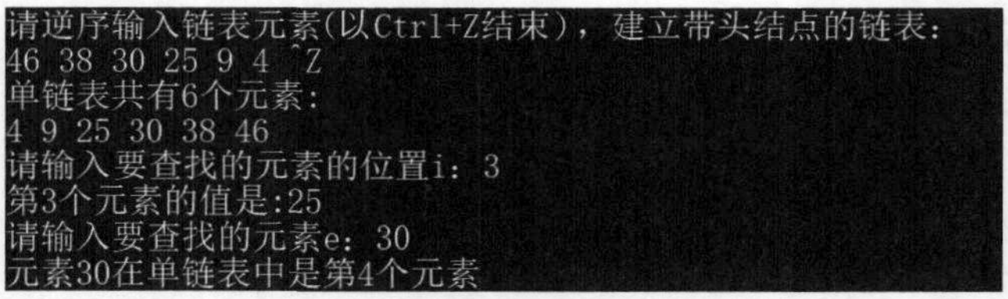

```
请逆序输入链表元素(以Ctrl+Z结束)，建立带头结点的链表:
46 38 30 25 9 4  Z
单链表共有6个元素:
4 9 25 30 38 46
请输入要查找的元素的位置i: 3
第3个元素的值是:25
请输入要查找的元素e: 30
元素30在单链表中是第4个元素
```

图 2.29   单链表查找算法演示

2.3.4   单链表内数据元素的删除

1. 算法功能

在带有头结点的单链表中删除第 $i(1 \leqslant i \leqslant n)$ 个数据元素。

2. 算法思路

单链表内元素的删除过程可以分为两步：①查找，通过计数器 j 找到第 $i-1$ 个结点，并由指针 p 指向该结点。②删除，用指针 q 指向第 i 个结点，修改 p 的指针域为 q 的指针域值，然后释放 q 所指的第 i 个结点的空间。

3. 实例描述

例如，在带头结点的单链表 $L = \{4,9,25,30,38,46\}$ 中删除第 4 个位置的元素。操作过程如图 2.30 所示。

（1）$i=4$，$p=L$ 指向头结点，$j=0$，由于 $p->$next 不为空，$j<i-1$，令 $p=p->$next，$++j$，如图 2.30（a）所示。

（2）p 指向第 1 个结点，p 不为空，$j=1<i-1$，令 $p=p->$next，$++j$，如图 2.30（b）所示。

（3）p 指向第 2 个结点，p 不为空，$j=2<i-1$，令 $p=p->$next，$++j$，如图 2.30（c）所示。

（4）p 指向第 3 个结点，p 不为空，$j=3$ 不小于 $i-1$，所以 p 已到标记位置，令 $q=p->$next 指向第 4 个结点，如图 2.30（d）所示。

（5）令 $p->$next$=q->$next，如图 2.30（e）所示。

（6）删除并释放结点 q，新的单链表如图 2.30（f）所示。

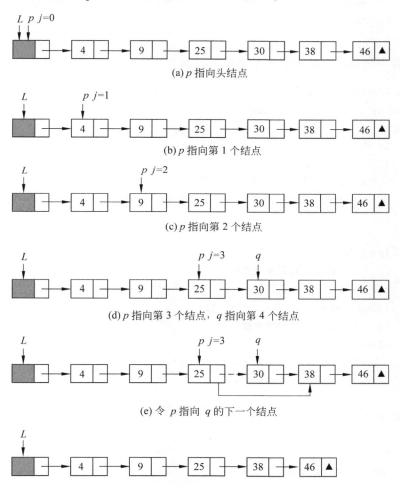

图 2.30　单链表内删除元素过程示例

4. 参考程序

List.h 文件 List 类中的相关函数如下。

```
1.   public:
2.       //删除单链表中的有效结点,单链表逻辑关系不变
3.       T remove(LNode<T> * p)
4.       {
5.           T e =p->data;                       //备份删除结点数值
6.           int location =locate_elem(e) -1;    //找到前一个结点的位置
7.           LNode<T> * q =get_node(location);
8.           q->next =p->next;
9.           _size--;
10.          delete p;                           //删除并释放结点
11.          return e;
12.      }
```

定义文件中增添的相关函数和主函数修改如下。

```
1.   //删除单链表中元素
2.   void delete_List(List<int>&L)
3.   {
4.       if (L.empty())
5.       {
6.           cout <<"链表为空!无法删除!\n";
7.           return;
8.       }
9.
10.      int i, e;
11.      cout <<"请输入要删除元素的位置 i: ";
12.      cin >>i;
13.      LNode<int> * p =L.get_node(i);
14.      if (!p) cout <<"删除失败!\n";
15.      else
16.          cout <<"删除的元素 e 是: " <<L.remove(p) <<endl;
17.  }
18.
19.  int main()
20.  {
21.
22.      List<int>L;
23.      creat_List(L);
24.      print_List(L);
25.      delete_List(L);
26.      print_List(L);
27.
```

```
28.     return 0;
29.   }
```

5. 运行结果

依次逆序输入单链表 $L=\{4,9,25,30,38,46\}$ 的元素，按 Ctrl＋Z 组合键结束。输入要删除元素的位置 $i=4$，输出删除的元素值，打印删除操作后的单链表，如图 2.31 所示。

```
请逆序输入链表元素(以Ctrl+Z)结束  ，建立带头结点的链表：
46 38 30 25 9 4 ^Z
单链表共有6个元素：
4 9 25 30 38 46
请输入要删除元素的位置i：4
删除的元素e是：30
单链表共有5个元素：
4 9 25 38 46
```

图 2.31　单链表删除算法演示

2.3.5　单链表的合并

1. 算法功能

将两个非递减的单链表 La 和 Lb 合并成一个非递减的单链表 Lc。

2. 算法思路

先得到两个非递减的单链表 La 和 Lb，由于链表是由指针描述数据元素间的逻辑关系，因而无须开辟新空间给单链表 Lc，只需要修改相应结点指针。例如，将 La 作为基链表，Lc 的头指针指向 La 的头指针，把 Lb 中相应的数据元素连接到 La 中，最后得到的新链表就是合并后的 Lc 链表。

3. 实例描述

合并单链表 La＝{4,4,7} 和 Lb＝{2,3,4,8,9,10} 的过程如图 2.32 所示。

（1）指针初始化，pa＝La—>next；pb＝Lb—>next；Lc＝pc＝La，如图 2.32(b)所示。

（2）pa—>data＝4 大于 pb—>data＝2，令 pc—>next＝pb；pc＝pb；pb＝pb—>next，如图 2.32(c)所示。

（3）pa—>data＝4 大于 pb—>data＝3，令 pc—>next＝pb；pc＝pb；pb＝pb—>next，如图 2.32(d)所示。

（4）pa—>data＝4 等于 pb—>data＝4，令 pc—>next＝pa；pc＝pa；pa＝pa—>next，如图 2.32(e)所示。

（5）pa—>data＝4 等于 pb—>data＝4，令 pc—>next＝pa；pc＝pa；pa＝pa—>next，如图 2.32(f)所示。

（6）pa—>data＝7 大于 pb—>data＝4，令 pc—>next＝pb；pc＝pb；pb＝pb—>next，如图 2.32(g)所示。

（7）pa—>data＝7 小于 pb—>data＝8，令 pc—>next＝pa；pc＝pa；pa＝pa—>next，如图 2.32(h)所示。

（8）此时 pa 为空，La 的元素已经全部插入 Lc，不需要再进行比较，将 Lb 中剩余的元素依次插入 Lc 即可，如图 2.32(i)所示。

（9）合并后的单链表 Lc 如图 2.32(j)所示。

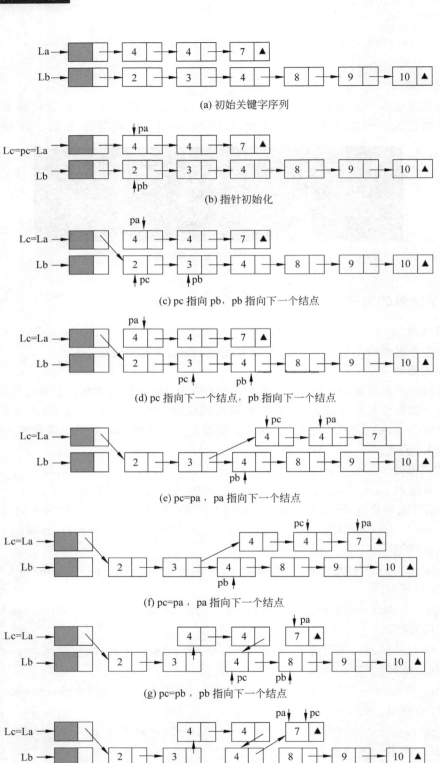

图 2.32　单链表合并过程示例

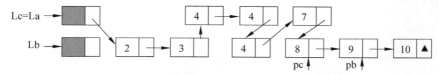

(i) La 元素已全部插入 Lc；将 Lb 中剩余元素依次插入 Lc

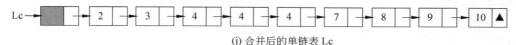

(j) 合并后的单链表 Lc

图 2.32 （续）

4. 参考程序

List.h 文件 List 类中的相关函数如下。

```
1.    public:
2.        //将另一个链表按数据大小合并到当前列表中
3.        //注意:会改变链表,故将其清空
4.        void merge(List<T>&L)
5.        {
6.            LNode<T> * pa =this->head(), * pb =L.head();
7.            LNode<T> * pc =header;
8.
9.            while (pa && pb)
10.               if (pa->data <=pb->data)
11.               {
12.                   pc->next =pa;
13.                   pc =pa;
14.                   pa =pa->next;
15.               }
16.               else
17.               {
18.                   pc->next =pb;
19.                   pc =pb;
20.                   pb =pb->next;
21.               }
22.           pc->next =pa ? pa : pb;
23.
24.           _size +=L.size();
25.           L.header->next =NULL;
26.           L._size =0;
27.       }
```

定义文件中的主函数修改如下。

```
1.   int main()
2.   {
3.       List<int>La, Lb, Lc;
4.       creat_List(La);
5.       creat_List(Lb);
6.
7.       cout <<"单链表 La 为:\n";
8.       print_List(La);
9.       cout <<"单链表 Lb 为:\n";
10.      print_List(Lb);
11.
12.      La.merge(Lb);
13.      cout <<"单链表 La 和 Lb 合并后的单链表 Lc 为:\n";
14.      print_List(La);
15.
16.      return 0;
17.  }
```

5. 运行结果

建立带有头结点的非递减的单链表 La＝{7,4,4} 和 Lb＝{10,9,8,4,3,2}，打印合并后的单链表 Lc，如图 2.33 所示。

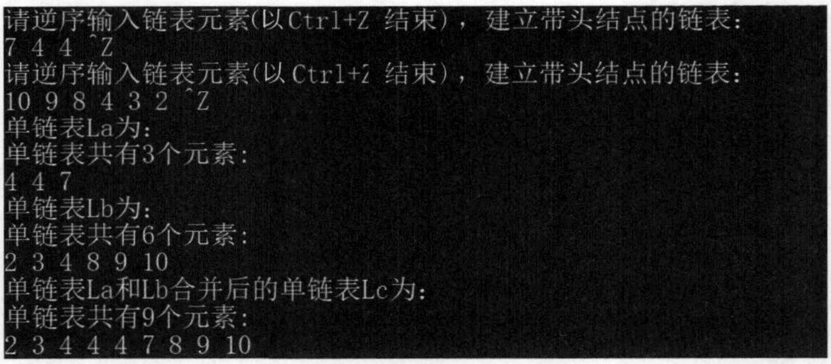

图 2.33　单链表合并算法演示

6. 算法分析

单链表合并算法中只要选择需要归并的两个链表之一作为归并指向链表，无须重新分配空间。合并过程中只需比较两个链表中相应元素的大小，确定大小后修改相应结点的指针即可。假设第一个单链表的长度为 n，第二个单链表的长度为 m，则单链表合并算法的空间复杂度和时间复杂度均为 $O(n+m)$。

以上为单链表的功能介绍及实现。单链表最终的头文件 List.h 及定义文件结构如图 2.34 和图 2.35 所示。

图 2.34　单链表的头文件结构

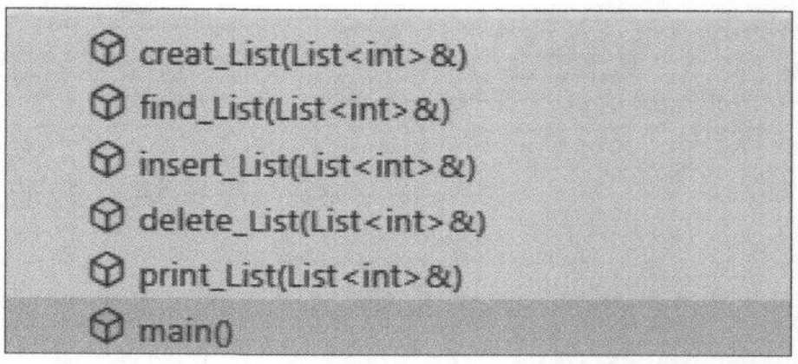

| ⊕ creat_List(List<int>&) |
| ⊕ find_List(List<int>&) |
| ⊕ insert_List(List<int>&) |
| ⊕ delete_List(List<int>&) |
| ⊕ print_List(List<int>&) |
| ⊕ main() |

图 2.35　单链表的定义文件结构

2.4　双向链表的算法实现

2.4.1　双向链表的结点结构和一般形式

在单链表的每个结点里再增加一个指向其直接前趋的指针域 prior,链表中就形成了方向不同的两条链,故称为双向链表。

与单链表类似,双链表算法的头文件定义也分为两个部分。

1. 双向链表的结点结构及其定义

双向链表的结点有 3 个域：prior、data 和 next,如图 2.36 所示。其中,data 为存储数据元素的数据域,prior 为指向直接前趋元素的指针域,next 为指向直接后继元素的指针域。

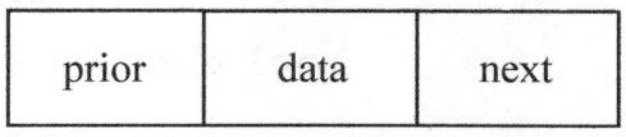

prior	data	next

图 2.36　双向链表的结点结构

DuList.h 文件中双向链表的结点结构统一定义如下。

```
1.    #ifndef NULL
2.    #define NULL 0
3.    #endif
4.
5.    template <typename T>
6.    struct DuLNode
```

```
7.   {
8.       T data;
9.       DuLNode<T> * prior, * next;
10.
11.      //构造函数
12.      DuLNode(){};
13.      DuLNode(T e, DuLNode<T> * p =NULL, DuLNode<T> * n =NULL)
14.          : data(e), prior(p), next(n){};
15.  };
```

2. 双向链表的一般形式与类定义

1) 带头结点的非空双向链表

假设 head 为头结点，tail 为尾结点，设指针 p 指向某一结点，则结点 $*p$ 的存储位置既存放在其前趋结点的直接后继指针域中，也存放在其后继结点的直接前趋指针域中，如图 2.37 所示。

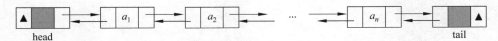

图 2.37　带头结点的非空双向链表的一般形式

2) 带头结点的空双向链表

假设 head 为头结点，tail 为尾结点，当 _size 为 0 时，双向链表为空链表，如图 2.38 所示。

DuList.h 文件中双向链表的类定义如下。

```
1.   template <typename T>
2.   class DuList
3.   {
4.   private:
5.       int _size;                                    //规模
6.       DuLNode<T> * head, * tail;                    //指向头结点和尾结点
7.
8.   public:
9.       //对外接口
10.      int size() const { return _size; }
11.      bool empty() const { return !_size; }
12.
13.      //返回第一个结点
14.      DuLNode<T> * first() const { return head->next; }
15.      //返回最后一个结点
16.      DuLNode<T> * last() const { return tail->prior; }
17.  };
```

图 2.38　带头结点的空双向
　　　　链表的一般形式

2.4.2　双向链表的创建和插入

1. 算法功能

首先,用尾插法动态建立带头结点的双向链表。

然后,在双向链表的第 i 个位置插入一个新的数据元素 e。

2. 算法思路

双向链表的创建是一个向空表中不断插入数据元素的过程,因此创建功能和插入功能需要一起讨论,同时还涉及数据元素的查找功能。

1) 创建

建立双向链表时,先建立一个空数据域的链表头结点和链表尾结点。

创建单链表时使用的是头插法,输入元素的顺序是逆序的。这里不妨采用尾插法创建双向链表,以此实现创建时元素的顺序输入。

创建一个新的结点 p,首先在其数据域存储数据,然后寻找链表尾结点,将 p 置于它之前。不断重复这个过程,直至读入结束标志即按 Ctrl+Z 组合键结束。

反思上述思路不难发现,尾插法在单链表中是难以实现的,原因在于单链表中的指针只有指向后继的,很难完成在某个结点之前插入结点的操作。但在双向链表中,一个结点的存储地址既存在于它的直接前趋结点的 next 指针中,也存在于它的直接后趋结点的 prior 指针中。因此,创建双向链表时,头插法和尾插法都是适用的。

2) 插入

在带头结点的双向链表 L 中第 i 个位置插入一个数据元素 e,既可以在表中第 $i-1$ 个数据元素之后插入,也可以在第 i 个数据元素之前插入。两种方法都可分为以下 3 步实现。

(1) 在第 $i-1$ 个数据元素之后插入新结点:①查找,在双向链表中找到第 $i-1$ 个结点并由指针 p 指示;②申请,申请新结点 s,将其数据域的值置为 e;③插入,通过修改前、后结点指针域将新结点 s 插入双向链表。

(2) 在第 i 个数据元素之前插入新结点:①查找,在双向链表中找到第 i 个结点并由指针 p 指示;②申请,申请新结点 s,将其数据域的值置为 e;③插入,通过修改前、后结点指针域将新结点 s 插入双向链表。

3. 实例描述

1) 创建

例如,双向链表 $L=\{4,9,25,36,48\}$ 的建表过程如图 2.39 所示。

2) 插入

例如,在刚创建的双向链表 $L=\{4,9,25,36,48\}$ 的第 3 个位置插入数据元素 20,操作过程如图 2.40 所示。

(1) 查找:找到第 2 个元素,并由 p 指向它,如图 2.40(a)和图 2.40(b)所示。

(2) 申请并插入:申请新结点 s,数据值等于要插入的值 20,分别修改结点 s 和 p 的指针,将 s 插入双向链表,如图 2.40(c)所示。

4. 参考程序

DuList.h 文件类中的相关函数如下。

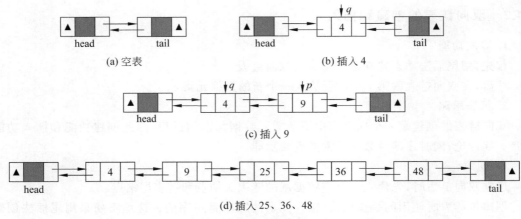

(a) 空表　　　　　　　　　　　　　　(b) 插入 4

(c) 插入 9

(d) 插入 25、36、48

图 2.39　创建双向链表过程示例

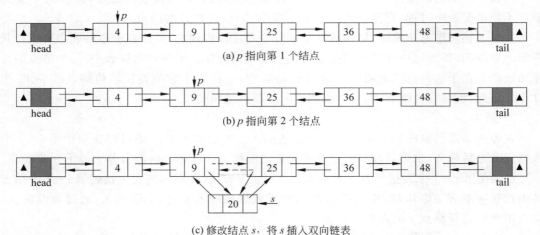

(a) p 指向第 1 个结点

(b) p 指向第 2 个结点

(c) 修改结点 s，将 s 插入双向链表

图 2.40　双向链表内元素的插入过程示例

```
1.  protected:
2.      void init()
3.      {
4.          head = new DuLNode<T>;                //创建头结点
5.          tail = new DuLNode<T>;                //创建尾结点
6.          head->next = tail;
7.          head->prior = NULL;
8.          tail->prior = head;
9.          tail->next = NULL;
10.         _size = 0;
11.     }
12.
13. public:
14.     DuList() { init(); }                      //构造函数
```

```
15.
16.    ~DuList()                                      //析构函数
17.    {
18.        DuLNode<T> * p =head;
19.        while (head)
20.        {
21.            p =p->next;
22.            delete head;
23.            head =p;
24.        }
25.    }
26.
27.    //在指定结点后插入
28.    void insert_after(DuLNode<T> * p, T const &e)
29.    {
30.        _size++;
31.        DuLNode<T> * s =new DuLNode<T>(e, p, p->next);
32.        p->next->prior =s;
33.        p->next =s;
34.    }
35.
36.    //在指定结点前插入
37.    void insert_before(DuLNode<T> * p, T const &e)
38.    {
39.        _size++;
40.        DuLNode<T> * q =new DuLNode<T>(e, p->prior, p);
41.        p->prior->next =q;
42.        p->prior =q;
43.    }
44.
45.    //作为第一个结点插入
46.    void insert_first(T const &e) { insert_after(head, e); }
47.    //作为最后一个结点插入
48.    void insert_last(T const &e) { insert_before(tail, e); }
49.
50.    //返回第 i 个结点
51.    DuLNode<T> * get_node(int i)
52.    {
53.        int j =0;
54.        DuLNode<T> * p =head;
55.        while (p !=tail && j <i)    { p =p->next; ++j;   }
56.        if (!p || j >i) return NULL;
57.        else return p;
58.    }
```

定义文件中的主程序如下。

```
1.    #include "DuList.h"
2.    #include <iostream>
3.
4.    using namespace std;
5.
6.    //创建双向链表
7.    void create_DuList(DuList<int>&L)
8.    {
9.        int e;
10.       cout <<"请输入链表元素(以 Ctrl+Z 结束),建立带头结点的双向链表:";
11.       cout <<endl;
12.       while (cin >>e)
13.           L.insert_last(e);                           //按 Ctrl+Z 组合键结束输入
14.       cin.clear();                                    //更改 cin 的状态标识符
15.       rewind(stdin);                                  //清空输入缓存区
16.   }
17.
18.   //将元素插入双向链表
19.   void insert_DuList(DuList<int>&L)
20.   {
21.       int i, e;
22.       cout <<"请输入要插入元素的位置 i:";
23.       cin >>i;
24.       printf("请输入要插入元素的值:");
25.       cin >>e;
26.
27.       DuLNode<int> * p =L.get_node(i -1);
28.       if (!p) cout <<"插入失败!\n";
29.       else
30.       {
31.           L.insert_after(p, e);
32.           cout <<"插入成功!\n";
33.       }
34.   }
35.
36.   //打印双向链表中的元素
37.   void print_DuList(DuList<int>&L)
38.   {
39.       cout <<"双向链表共有" <<L.size() <<"个元素:\n";
40.       for (DuLNode<int> * p =L.first();
41.           p->prior !=L.last(); p =p->next)
42.           cout <<p->data <<' ';
43.       cout <<endl;
44.   }
45.
```

```
46.  int main()
47.  {
48.      DuList<int>L;
49.      create_DuList(L);
50.      print_DuList(L);
51.      insert_DuList(L);
52.      print_DuList(L);
53.
54.      return 0;
55.  }
```

5. 运行结果

依次顺序输入双向链表 L 的元素 4、9、25、36、48，按 Ctrl+Z 组合键结束。打印出建立的双向链表,运行结果如图 2.41 所示。

图 2.41 创建双向链表算法演示

输入插入位置 $i=3$ 以及要插入元素的值 $e=20$,运行结果如图 2.42 所示。

图 2.42 双向链表插入元素算法演示

2.4.3 双向链表内元素的查找

在双向链表中的查找也分为按位置查找和按值查找两种,都仅需要涉及一个方向的指针,它们的算法描述和单链表的操作相同,在此不再赘述。下面直接给出参考程序。

1. 参考程序

DuList.h 文件类中的相关函数如下。

```
1.   public:
2.       //实现按序号查找的 get_node(int i)函数已在 2.4.2 节给出
3.
4.       //若有元素 e,返回第一个匹配元素的位置,否则返回 0
5.       int locate_elem(T e)
6.       {
7.           DuLNode<T> * p =head->next;
8.           for (int i =1; p !=tail; p =p->next, i++)
9.               if (p->data ==e) return i;
10.
11.          return 0;
```

```
12.        }
```

定义文件中增添的相关函数和主函数修改如下。

```
1.    //查找双向链表中的元素
2.    void find_DuList(DuList<int>&L)
3.    {
4.        int i, e;
5.        cout <<"请输入要查找的元素的位置 i:";
6.        cin >>i;
7.        if (L.get_node(i))
8.            cout <<"第" <<i <<"个元素的值是:"
9.                <<L.get_node(i)->data <<endl;
10.       else
11.           cout <<"没有这个元素!\n";
12.
13.       cout <<"请输入要查找的元素 e:";
14.       cin >>e;
15.       if (L.locate_elem(e))
16.           cout <<"元素" <<e <<"在链表中是第"
17.               <<L.locate_elem(e) <<"个元素 \n";
18.       else
19.           cout <<"没有这个元素!\n";
20.   }
21.
22.   int main()
23.   {
24.       DuList<int>L;
25.       create_DuList(L);
26.       print_DuList(L);
27.       find_DuList(L);
28.
29.       return 0;
30.   }
```

2. 运行结果

依次顺序输入双向链表 L 的元素 4、9、20、25、36、48，按 Ctrl＋Z 组合键结束。输入要查找元素的位置 $i=3$，显示查询结果；输入要查找元素 $e=20$，显示查询结果，如图 2.43 所示。

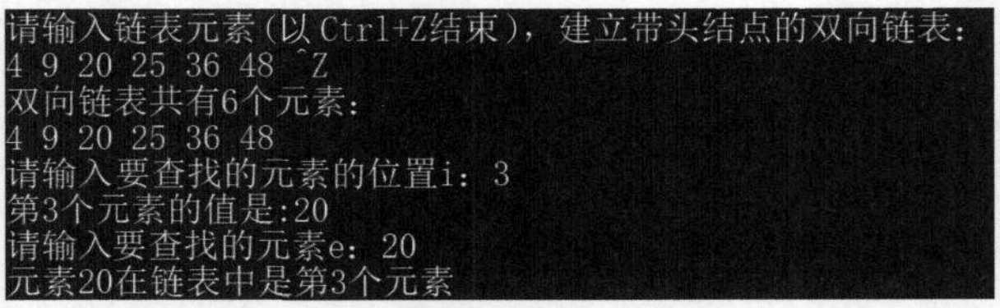

```
请输入链表元素(以 Ctrl+Z结束)，建立带头结点的双向链表:
4 9 20 25 36 48  ^Z
双向链表共有6个元素:
4 9 20 25 36 48
请输入要查找的元素的位置i: 3
第3个元素的值是:20
请输入要查找的元素e: 20
元素20在链表中是第3个元素
```

图 2.43 双向链表查找算法演示

2.4.4　双向链表内元素的删除

1. 算法功能

将双向链表的第 $i(1\leqslant i\leqslant n)$ 个元素删除。

2. 算法思路

带头结点的双向链表 L 中删除第 i 个结点的过程可以分为两步：①查找，通过计数器 j 找到第 i 个结点，并由指针 p 指向该结点；②删除，修改 p 的指针域，然后释放 p 所指的第 i 个结点的空间。

3. 实例描述

例如，在带头结点的双向链表 $L=\{4,9,25,36,48\}$ 中，要删除第 4 个位置的元素，操作过程如图 2.44 所示。

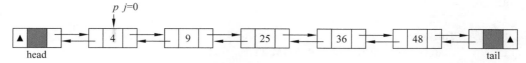

(a) 带头结点的双向链表，p 指向头结点的下一个结点

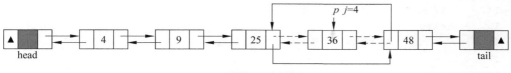

(b) p 指向要删除的结点

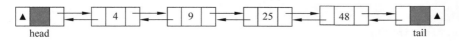

(c) 删除并释放结点 p 后的双向链表

图 2.44　双向链表内元素的删除过程示例

（1）$i=4$，$p=L$ 指向头结点，$j=0$，由于 $p->$next 不为空且 $j<i$，令 $p=p->$next，$++j$，如图 2.44(a) 所示。

（2）循环上述过程，直到 $j=4$ 跳出，则 p 指向要删除的结点。对指针域进行修改，令 $p->$prior$->$next$=p->$next，$p->$next$->$prior$=p->$prior，如图 2.44(b) 所示。

（3）删除并释放结点 p 后的双向链表如图 2.44(c) 所示。

4. 参考程序

DuList.h 文件类中的相关函数如下。

```
1.    public:
2.        //删除双向链表中的有效结点,逻辑关系不变
3.        T remove(DuLNode<T> * p)
4.        {
5.            T e =p->data;                        //备份删除结点数据
6.            p->prior->next =p->next;
7.            p->next->prior =p->prior;
```

```
8.            _size--;
9.            delete p;                          //删除并释放结点
10.           return e;
11.       }
```

定义文件中增添的相关函数和主函数修改如下。

```
1.    //删除双向链表中的元素
2.    void delete_DuList(DuList<int>&L)
3.    {
4.        if (L.empty())
5.        {
6.            cout <<"链表为空!无法删除!\n";
7.            return;
8.        }
9.
10.       int i, e;
11.       cout <<"请输入要删除元素的位置i: ";
12.       cin >>i;
13.       DuLNode<int> * p =L.get_node(i);
14.       if (!p) cout <<"删除失败!\n";
15.       else
16.           cout <<"删除的元素e是: " <<L.remove(p) <<endl;
17.   }
18.
19.   int main()
20.   {
21.       DuList<int>L;
22.       create_DuList(L);
23.       print_DuList(L);
24.       delete_DuList(L);
25.       print_DuList(L);
26.
27.       return 0;
28.   }
```

5. 运行结果

删除双向链表 $L = \{4,9,25,36,48\}$ 中第 4 个位置的元素，如图 2.45 所示。

```
请输入链表元素(以Ctrl+Z结束)，建立带头结点的双向链表:
4 9 25 36 48 ˆZ
双向链表共有5个元素:
4 9 25 36 48
请输入要删除元素的位置i: 4
删除的元素e是: 36
双向链表共有4个元素:
4 9 25 48
```

图 2.45　双向链表删除算法演示

以上为双向链表的功能介绍及实现，可以看到双向链表的实现与单链表有异曲同工之妙,由于多了一个指针域操作起来较为方便,因此在后面使用数据结构时,若涉及复杂的功能,一般使用双向链表。双向链表最终的头文件及定义文件结构如图 2.46 和图 2.47 所示。

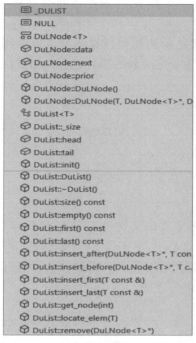

图 2.46 双向链表的头文件结构

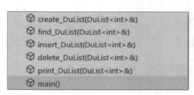

图 2.47 双向链表的定义文件结构

2.5 循环链表的算法实现

2.5.1 循环链表的结点结构和一般形式

单链表结构拥有方向性,一旦链表的头指针被破坏,整个链表结构都会丢失,因此维护链表的头指针特别重要。如果将单链表的最后一个结点的指针回头指向链表的头结点,这样单链表结构就成为单方向的环状结构,链表中的每一个结点都可以到达链表内的其他结点。这种头尾相接的环状链表称为循环链表。其特点是无须增加存储量,仅对表的链接方式稍作改变即可使得表的处理更加方便灵活。

循环链表的结点结构与单链表相同,即每个结点由用来存储结点值的数据域和用来存储数据元素直接后继地址的指针域两部分组成。

循环链表也有空表和非空表两种形式。为了使空表和非空表的处理一致,循环链表中也可设置一个头结点,其一般形式分别如图 2.48 和图 2.49 所示。

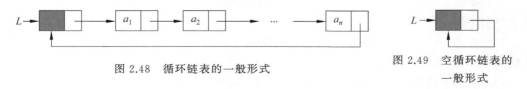

图 2.48　循环链表的一般形式

图 2.49　空循环链表的一般形式

在很多实际问题中，表的操作是在表的表尾位置上进行，此时头指针表示的单循环链表就显得不够方便。如果改用尾指针表示循环链表，则查找开始结点 a_1 和终端结点 a_n 都很方便，它们的存储位置分别是（rear－>next)－>next 和 rear，显然查找时间都是 $O(1)$。因此，在实际问题中多采用尾指针表示的循环链表。

从 C++ 程序设计的角度讲，循环链表和单链表结构的相似性意味着可以利用 C++ 的一个重要性质——继承性来简化程序。因此，不再重新定义新的循环链表的结点结构，而是使用单链表的结点结构定义。

相应地，继承自单链表类，循环链表类的定义如下。

```
1.    #include "List.h"                                    //引用包含 List 类定义的头文件
2.
3.    //以单链表 List 类为基类，派生出循环链表
4.    template<typename T>
5.    class CList : public List<T>{};
```

仔细观察继承类的形式：首先引入包含单链表定义的头文件 List.h；然后声明新定义的继承类 CList 及其基类 List。

读者会欣喜地发现，通过继承单链表类，程序极大地缩短了。当然，由于循环链表仍然在结构上和单链表有区别，所以仍需要修改和添加部分方法。

2.5.2 循环链表的创建

由于循环链表中没有 NULL 指针，故涉及查找操作时，其终止条件就不再像非循环链表那样判断 p 或 p－>next 是否为空，而是判断它们是否等于某一指定指针，如头指针或尾指针等。

循环链表的创建、查找、插入、删除算法与单链表非常相似，下面仅详细讨论循环链表的创建，同时给出全部功能的代码。

1. 算法功能

用尾插法建立循环链表。

2. 算法思路

首先建立一个空数据域的链表头结点，然后建立第一个结点 q，之后从该结点开始每次生成新结点 p，将读入数据存放到新结点 p 的数据域中，q 标记为新结点的前一个结点，将新结点插入当前链表中，然后将新结点标记为 q，直至读入结束标志即按 Ctrl＋Z 组合键结束。

3. 实例描述

例如，要建立循环链表 $L＝\{4,9,25,36,48\}$，建表过程如图 2.50 所示。

（1）建立循环链表 L 的头结点 L，如图 2.50(a)所示。

（2）新建第一个结点 q，数据域为 4，q 的指针指向头结点，头结点指针指向新结点，如图 2.50(b)所示。

（3）新建一个结点 p，数据域为 9，插到结点 q 后面，p 的指针指向头结点，q 指针指向新结点 p，如图 2.50(c)所示。

（4）重复上述过程，依次输入 25、36、48，得到的循环链表如图 2.50(d)所示。

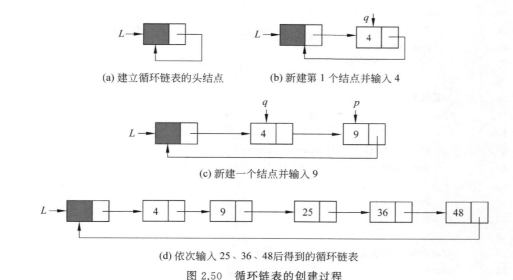

(a) 建立循环链表的头结点   (b) 新建第1个结点并输入4

(c) 新建一个结点并输入9

(d) 依次输入25、36、48后得到的循环链表

图 2.50 循环链表的创建过程

4. 参考程序

CList.h 文件类中相关的函数如下。插入操作与父类单链表一致,继承后便不必再声明,此处仅重写了与父类不同的删除和查找函数。

```
1.    public:
2.        //构造函数
3.        CList(T const &e)
4.        {
5.            //由于 head()返回的是头结点 header 的下一个元素
6.            //所以此时 header 实际上是循环链表的最后一个元素
7.            this->header->next =this->header;
8.        }
9.
10.       //析构函数
11.       ~CList()
12.       {
13.           //还原成单链表即可,程序会自动运行父类单链表的析构函数
14.           get_node(this->_size)->next =NULL;
15.       }
16.
17.       //重写删除循环列表结点
18.       T remove(LNode<T> * p)
19.       {
20.           T e =p->data;                                //备份删除结点数值
21.           LNode<T> * q =lastNode(p);
22.           q->next =p->next;
23.           this->_size--;
24.           if (p ==this->header)
```

```
25.              this->header =p->next;
26.          delete p;                                        //删除并释放结点
27.          return e;
28.      }
29.
30.      //重写返回第 i 个结点函数
31.      LNode<T> * get_node(int i)
32.      {
33.          LNode<int> * p =this->header;
34.          for (int j =0; j <i; j++)
35.              p =p->next;
36.          return p;
37.      }
38.
39.      //通过循环查找指定结点的上一个结点
40.      LNode<T> * lastNode(LNode<T> * p)
41.      {
42.          LNode<T> * q =p->next;
43.          for (int i =1; i <this->size() -1; i++)
44.              q =q->next;
45.          return q;
46.      }
```

定义文件中的主程序如下。可以看到，与单链表的主程序没有太大不同，这是因为通过继承与多态使得单链表和循环链表的对外接口即 public 函数基本命名一致，这里体现出 C++ 多态的优越性。

```
1.   #include "CList.h"
2.   #include <iostream>
3.
4.   using namespace std;
5.
6.   //创建循环链表
7.   void creat_CList(CList<int>&L)
8.   {
9.       cout <<"请逆序输入链表元素(以 Ctrl+Z 结束),建立带头结点的链表:";
10.      cout <<endl;
11.      int x;
12.      while (cin >>x)
13.          L.insert(x);                                    //按 Ctrl+Z 组合键结束输入
14.      cin.clear();                                        //更改 cin 的状态标识符
15.      rewind(stdin);                                      //清空输入缓存区
16.  }
17.
18.  //查找循环链表中的元素
19.  void find_CList(CList<int>&L)
```

```
20.  {
21.      int i, e;
22.      cout <<"请输入要查找的元素的位置 i:";
23.      cin >>i;
24.      if (L.get_node(i))
25.          cout <<"第" <<i <<"个元素的值是:"
26.                  <<L.get_node(i)->data <<endl;
27.      else
28.          cout <<"没有这个元素!\n";
29.
30.      cout <<"请输入要查找的元素 e:";
31.      cin >>e;
32.      if (L.locate_elem(e))
33.          cout <<"元素" <<e <<"在链表中是第"
34.                  <<L.locate_elem(e) <<"个元素\n";
35.      else
36.          cout <<"没有这个元素!\n";
37.  }
38.
39.  //将元素插入循环链表
40.  void insert_CList(CList<int>&L)
41.  {
42.      int i, e;
43.      cout <<"请输入要插入元素的位置 i:";
44.      cin >>i;
45.      printf("请输入要插入元素的值:");
46.      cin >>e;
47.
48.      LNode<int> * p =L.get_node(i -1);
49.      if (!p)
50.          cout <<"插入失败!\n";
51.      else
52.          L.insert(p, e);
53.  }
54.
55.  //删除循环链表中的元素
56.  void delete_CList(CList<int>&L)
57.  {
58.      if (L.empty())
59.      {
60.          cout <<"链表为空!无法删除!\n";
61.          return;
62.      }
63.
64.      int i, e;
```

```
65.        cout <<"请输入要删除元素的位置 i: ";
66.        cin >>i;
67.        LNode<int> * p =L.get_node(i);
68.        if (!p)
69.            cout <<"删除失败!\n";
70.        else
71.            cout <<"删除的元素 e 是: " <<L.remove(p) <<endl;
72.    }
73.
74.    //打印循环链表中的元素
75.    void print_CList(CList<int>&L)
76.    {
77.        if (L.empty())
78.        {
79.            cout <<"链表为空!\n";
80.            return;
81.        }
82.
83.        LNode<int> * p =L.head();
84.        cout <<"链表共有" <<L.size() <<"个元素:\n";
85.        while (p->next !=L.head())
86.        {
87.            cout <<p->data <<' ';
88.            p =p->next;
89.        }
90.        cout <<endl;
91.    }
92.
93.    int main()
94.    {
95.        CList<int>L;
96.        creat_CList(L);
97.        print_CList(L);
98.        //find_CList(L);
99.        //insert_CList(L);
100.       //delete_CList(L);
101.       //print_CList(L);
102.
103.       return 0;
104.   }
```

这里还要强调继承类中的一个操作：重写（override）。对于派生类来说，它会原封不动地继承基类的所有方法，但是如果要对某个方法进行调整，就需要以相同的函数名、参数列表和返回类型重新定义这个函数。在循环链表的例子中，读者会发现类中的 get_node（int i）、locate_elem（T e）两个函数都和原来单链表类中定义相似，但是在对于判断链表是否遍历完毕的条件存在差异：前者判断结点的 next 指针是否指向空，而后者则判断结点的 next 指针是否指向头结点。重写使得这样的差异能够在派生类中实现。

5. 运行结果

依次逆序输入循环链表 L 的元素 4、9、25、36、48，按 Ctrl＋Z 组合键结束。打印建立的循环链表，如图 2.51 所示。

图 2.51　建立循环链表算法演示

在主函数中，实现其他功能的函数用注释省略了。感兴趣的读者不妨阅读代码后尝试还原这些功能。

2.6　线性表的应用——一元多项式的存储和相加

一元多项式的相加运算是将两个一元多项式中指数相同的项的系数相加，得到一个新的多项式。对于一元多项式，如果按照指数（次数）升幂对各个单项式进行排列，可以组织成相对有序的形式。例如，$A(x)=1+(-10)x^{6}+2x^{8}+7x^{14}$ 和 $B(x)=(-1)x^{4}+10x^{6}+(-3)x^{10}+8x^{14}+4x^{18}$。现在的问题是如何存储一元多项式。

2.6.1　一元多项式的存储和相加的实现方式

1. 使用一维数组实现

用一个下标与指数一致的一维数组 Coef 存储一元多项式，数组中存放的是与指数对应的各单项式的系数，使用一维数组存储一元多项式如图 2.52 所示。

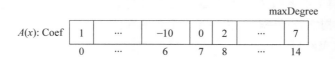

图 2.52　使用一维数组存储一元多项式示例

如果一元多项式中各项的指数跨度比较大，呈现指数不连续排列的情况时，这种存储结构会存储大量系数为 0 的元素，很不经济。

2. 使用结构数组实现

如果将指数和系数一同存储在数组里,则一元多项式系数为 0 的项就不需要存储,这样就避免了一维数组的弊端。使用结构数组存储一元多项式如图 2.53 所示。

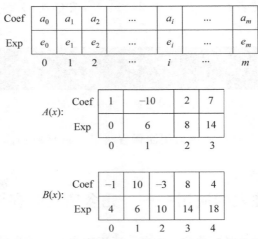

图 2.53　使用结构数组存储一元多项式示例

由于指数不需要再与数组下标保持一致,甚至可以在一个结构数组中存放两个以上的一元多项式,如 $A(x)$ 和 $B(x)$,因此只需要为每个一元多项式加上开始和结束的一对指示下标即可,结构如图 2.54 所示。

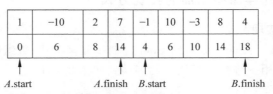

图 2.54　使用结构数组存储两个一元多项式示例

这种存储结构在一定程度上优化了一元多项式的存储和输出。但是,一元多项式合并同类项时,当同类项的系数之和等于零时则会引起数组元素的移动。这是顺序表的弊端。下面看看链表结构能否进一步优化一元多项式的存储和相加。

3. 使用单链表实现

使用链表结构存储一元多项式,链表结点的结构需要包括系数、指数及一个指针域,使用单链表的结点结构存储两个一元多项式如图 2.55 所示。

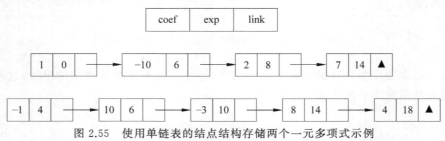

图 2.55　使用单链表的结点结构存储两个一元多项式示例

在使用这个结构体输入一元多项式时,链表长度应是动态变化的,因此不需要在初始化时定义链表长度。

同时,根据之前学习过两个单链表的合并,只需要对合并函数中的函数条件稍作修改,依次比较两个链表中的指数大小,并对指数相同项的系数进行相加,就可以完成两个一元多项式的相加。

2.6.2　一元多项式的存储和相加的实现

1. 参考程序

实现一元多项式的存储和相加的参考程序如下。

```
1.    #include "List.h"
2.    #include <iostream>
3.    using namespace std;
4.
5.    //定义存储各单项式的结点
6.    struct Mono
7.    {
8.        double coef;                          //系数
9.        int exp;                              //指数
10.   };
11.
12.   //以单链表为模板派生出一元多项式的类对象
13.   class poly : public List<Mono>
14.   {
15.   public:
16.       void merge_poly(poly &La, poly &Lb)
17.       {
18.           init();
19.           int tmp =0;
20.           LNode<Mono> * pa, * pb, * pc;
21.           pa =La.head();
22.           pb =Lb.head();
23.           pc =header;
24.           while (pa && pb)
25.           {
26.               //判断指数是否相等,相等则令系数相加并合并成新的一项
27.               if (pa->data.exp ==pb->data.exp)
28.               {
29.                   pa->data.coef +=pb->data.coef;
30.                   if (pa->data.coef)
31.                   {
32.                       pc->next =pa;
33.                       pc =pa;
34.                       tmp++;
```

```
35.                    }
36.                    pa = pa->next;
37.                    pb = pb->next;
38.                    tmp -= 2;
39.                }
40.                //若 pa 指数较小,则先向 Lc 插入 pa
41.                else if (pa->data.exp < pb->data.exp)
42.                {
43.                    pc->next = pa;
44.                    pc = pa;
45.                    pa = pa->next;
46.                }
47.                else //若 pb 指数较小,则先向 Lc 插入 pb
48.                {
49.                    pc->next = pb;
50.                    pc = pb;
51.                    pb = pb->next;
52.                }
53.            }
54.            //将尚未遍历完的表剩余项并入 Lc 中
55.            pc->next = pa ? pa : pb;
56.            _size = La.size() + Lb.size() + tmp;
57.            La.init();
58.            Lb.init();
59.        }
60. };
61.
62. //创建一元多项式
63. void creat_poly(poly &L)
64. {
65.     double c;
66.     int index;
67.     //输入一元多项式各项系数和指数,用头插法存入链表中
68.     while (cin >> c >> index)
69.         L.insert((Mono){c, index});
70.     cin.clear();                              //更改 cin 的状态标识符
71.     rewind(stdin);                            //清空输入缓存区
72. }
73.
74. //打印一元多项式
75. void print_poly(poly &L)
76. {
77.     cout << "共有" << L.size() << "项: ";
78.     for (LNode<Mono> * p = L.head(); p; p = p->next)
79.         if (p->data.coef != 0)
```

```
80.              { //判断系数是否非零,非零则输出
81.                  if (p->data.coef >0)
82.                      cout <<'+';
83.                  if (!p->data.exp)                    //输出项为常数
84.                      cout <<p->data.coef;
85.                  else if (p->data.exp ==1)            //输出项为一次项
86.                      cout <<p->data.coef <<'x';
87.                  else                                 //输出项幂次大于1
88.                      cout <<p->data.coef <<"x^" <<p->data.exp;
89.              }
90.      cout <<endl;
91.  }
92.
93.  int main()
94.  {
95.      poly La, Lb, Lc;
96.      cout <<"请按幂次降序输入第一个一元多项式的各项系数与幂次
                  (以 Ctrl+Z 结束):\n";
97.      creat_poly(La);
98.      cout <<"请按幂次降序输入第二个一元多项式的各项系数与幂次
                  (以 Ctrl+Z 结束):\n";
99.      creat_poly(Lb);
100.     cout <<"一元多项式 La 为:\n";
101.     print_poly(La);
102.     cout <<"一元多项式 Lb 为:\n";
103.     print_poly(Lb);
104.     Lc.merge_poly(La, Lb);
105.     cout <<"一元多项式 La 和 Lb 相加后的一元多项式 Lc 为:\n";
106.     print_poly(Lc);
107.
108.     return 0;
109. }
```

2. 运行结果

建立都有头结点的非递减一元多项式存储链表 La＝{(1,0),(-10,6),(2,8),(7,14)}和 Lb＝{(-1,4),(10,6),(-3,10),(8,14),(4,18)},打印合并后的一元多项式单链表 Lc,如图 2.56 所示。

```
请按幂次降序输入第一个一元多项式的各项系数与幂次(以 Ctrl+Z结束):
7 14 2 8 -10 6 1 0 ^Z
请按幂次降序输入第二个一元多项式的各项系数与幂次(以 Ctrl+Z结束):
4 18 8 14 -3 10 10 6 -1 4 ^Z
一元多项式La为:
共有4项:   +1-10x^6+2x^8+7x^14
一元多项式Lb为:
共有5项:   -1x^4+10x^6-3x^10+8x^14+4x^18
一元多项式La和Lb相加后的一元多项式Lc为:
共有6项:   +1-1x^4+2x^8-3x^10+15x^14+4x^18
```

图 2.56 一元多项式的存储和相加算法演示

3. 算法分析

与单链表合并算法相比，在最坏情况下，一元多项式相加算法在合并时每次的判断次数从 2 个增加到 3 个，同时仍只需修改指针，无须重新分配空间，因此大 O 算法下对时间复杂度并没有影响。假设第一个一元多项式单链表的长度为 n，第二个一元多项式单链表的长度为 m，则一元多项式相加算法的空间复杂度和时间复杂度仍均为 $O(n+m)$。

通过以上对一元多项式存储与相加问题的分析可以发现，一个实际问题可以通过多种数据结构进行实现和解决，而它们之间的效率和复杂度往往存在差别。这时应该结合问题的具体需求，根据不同数据结构的不同特性，分析选择合适的解决方案。

2.7　STL 的使用

2.7.1　STL 简介

在学习数据结构的时候，初学者不可避免地会被数据结构冗长的定义所困扰。当使用一种数据结构时，使用者是否一定要重新编写它的类、定义其中的属性和方法呢？答案是否定的。实际上，STL 是一种用来解决这种情况的非常便利的工具。

STL(standard template library)是一种标准的函数库，主要由惠普实验室开发，其中包含容器(container)、迭代器(iterator)、算法(algorithm)等多个实用部分。在实现数据结构的复用时主要使用容器部分。通俗地讲，STL 的容器就是已经定义好了各种各样数据结构的头文件。常用的有 Vector、List、Array、Deque、Stack、Map、Set 等，其中 Vector 和 List 就是前面学习的顺序表和单链表。

2.7.2　STL 应用实例

下面，通过应用 STL 容器 Vector 实现顺序表的创建。

1. 参考程序

通过应用 STL 容器 Vector 实现顺序表的创建程序如下。

```
1.   #include <iostream>
2.   #include <vector>
3.   using namespace std;
4.
5.   int main()
6.   {
7.       vector<int>vec;                    //声明一个元素类型为 int 的顺序表
8.       vector<int>::iterator it;          //声明一个迭代器
9.
10.      //读入元素并存储
11.      cout <<"请顺序输入元素(以 Ctrl+Z 结束),建立 STL 顺序表:\n";
12.      int x;
13.      while (cin >>x)
14.          vec.push_back(x);              //按 Ctrl+Z 组合键结束输入
```

```
15.        cin.clear();                                  //更改 cin 的状态标识符
16.        rewind(stdin);                                //清空输入缓存区
17.
18.        //使用迭代器打印顺序表中的元素
19.        if (vec.empty())
20.        {
21.            cout <<"顺序表为空!\n";
22.            return 0;
23.        }
24.        cout <<"顺序表共有" <<vec.size() <<"个元素:\n";
25.        for (it =vec.begin(); it !=vec.end(); it++)
26.            cout << * it <<" ";
27.
28.        return 0;
29.    }
```

2. 运行结果

依次顺序输入顺序表的元素 4、9、25、38、46，按 Ctrl＋Z 组合键结束。打印建立的顺序表，如图 2.57 所示。

```
请顺序输入元素(以Ctrl+Z结束)，建立STL顺序表：
4 9 25 36 46 ^Z
顺序表共有5个元素：
4 9 25 36 46
```

图 2.57 建立 STL 顺序表算法演示

通过程序的长度，可以直观感受到 STL 的便利。同时，要想顺利使用 STL 创建顺序表，就要充分理解 Vector 中的各个属性和方法，例如参考程序中的 push_back()、size()、begin()、end() 等是十分必要的。在后续章节中介绍的许多数据结构在 STL 中也有对应的容器，为保持一致性，本书中数据结构使用的均为书中定义的代码。若读者时间有限无法全部实现，不妨通过 STL 里现有的程序进行替代，使用时注意各容器接口与本书里的不同。

在使用 STL 过程中，必不可少的就是要了解所使用的容器定义的类的内容，包括定义的属性和方法。在这个层面上，读者不妨认真查看、了解 STL 的源代码，了解其中类、属性、方法的名称、作用和使用方式，相信会有不小的收获。

本 章 小 结

线性表是 $n(n \geq 0)$ 个表项的有限序列 $(a_0, a_1, a_2, \cdots, a_{n-1})$，$a_i$ 是表项，n 是表长度。对线性表的操作方法主要有表的创建、在表的某一位置插入元素、在表的某一位置删除元素、定位某个数据元素在表中的存储位置、取表中某个存储位置的数据元素、判断表是否为空、两个表的合并等。

线性表按存储结构不同，可以分为顺序表和链表。根据指针形式的不同，链表又分为单链表、双向链表和循环链表。各种线性表根据其结构具有不同的特性，在具体使用时需要根据使用所需求的特性判断和选择。

　　复用数据结构时，若时间不足，可以使用 STL 容器替代。

习题 2　　　　　　　　习题 2 参考答案

第3章 栈 与 队 列

栈和队列是两种存取受到限制的线性数据结构。本章介绍栈和队列的定义、存储结构和基本操作,并以算术表达式求值为例介绍栈和队列的应用。

3.1 栈的基本概念

3.1.1 栈的定义与特点

栈(stacks)是限定在一端插入和删除的线性表。允许插入和删除的一端称为栈顶(top),另一端称为栈底(bottom)。栈的修改是按照后进先出(last in first out,LIFO)的原则进行的,因此栈又称为后进先出(或先进后出)线性表。栈的基本结构如图 3.1 所示。

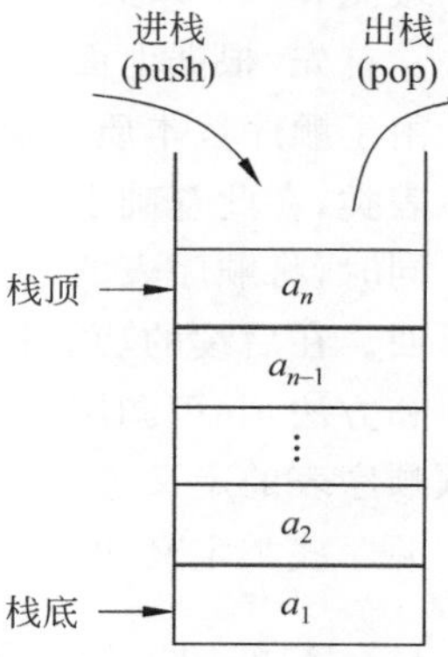

3.1.2 栈的两类存储结构

与线性表类似,栈也有顺序存储结构和链式存储结构。

1. 顺序栈

顺序栈,即栈的顺序存储结构。顺序栈利用一组地址连续的存储单元依次存储由栈底到栈顶的数据元素,同时附加 top 指针指示栈顶元素在顺序栈中的位置。顺序栈结构如图 3.2 所示。

利用栈底位置相对不变这个特点,两个顺序栈可以共享一个一维数据空间来互补余缺。其实现方法是将两个栈的栈底分设在一维数据空间的两端,并让它们各自的栈顶由两端向中间延伸,如图 3.3 所示。这样,两栈可以相互协调空间的使用,只有当整个数据空间被这两栈占满时才发生上溢。因此,上溢出现的频率比将这个一维数据空间一分为二给两个栈使用时要小。

图 3.1 栈的基本结构

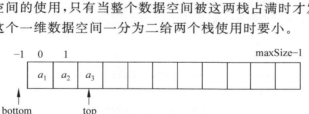

图 3.2 顺序栈示意图

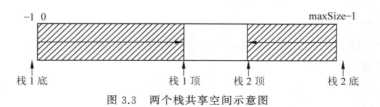

图 3.3 两个栈共享空间示意图

2. 链栈

链栈，即栈的链式存储结构。链栈动态分配元素存储空间，链栈无栈满问题，操作时无须考虑上溢问题，而且克服了顺序栈操作带来的数据元素移动问题。

由于栈的操作仅限制在栈顶进行，因此不必设置头结点，头指针即栈顶指针。链栈结构如图 3.4 所示。

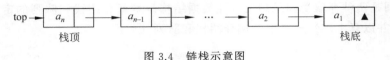

图 3.4　链栈示意图

3.2　顺序栈的算法实现

遵照和第 2 章类似的思路，在设计栈的结构及功能时，仍需要遵循面向对象的类的设计方法。首先，根据上面顺序栈的结构设计对应的类。

由于顺序栈本质上仍使用顺序表的存储结构，因此不妨直接继承第 2 章中已经定义的顺序表类，在此基础上添加或修改函数实现栈的不同功能。

同时，将顺序表的末端作为栈顶，如果需要栈顶元素，则直接将顺序表中的最后一个元素返回。在后续的功能补充当中，时刻注意顺序栈作为顺序表的派生类，拥有顺序表的所有属性和方法，并可调用顺序表的公有属性与方法。如果代码中出现读者未见过的函数，不妨回顾顺序表的定义进行检查。

顺序栈类定义如下。

```
1.   #include "../Vector/Vector.h"
2.
3.   //以顺序表为基类，派生出栈模板类
4.   template <typename T>
5.   class Stack : public Vector<T>
6.   { //将顺序表的末端作为栈顶
7.   public:
8.       //查看栈顶元素
9.       T top() { return this->get_elem(this->size()); }
10.  };
11.  //size()、empty()功能与原顺序表相同，直接继承
```

3.2.1　顺序栈的建立和顺序栈入栈

1. 算法功能

构造一个空栈 s，插入元素作为新的栈顶元素，实现栈的建立。

2. 算法思路

顺序栈入栈时栈顶指针 top 先增 1，再将新元素按 top 指示位置插入。注意，若栈满时再进栈，顺序表将进行扩容，避免了溢出错误。

3. 实例描述

建立一个顺序栈,依次将 1、2、3、4 顺序进栈,建栈过程如图 3.5 所示。

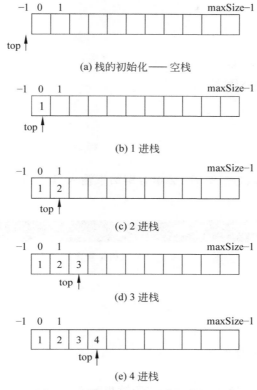

(a) 栈的初始化——空栈

(b) 1 进栈

(c) 2 进栈

(d) 3 进栈

(e) 4 进栈

图 3.5　顺序栈建立和元素入栈过程

4. 参考程序

类中的相关函数如下。

```
1.    public:
2.        //入栈即将新元素插入顺序表末端
3.        void push(T const &e) { this->insert(e); }
```

定义文件中的主程序如下。

```
1.    #include <iostream>
2.    #include "Stack.h"
3.
4.    using namespace std;
5.
6.    void create_Stack(Stack<int>&s)
7.    {
8.        int e;
9.        cout <<"请输入数据(以 Ctrl+Z 结束输入):\n";
10.       while (cin >>e) s.push(e);
```

```
11.        cin.clear();                              //更改 cin 的状态标识符
12.        rewind(stdin);                            //清空输入缓存区
13.    }
14.
15.    int main()
16.    {
17.        Stack<int>stk;
18.        create_Stack(stk);
19.
20.        return 0;
21.    }
```

5. 运行结果

依次输入数据 1、2、3、4，按 Ctrl＋Z 组合键结束输入，建立顺序栈和元素入栈的过程如图 3.6 所示。

请输入数据（以Ctrl+Z结束输入）：
4 3 2 1 ^Z

图 3.6　建立顺序栈和元素入栈过程

3.2.2　顺序栈出栈

1. 算法功能

输出已知的顺序栈中的元素。

2. 算法思路

顺序栈出栈时，按栈顶指针 top 指示位置输出元素，并将栈顶指针 top 减 1。当栈为空时，则出栈结束。

3. 实例描述

将顺序栈 $s＝\{1,2,3,4,5,6\}$ 中的元素逐个出栈，直到栈空，如图 3.7 所示。

4. 参考程序

类中的相关函数如下。

```
1.    public:
2.        //出栈即删除末端元素并返回其值
3.        T pop() { return this->remove(this->size()); }
```

定义文件中增添的相关函数和主函数修改如下。

```
1.    void print_Stack(Stack<int>&s) {
2.        cout <<"清空并输出,栈内共有" <<s.size() <<"个元素:\n";
3.        while (!s.empty()) cout <<s.pop() <<' ';
4.        cout <<endl;
5.    }
6.
7.    int main() {
8.        Stack<int>stk;
```

```
9.      create_Stack(stk);
10.     print_Stack(stk);
11.
12.     return 0;
13. }
```

```
  −1  0   1                    maxSize−1
  ┌──┬──┬──┬──┬──┬──┬──┬──┬──┬──┐
  │ 1│ 2│ 3│ 4│ 5│ 6│  │  │  │  │
  └──┴──┴──┴──┴──┴──┴──┴──┴──┴──┘
              top ↑
```
(a) 顺序栈

```
  −1  0   1                    maxSize−1
  ┌──┬──┬──┬──┬──┬──┬──┬──┬──┬──┐
  │ 1│ 2│ 3│ 4│ 5│  │  │  │  │  │
  └──┴──┴──┴──┴──┴──┴──┴──┴──┴──┘
            top ↑
```
(b) 6 退栈

```
  −1  0   1                    maxSize−1
  ┌──┬──┬──┬──┬──┬──┬──┬──┬──┬──┐
  │ 1│ 2│ 3│ 4│  │  │  │  │  │  │
  └──┴──┴──┴──┴──┴──┴──┴──┴──┴──┘
          top ↑
```
(c) 5 退栈

```
  −1  0   1                    maxSize−1
  ┌──┬──┬──┬──┬──┬──┬──┬──┬──┬──┐
  │ 1│ 2│ 3│  │  │  │  │  │  │  │
  └──┴──┴──┴──┴──┴──┴──┴──┴──┴──┘
        top ↑
```
(d) 4 退栈

```
  −1  0   1                    maxSize−1
  ┌──┬──┬──┬──┬──┬──┬──┬──┬──┬──┐
  │ 1│ 2│  │  │  │  │  │  │  │  │
  └──┴──┴──┴──┴──┴──┴──┴──┴──┴──┘
      top ↑
```
(e) 3 退栈

```
  −1  0                        maxSize−1
  ┌──┬──┬──┬──┬──┬──┬──┬──┬──┬──┐
  │ 1│  │  │  │  │  │  │  │  │  │
  └──┴──┴──┴──┴──┴──┴──┴──┴──┴──┘
  top ↑
```
(f) 2 退栈

```
  −1  0                        maxSize−1
  ┌──┬──┬──┬──┬──┬──┬──┬──┬──┬──┐
  │  │  │  │  │  │  │  │  │  │  │
  └──┴──┴──┴──┴──┴──┴──┴──┴──┴──┘
  top ↑
```
(g) 1 退栈

图 3.7　顺序栈出栈过程

5. 运行结果

顺序栈 $s = \{1,2,3,4,5,6\}$ 的元素出栈过程如图 3.8 所示。

```
请输入数据（以Ctrl+Z结束输入）：
1 2 3 4 5 6 ^Z
清空并输出，栈内共有6个元素：
6 5 4 3 2 1
```

图 3.8　顺序栈出栈算法演示

以上介绍的是顺序栈的功能及实现。顺序栈最终的 Stack.h 头文件及定义文件结构如图 3.9 和图 3.10 所示。

```
1   #ifndef _STACK_H_
2   #define _STACK_H_
3
4   #include "../Vector/Vector.h"
5   //以顺序表为基类，派生出栈模板类
6   template <typename T>
7   class Stack : public Vector<T>
8   { //将顺序表的末端作为栈顶
9   public:
10      //入栈即将新元素插入顺序表末端
11      void push(T const &e) { this->insert(e); }
12      //出栈即删除末端元素并返回其值
13      T pop() { return this->remove(this->size() - 1); }
14      //查看栈顶元素
15      T top() { return this->get_elem(this->size()); }
16   };
17   //size()、empty()功能与原顺序表相同
18
19   #endif
```

图 3.9　顺序栈的头文件结构

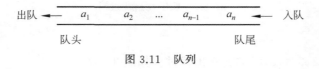

图 3.10　顺序栈的定义文件结构

另外，链栈的操作是单链表操作的特例，因此链栈的操作易于实现，在此不作赘述。

3.3　队列的基本概念

3.3.1　队列的定义与特点

队列是只允许在一端删除，在另一端插入的线性表。允许删除的一端称为队头（front），允许插入的一端称为队尾（rear），如图 3.11 所示。队列的修改是按照先进先出（first in first out，FIFO）的原则进行的。

图 3.11　队列

队列数据结构在日常生活中随处可见。例如，在食堂排队买饭、在超市排队付钱等，遵守的规则都是先到先服务，这与队列的先进先出特点是一致的。

3.3.2 队列的存储结构

1. 顺序队列

顺序队列,即队列的顺序存储结构,也是利用一组地址连续的存储单元存放队列中的元素。由于队列中元素的插入和删除是在表的两端进行,因此必须设置队头指针 $q->$front和队尾指针 $q->$rear,分别指示当前的队头元素和队尾元素。

2. 循环队列

顺序队列会发生溢出现象。队满时再进行入队操作称为"上溢",而队空时再进行出队操作称为"下溢"。上溢有两种情况。

一种是真正的溢出,如图 3.12 所示,即队尾指针 $q->$rear 和队头指针 $q->$front 存在如下关系:$q->$rear$-q->$front$=$maxSize,这时队列已满,不再有可供使用的数据空间。

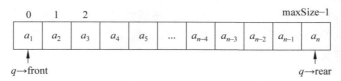

图 3.12 已满的顺序队列

另一种是假溢出,如图 3.13 所示,即 $q->$rear$=$maxSize,但是 $q->$rear$-q->$front$<$maxSize,这时仍有可用的数据空间,只不过队尾指针已经达界限的最大值而无法接纳入队的数据。假溢出是由于被删除的队列元素所占用的空间无法继续使用造成的。

解决假溢出的方法是将顺序队列设想成一个首尾相接的圆环,称为循环队列,如图 3.14所示。

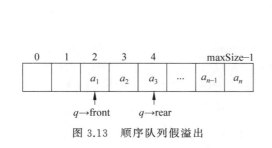

图 3.13 顺序队列假溢出

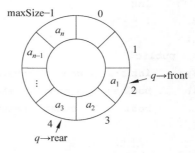

图 3.14 循环队列

循环队列中,队空和队满的条件都是 $q->$rear$=q->$front,因而无法区别队空和队满。解决这一问题的方法是浪费一个数据空间,将队满的条件改为($q->$rear$+1$)％maxSize$=q->$front,而队空的条件不变。

3. 链队列

链队列,即队列的链式存储结构。链队列也需要标识队头和队尾的指针。与单链表相同,为了操作方便,一般使用带有头结点的链队列,并令头指针指向头结点。链队列在进队时无队满问题,但有队空问题。队空的条件是头指针和尾指针均指向头结点。链队列如

图 3.15 所示。

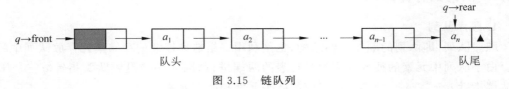

图 3.15　链队列

3.4　顺序队列的算法实现

首先，进行顺序队列的类设计。

根据上述顺序队列的结构，顺序队列应该和顺序表类似，应该包括最大容量、存储顺序表元素数组的数组指针等属性，具有类似的构造函数、析构函数以及返回长度、是否为空、是否为满等函数；同时，也应该包括队头指针和队尾指针这两个顺序表中没有的属性。故此处的顺序队列没有选择继承顺序表，而是选择了重新独立声明。

顺序队列类定义如下。

```
1.   #define DEFAULT_CAPACITY 10
2.
3.   //以顺序表的方式实现队列
4.   //因为设计有容量限制，所以未继承可扩展的 Vector
5.   template<typename T>
6.   class Queue {
7.   protected:
8.       int head, tail;
9.       int capacity;
10.      T * elem;
11.
12.  public:
13.      int size() const { return tail - head; }           //返回规模大小
14.      bool empty() const { return !size(); }              //判断是否为空
15.      bool full() const { return tail >= capacity - 1; }  //是否队满
16.
17.      //返回队首元素
18.      T front() { return elem[head + 1]; }
19.
20.      //返回队尾元素
21.      T rear() { return elem[tail]; }
22.  };
```

需要注意的是，由于队头指针和队尾指针的存在，顺序队列类和顺序表类的定义存在不少差异，最主要的区别是顺序队列类中没有 length 属性，因为 head 和 tail 指针就可以很好地完成相应的任务。因此，这里没有采用之前顺序栈类以顺序表类为基类派生定义的方法。在这里也提醒读者，如果希望继承某个类的特性，应该仔细观察派生类和基类的差别，以防出错。

3.4.1　顺序队列的建立和顺序队列入队

1. 算法功能

用尾插法动态建立顺序队列。

2. 算法思路

顺序队列入队时队尾指针先增 1，再将新元素按队尾指针指示的位置插入。注意，若队满时再进队将产生溢出错误。

3. 实例描述

初始化顺序队列，并使关键字 1、2、3、4、7 依次入队，如图 3.16 所示。

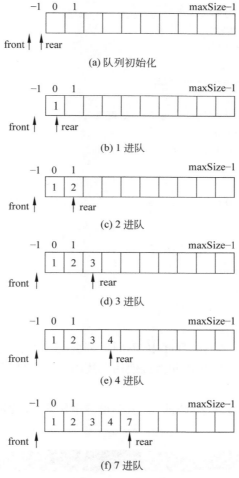

(a) 队列初始化

(b) 1 进队

(c) 2 进队

(d) 3 进队

(e) 4 进队

(f) 7 进队

图 3.16　顺序队列入队过程图示

4. 参考程序

Queue@Vector.h 文件类中的相关函数如下。

```
1.   public:
2.       //构造函数初始化
```

```
3.        Queue(int c =DEFAULT_CAPACITY) : capacity(c)
4.        {
5.            elem =new T[capacity];
6.            head =tail =-1;
7.        }
8.        ~Queue() { delete[] elem; }                    //析构函数释放空间
9.
10.       //入队,即未满时在尾部插入
11.       void enqueue(T const &e) { elem[++tail] =e; }
```

定义文件中的主程序如下。

```
1.    #include "Queue@Vector.h"
2.    #include <iostream>
3.    using namespace std;
4.
5.    void create_Queue(Queue<int> &q) {
6.        int e;
7.        cout <<"请输入数据(以 Ctrl+Z 结束输入):\n";
8.        while (cin >>e)
9.            if (q.full()) cout <<"队列已满!\n";
10.           else q.enqueue(e);
11.       cin.clear();                              //更改 cin 的状态标识符
12.       rewind(stdin);                            //清空输入缓存区
13.   }
14.
15.   int main() {
16.       Queue<int> que;
17.       create_Queue(que);
18.       return 0;
19.   }
```

需要注意的是,在本章队列的程序中,不同队列的定义文件是通用的,后续的程序中读者可以通过简单修改头文件引用语句直接使用上述的定义文件程序。

5. 运行结果

依次输入元素 1、2、3、4、7,按 Ctrl＋Z 组合键结束输入,建立顺序队列,程序执行过程和结果如图 3.17 所示。

请输入数据（以Ctrl+Z结束输入）：
1 2 3 4 7 ^Z

图 3.17 顺序队列建立和元素入队算法演示

3.4.2 顺序队列出队

1. 算法功能

输出已知队列队头的元素。

2. 算法思路

出队时队头指针先增 1,再将队头指针所指示位置的元素输出。注意,若队空时再出队将做溢出处理。

3. 实例描述

将顺序队列 $q = \{1,3,2,7\}$ 中的元素逐个出队,直到队空为止,如图 3.18 所示。

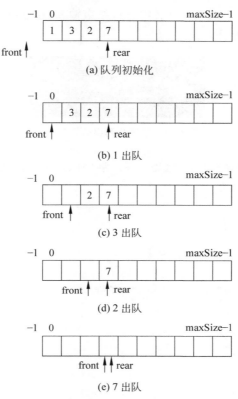

图 3.18　顺序队列出队过程

4. 参考程序

Queue@Vector.h 文件类中的相关函数如下。

```
1.    public:
2.        //出队,弹出首部并返回值
3.        T dequeue() { return elem[++head]; }
```

定义文件中增添的相关函数和主函数修改如下。

```
1.    void print_Queue(Queue<int>&q) {
2.        cout <<"清空并输出,队列内共有" <<q.size() <<"个元素:\n";
3.        while (!q.empty()) cout <<q.dequeue() <<' ';
4.        cout <<endl;
5.    }
6.
7.    int main() {
8.        Queue<int>que;
```

```
9.        create_Queue(que);
10.       print_Queue(que);
11.
12.       return 0;
13. }
```

5. 运行结果

顺序输入元素 1、3、2、7，按 Ctrl＋Z 组合键结束输入，建立顺序队列，并逐个输出队头元素，直到队空，如图 3.19 所示。

```
请输入数据（以Ctrl+Z结束输入）：
1 3 2 7 ^Z
清空并输出，队列内共有4个元素：
1 3 2 7
Press any key to continue . . . _
```

图 3.19　顺序队列出队算法演示

以上介绍的是为顺序队列的功能及实现。顺序队列最终的头文件结构和定义文件结构分别如图 3.20 和图 3.21 所示。

```
1    #ifndef _QUEUE
2    #define _QUEUE
3
4    #define DEFAULT_CAPACITY 10
5
6    //以顺序表的方式实现队列
7    //因为设计有容量限制，所以未继承可扩展的Vector
8    template <typename T>
9    class Queue
10   {
11       protected:
12           int head , tail ;
13           int capacity ;
14           T *elem ;
15
16       public:
17           Queue(  int c = DEFAULT_CAPACITY ): capacity(c)//构造函数初始化
18           {
19               elem = new T[capacity] ;
20               head = tail = -1 ;
21           }
22
23           ~Queue() { delete []elem ; }//析构函数释放空间
24
25           int size() const { return tail-head ; }//返回规模大小
26           bool empty() const { return !size() ; }//判断是否为空
27           bool full() const { return tail ≥ capacity-1 ; }//判断是否为满
28
29           //入队，即未满时在尾部插入
30           void enqueue( T const& e ) { elem[++tail] = e ; }
31           //出队，弹出首部并返回值
32           T dequeue() { return elem[++head] ; }
33           //返回队首元素
34           T front() { return elem[head+1] ; }
35           //返回队尾元素
36           T rear() { return elem[tail] ; }
37
38   };
39
40   #endif
```

图 3.20　顺序队列最终的头文件结构

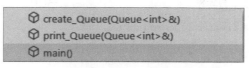

图 3.21　顺序队列最终的定义文件结构

3.5　循环队列的算法实现

首先,进行循环队列类的设计。

在之前循环队列存储结构的介绍中,如果从属性上看,它与顺序队列的区别并不大,也包括队首指针、队尾指针、最大容量和数组指针。

循环队列类定义如下。

```
1.    # define DEFAULT_CAPACITY 10
2.
3.    template <typename T>
4.    class Queue
5.    {
6.    protected:
7.        int head, tail;
8.        int capacity;
9.        T * elem;
10.
11.   public:
12.       int size() const                           //返回规模大小
13.       {
14.           return (tail - head + capacity) % capacity;
15.       }
16.
17.       //返回队首元素
18.       T front() { return elem[(head + 1) % capacity]; }
19.
20.       //返回队尾元素
21.       T rear() { return elem[tail]; }
22.   };
```

但是,循环队列的结构中着重强调循环队列的环状结构的初始化以及它的队为空、为满的判定条件,读者需要注意循环队列与顺序队列的不同。

3.5.1　循环队列的建立和循环队列入队

1. 算法功能

循环队列初始化,并在队尾插入新元素。

2. 算法思路

存储队列的数组被当成首尾相接的表处理。

队列初始化：front＝rear＝0。

队尾指针进 1：rear＝（rear＋1）％ maxSize。

队满条件：（rear＋1）％ maxSize＝front。

3. 实例描述

建立循环队列{2,8,3,6,9}，循环队列入队过程如图 3.22 所示。其中，图 3.22(a)为循环对列初始化，图 3.22(b)是 2 入队，图 3.22(c)为 8 入队，图 3.22(d)是 3、6、9 依次入队。

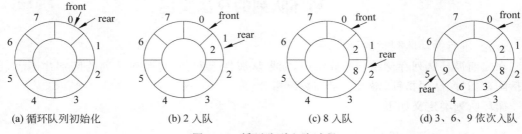

(a) 循环队列初始化　　　　(b) 2 入队　　　　(c) 8 入队　　　　(d) 3、6、9 依次入队

图 3.22　循环队列入队过程

4. 参考程序

CQueue.h 文件类中相关的函数如下。

```
1.    public:
2.        Queue(int c =DEFAULT_CAPACITY) :capacity(c)        //构造函数初始化
3.        {
4.            elem =new T[capacity];
5.            head =tail =0;
6.        }
7.
8.        ~Queue() { delete[] elem; }                        //析构函数释放空间
9.        //判断是否为空
10.       bool empty() const { return head ==tail; }
11.       //判断是否为满
12.       bool full() const { return head == (tail +1) %capacity; }
13.
14.       //入队，即未满时在尾部插入
15.       void enqueue(T const &e)
16.       {
17.           if (full())
18.               return;
19.           tail = (tail +1) %capacity;
20.           elem[tail] =e;
21.       }
```

对于定义文件，只需要将 3.4.1 节顺序队列建立和入队功能中定义文件中引入头文件的 include 语句修改为如下语句即可。

```
1.    #include "CQueue.h"                                    //引入循环队列
```

5. 运行结果

依次输入数据元素 2、8、3、6、9，以 Ctrl＋Z 结束输入，建立一个循环队列，如图 3.23 所示。

请输入数据（以Ctrl+Z结束输入）：
28369^Z

图 3.23　循环队列入队算法演示

3.5.2　循环队列出队

1. 算法功能

循环队列队头元素出队。

2. 算法思路

存储队列的数组被当作首尾相接的表处理。

队头指针进 1：front＝(front＋1)％ maxSize。

队空条件：front＝rear。

3. 实例描述

将循环队列 q＝{4，−2，5，1}中的数据元素依次出队，直到该循环队列为空，如图 3.24 所示。其中，图 3.24(a)是原始循环队列，图 3.24(b)是队头元素 4 出队，图 3.24(c)是队头元素−2 出队，图 3.24(d)是队头元素 5、1 依次出队。

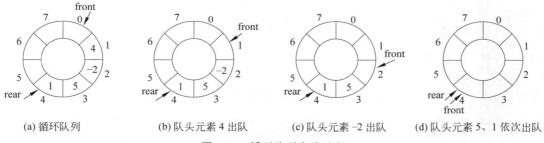

| (a) 循环队列 | (b)队头元素 4 出队 | (c)队头元素−2 出队 | (d)队头元素 5、1 依次出队 |

图 3.24　循环队列出队过程

4. 参考程序

CQueue.h 文件类中相关的函数如下。

```
1.    public:
2.        //出队,非空时弹出首部并返回值
3.        T dequeue()
4.        {
5.            if (empty()) return {};
6.            head = (head +1) % capacity;
7.            return elem[head];
8.        }
```

对于定义文件,将 3.4.2 节顺序队列出队功能中定义文件中引入头文件的 include 语句修改为以下语句即可。

```
1.    #include "CQueue.h"                              //引入循环队列
```

5. 运行结果

依次输入元素 4、−2、5、1,以 Ctrl＋Z 结束输入,建立一个循环队列,然后将队列中的元

素出队，直到循环队列为空，如图 3.25 所示。

```
请输入数据（以Ctrl+Z结束输入）：
4 -2 5 1 ^Z
清空并输出，队列内共有4个元素：
4 -2 5 1
```

图 3.25　循环队列出队算法演示

以上介绍的是循环队列的功能及实现。循环队列最终的头文件结构如图 3.26 所示。

```cpp
1    #ifndef _QUEUE
2    #define _QUEUE
3
4    #define DEFAULT_CAPACITY 10
5
6    template <typename T>
7    class Queue
8    {
9    protected:
10       int head, tail;
11       int capacity;
12       T *elem;
13
14   public:
15       Queue(int c = DEFAULT_CAPACITY) : capacity(c) //构造函数初始化
16       {
17           elem = new T[capacity];
18           head = tail = 0;
19       }
20
21       ~Queue() { delete[] elem; } //析构函数释放空间
22
23       int size() const { return (tail - head + capacity) % capacity; } //返回规模大小
24       bool empty() const { return head == tail; }                      //判断是否为空
25       bool full() const { return head == (tail + 1) % capacity; }      //判断是否为满
26
27       //入队，即未满时在尾部插入
28       void enqueue(T const &e)
29       {
30           if (full())
31               return;
32           tail = (tail + 1) % capacity;
33           elem[tail] = e;
34       }
35       //出队，非空时弹出首部并返回值
36       T dequeue()
37       {
38           head = (head + 1) % capacity;
39           return elem[head];
40       }
41       //返回队首元素
42       T front() { return elem[(head + 1) % capacity]; }
43       //返回队尾元素
44       T rear() { return elem[tail]; }
45   };
46
47   #endif
```

图 3.26　循环队列最终的头文件结构

第 3 章 栈与队列

3.6　链队列的算法实现

　　观察链队列的结构,不难发现它的结构和之前学习过的双向链表的结构具有很高的相似性。具体来说,如果将双向链表的头结点和尾结点视为链队列的队头指针和队尾指针,那么双向链表就能够很好地支持链队列的所有功能。在后续的使用中,双向链表派生出的链队列也将是本书中默认的队列结构。

　　因此,链队列类以 2.4 节中的双向链表为基类进行派生,定义如下。

```
1.    #include "../List/DuList.h"
2.
3.    //以双向链表为基类,派生出队列模板类
4.    template<typename T>
5.    class Queue : public DuList<T>{
6.    public:
7.        //链式队列不会存在填满的情况
8.        bool full() const { return false; }
9.
10.       //返回队首元素
11.       T front() { return this->first()->data; }
12.
13.       //返回队尾元素
14.       T rear() { return this->last()->data; }
15.   };
```

3.6.1　链队列的建立和链队列入队

1. 算法功能
用双向链表存储队列,进行队列初始化并在队尾插入元素。

2. 算法思路
利用双向链表类中已经定义好的插入函数 insert_last(),使用尾插法创建、插入队列元素。

3. 实例描述
依次输入数据元素 7、−8、3、6、2,建立链队列的过程和用尾插法创建一个包含数据元素 7、−8、3、6、2 的双向链表的过程完全一致,在此不再赘述。

4. 参考程序
Queue.h 文件类中相关的函数如下。

```
1.    public:
2.        //入队,即在尾部插入
3.        void enqueue(T const &e) { this->insert_last(e); }
```

对于定义文件,将 3.4.1 节顺序队列建立和入队功能中定义文件中引入头文件的

87

include 语句修改为以下语句即可。

```
1.    #include "Queue.h"                                //引入链队列
```

5. 运行结果

依次在队尾插入数据 7、－8、3、6、2，按 Ctrl＋Z 组合键结束输入，建立链队列和元素入队的过程如图 3.27 所示。

```
请输入数据（以Ctrl+Z结束输入）：
7 -8 3 6 2 ^Z
```

图 3.27　建立链队列和元素入队的过程

3.6.2　链队列出队

1. 算法功能

链队列中的元素出队。

2. 算法思路

利用双向链表类中已经定义好的返回链表首个元素的函数 first() 以及删除函数 remove()，返回并删除链表中的首个元素。

3. 实例描述

将链队列｛－2，3，5，1，－3｝中的数据元素依次出队，直到队空为止，过程类似从头至尾打印并删除双向链表中的所有元素。

4. 参考程序

Queue.h 文件类中相关的函数如下。

```
1.    public:
2.        //出队,弹出队头并返回值
3.        T dequeue() { return this->remove(this->first()); }
```

对于定义文件，将 3.4.2 节顺序队列出队功能中定义文件中引入头文件的 include 语句修改为以下语句即可。

```
1.    #include "Queue.h"                                //引入链队列
```

5. 运行结果

依次输入元素－2、3、5、1、－3，按 Ctrl＋Z 组合键结束输入，建立链队列，然后将队列中的元素出队，直到队空，如图 3.28 所示。

```
请输入数据（以Ctrl+Z结束输入）：
-2 3 5 1 -3 ^Z
清空并输出，队列内共有5个元素
-2 3 5 1 -3
```

图 3.28　链队列出队算法演示

以上介绍的是链队列的功能及实现。链队列最终的头文件结构如图 3.29 所示。

```
1    #ifndef _QUEUE_H_
2    #define _QUEUE_H_
3
4    #include "../List/DuList.h"
5    //以双向链表为基类，派生出队列模板类
6    template <typename T>
7    class Queue : public DuList<T>
8    {
9    public:
10       //链式队列不会存在填满的情况
11       bool full() const { return false; }
12       //入队，即在尾部插入
13       void enqueue(T const &e) { this→insert_last(e); }
14       //出队，弹出队头并返回值
15       T dequeue() { return this→remove(this→first()); }
16       //返回队首元素
17       T front() { return this→first()→data; }
18       //返回队尾元素
19       T rear() { return this→last()→data; }
20   };
21
22   #endif
```

图 3.29　链队列最终的头文件结构

3.7　栈和队列的应用——算术表达式的转化和求值

1. 算法功能

算术表达式的表示方法有中缀表达式（infix）、前缀表达式（prefix）和后缀表达式（postfix）3 种。这里的前、中、后是针对运算符和操作数放置的位置而言的。

中缀表达式是将运算符（operator）写在两个操作数（operand）之间。例如，$A+B$，$A+B/(C-D)$。

前缀表达式是把运算符写在两个操作数之前。例如，$+AB$，$+A/B-CD$。

后缀表达式是把运算符写在两个操作数之后。例如，$AB+$，$ABCD-/+$。

表达式的转化可以分为中缀转前缀和中缀转后缀，其转换的方法非常类似，只需要在满足运算符的优先级（priority）的前提下，注意把运算符放在操作数之前或者之后。中缀表达式 $A+(B-C\times D)/E$ 的转化过程见表 3.1。

表 3.1　中缀表达式 $A+(B-C\times D)/E$ 的转化过程

步骤	说　　明	前缀表达式	后缀表达式
1	乘法转换	$A+(B-\times CD)/E$	$A+(B-CD\times)/E$
2	减法转换	$A+(-B\times CD)/E$	$A+(BCD\times-)/E$
3	除法转换	$A+/(-B\times CD)E$	$A+(BCD\times)E/$
4	加法转换	$+A/(-B\times CD)E$	$A(BCD\times)E/+$
5	去括号	$+A/-B\times CDE$	$ABCD\times-E/+$

前缀和后缀表达式本质上是将运算顺序用表达式的排列顺序呈现出来，后缀表达式中越靠前的运算符越优先运算，而前缀表达式中恰好相反。这样一来就省去了括号，也不需要预先定义运算符的优先顺序，同时对于计算机来说这是一个更加容易处理的方式。由于后缀表达式比前缀表达式用得普遍，本算法着重介绍算术表达式的中缀表达式如何转换成后缀表达式，并利用后缀表达式求值。

2. 算法思路

1）中缀表达式转后缀表达式

如果将中缀表达式分为操作数和运算符两个部分，转换前后操作数的顺序显然是不变的，因此不妨将所有操作数视为一个队列，先进队的先输出，这样就能保证顺序不改变；而运算符的顺序则取决于它的优先级，可以将所有运算符用栈来存放，保证栈顶运算符优先级最高，如果新运算符优先级小于栈顶元素时，就输出栈顶运算符，直到新元素可以入栈为止，这样就能使运算符按照优先级输出。

为输入输出方便，这里用井号“♯”记作表达式的结束符；同时为了算法简洁，在表达式的最左边也虚设一个♯构成整个表达式的一对括号。

此时算法的具体规则如下。

（1）若导入的是操作数，则直接输出到队列。

（2）若当前运算符的优先级高于栈顶运算符的优先级，则入栈。

（3）若当前运算符的优先级低于栈顶运算符的优先级，则栈顶运算符出栈，并输出到队列，当前运算符再与新的栈顶运算符比较。

（4）若当前运算符的优先级等于栈顶运算符，且栈顶运算符为左圆括号，当前运算符为右圆括号，则栈顶运算符出栈，继续读下一符号。

（5）若当前运算符的优先级等于栈顶运算符，且栈顶运算符为♯，当前运算符也为♯，则栈顶运算符出栈，输出队列中的数值即可。

运算符的优先级如表 3.2 所示，其中 θ_1 为栈顶运算符，θ_2 为当前运算符。

表 3.2　运算符的优先级

θ_1 \ θ_2	+	−	×	/	(	)	♯
+	>	>	<	<	<	>	>
−	>	>	<	<	<	>	>
×	>	>	>	>	<	>	>
/	>	>	>	>	<	>	>
(	<	<	<	<	<	=	
)	>	>	>	>		>	>
♯	<	<	<	<	<		=

2）后缀表达式的运算

后缀表达式中所有的运算符的运算都是以它之前紧邻的两个操作数进行的，因此，如果顺序读取表达式中的元素，将表达式中的操作数依次顺序存放在栈里，那么若遇到运算符，就可以用栈顶的两个元素进行运算,之后只需将运算结果再次入栈,重复这个过程直到计算出最后的结果。这种做法同样用到了栈的后进先出的特性。

3. 实例描述

以中缀表达式 $1×2-4/(5-2×1.5)$ 为例,将其转化成后缀表达式,如表 3.3 所示。

表 3.3　将中缀表达式 $1×2-4/(5-2×1.5)$ 转换为后缀表达式

步骤	中缀表达式	运算符栈	队　列
1	$1×2-4/(5-2×1.5)$♯	♯	—
2	$×2-4/(5-2×1.5)$♯	♯	1
3	$2-4/(5-2×1.5)$♯	♯ ×	1
4	$-4/(5-2×1.5)$♯	♯ ×	1 2
5	$4/(5-2×1.5)$♯	♯	1 2 ×
6	$4/(5-2×1.5)$♯	♯ -	1 2 ×
7	$/(5-2×1.5)$♯	♯ -	1 2 × 4
8	$(5-2×1.5)$♯	♯ - /	1 2 × 4
9	$5-2×1.5)$♯	♯ - / (	1 2 × 4
10	$-2×1.5)$♯	♯ - / (	1 2 × 4 5
11	$2×1.5)$♯	♯ - / (-	1 2 × 4 5
12	$×1.5)$♯	♯ - / (-	1 2 × 4 5 2
13	$1.5)$♯	♯ - / (- ×	1 2 × 4 5 2
14	$)$♯	♯ - / (- ×	1 2 × 4 5 2 1.5
15	♯	♯ - / (-	1 2 × 4 5 2 1.5 ×
16	♯	♯ - / (	1 2 × 4 5 2 1.5 × -
17	♯	♯ - /	1 2 × 4 5 2 1.5 × -
18	♯	♯ -	1 2 × 4 5 2 1.5 × - /
19	♯	♯	1 2 × 4 5 2 1.5 × - / -
20			1 2 × 4 5 2 1.5 × - / - (后缀表达式)

然后,使用后缀表达式 $1 2×4 5 2 1.5×-/-$ 进行计算求值,如表 3.4 所示。

表 3.4　后缀表达式处理过程

队　列	操 作 数 栈
$1 2×4 5 2 1.5×-/-$	1
$2×4 5 2 1.5×-/-$	1 2
$4 5 2 1.5×-/-$	2
$5 2 1.5×-/-$	2 4

续表

队　　列	操 作 数 栈
2 1.5×－/－	2 4 5
1.5×－/－	2 4 5 2
×－/－	2 4 5 2 1.5
－/－	2 4 5 3
/－	2 4 2
－	2 2
	0

4. 参考程序

将中缀表达式转换成后缀表达式的参考程序如下。

```
1.   #include "Stack.h"
2.   #include <iostream>
3.
4.   #define num 0x3f                        //标识为数字,与运算符区分
5.   using namespace std;
6.
7.   const char priority[7][7]={             //运算符优先等级 [栈顶] [当前]
8.       /*       +    -    *    /    (    )    # */
9.       /* + */ '>', '>', '<', '<', '<', '>', '>',
10.      /* - */ '>', '>', '<', '<', '<', '>', '>',
11.      /* * */ '>', '>', '>', '>', '<', '>', '>',
12.      /* / */ '>', '>', '>', '>', '<', '>', '>',
13.      /* ( */ '<', '<', '<', '<', '<', '=', ' ',
14.      /* ) */ '>', '>', '>', '>', ' ', '>', '>',
15.      /* # */ '<', '<', '<', '<', '<', ' ', '='};
16.
17.  void error()
18.  {
19.      cout <<"Error!\n";
20.      exit(-1);
21.  }
22.
23.  //判断字符 c
24.  int dicern(char c)
25.  {
26.      if (c >='0' && c <='9')
27.          return num;                      //为数字时,返回值 num
28.      switch (c)                           //为字符时,返回 priority 数组的相应下标
29.      {
```

```
30.     case '+':
31.         return 0;
32.     case '-':
33.         return 1;
34.     case '*':
35.         return 2;
36.     case '/':
37.         return 3;
38.     case '(':
39.         return 4;
40.     case ')':
41.         return 5;
42.     case '#':
43.         return 6;
44.     default:
45.         return -1;                          //非法字符返回-1
46.     }
47. }
48.
49. //将起始于 p 位置的数值完整存入 stk 栈
50. void recognizeNum(char * &p, Stack<float>&stk)
51. {
52.     //当前数位对应的数值进栈
53.     stk.push((float)(*p-'0'));
54.     //后续还有紧邻的数字(即多位整数的情况)
55.     while (dicern(*(++p))==num)
56.     {
57.         float tmp =stk.pop();
58.         stk.push(tmp * 10 +(*p-'0'));
59.     } //弹出原操作数并追加新数位后,新数值重新入栈
60.
61.     //此后非小数点,表明当前操作数存储完成
62.     if (*p!='.')
63.         return;
64.
65.     float fraction =1;                        //否则,还有小数部分
66.     while (dicern(*(++p))==num)               //逐位加入
67.     {
68.         float tmp =stk.pop();
69.         stk.push(tmp +(*p-'0') * (fraction /=10));
70.     }
71.     return;
72. }
73.
74. //比较两个运算符之间的优先级
```

```
75.   char compare(char op1, char op2)
76.   {
77.       return priority[dicern(op1)][dicern(op2)];
78.   }
79.
80.   //计算 num1 和 num2 在 op 运算符下的结果
81.   float compute(float num1, char optr, float num2)
82.   {
83.       switch (optr)
84.       {
85.       case '+':
86.           return num1 +num2;
87.       case '-':
88.           return num1 -num2;
89.       case '*':
90.           return num1 * num2;
91.       case '/':
92.           return num1 / num2;
93.       default:
94.           error();
95.       }
96.   }
97.
98.   //对表达式 S 求值,并转换为后缀表达式
99.   float evaluate(char * S)
100.  {
101.      Stack<float>oprd;                    //运算数栈(后缀)
102.      Stack<char>optr;                     //运算符栈
103.      optr.push(* (S++));                  //标记'#'首先入栈
104.
105.      cout <<"转换的后缀表达式为:";
106.      //在运算符栈非空之前,逐个处理表达式中的每个字符
107.      while (!optr.empty())
108.      {
109.          //若当前字符为操作数
110.          if (dicern(* S) ==num)
111.          {
112.              recognizeNum(S, oprd);
113.              //输出结果到后缀表达式
114.              cout <<oprd.top() <<' ';
115.          }
116.          //若当前字符为运算符
117.          else if (dicern(* S) >=0)
118.              //根据与栈顶运算符之间的优先级高低处理
119.              switch (compare(optr.top(), * S))
```

```
120.               {
121.                   case '<':                    //栈顶运算符优先级更低时
122.                       optr.push( * S);
123.                       S++;                      //计算推迟,当前运算符进栈
124.                       break;
125.                   case '=':                    //优先级相等,当前运算符为')'或尾部标记'#'时
126.                       optr.pop();
127.                       S++;                      //抵消栈顶运算符,接收下一个字符
128.                       break;
129.                   case '>':                    //optr 栈顶运算符优先级更高时
130.                   {
131.                       //将其弹出,并进行相应的计算,将结果重新入栈 oprd
132.                       char op =optr.pop();
133.                       cout <<op <<' ';
134.
135.                       if (oprd.empty())
136.                           error();
137.                       float p2 =oprd.pop();     //取出顶部两个操作数
138.                       if (oprd.empty())
139.                           error();
140.                       float p1 =oprd.pop();
141.
142.                       oprd.push(compute(p1, op, p2));   //计算,结果入栈
143.                       break;
144.                   } //case
145.                   default:
146.                       error();                  //遇到语法错误,不做处理直接退出
147.               } //else if
148.           else
149.               error();                          //当前字符非法则退出
150.       } //while
151.       float ans =oprd.pop();                    //输出最后结果
152.       return ans;
153. }
154.
155. int main()
156. {
157.     cout <<"请输入表达式,以左\"#\"表示开始,右\"#\"表示结束:";
158.     cout <<endl;
159.     char str[50];
160.     gets(str);
161.     cout <<"\n 计算结果为:" <<evaluate(str) <<endl;
162.     return 0;
163. }
```

以上程序忠实地呈现了之前的思路,但也在其中涉及较为复杂的功能,例如对数字的识

别函数 recognizeNum()，内部对小数的处理部分需要读者仔细阅读理解。受篇幅所限，程序仍给读者留出了完善的空间。许多功能，包括对负数的识别、阶乘和幂运算等，都留待读者加以实现，以便更加熟练地掌握算法的相关细节。

5. 运行结果

算术表达式求值算法的执行过程如图 3.30 所示。

```
请输入表达式，以左"#"表示开始，右"#"表示结束：
#1*2-4/(5-2*1.5)#
转换的后缀表达式为：1 2 * 4 5 2 1.5 * - / -
计算结果为：0
```

图 3.30　算术表达式求值算法演示

6. 算法分析

算术表达式求值的经典算法中使用的是两个栈，本书中的算法旨在使读者掌握栈和队列两种数据结构的应用。算法实现以开辟新空间为代价，有效降低了时间复杂度，并且对表达式的长度没有限制。

7. 总结

算术表达式求值问题有效地利用了队列"先进先出"的性质和栈"后进先出"的性质。与一元多项式相加问题一样，"根据数据结构本身的特点来解决问题"的思想再一次得到了印证。

在不同的栈和队列结构中，顺序栈和链队列是最常用的。因此，在本章中也分别用 Stack.h 和 Queue.h 命名它们的头文件。

值得提醒读者的是，STL 中也有定义好的、工业级的栈和队列结构供用户调用。使用前用如下语句引入即可。

```
1.    #include <stack>
2.    #include <queue>
```

更详细的文档可参见 http://www.cplusplus.com/reference。

本 章 小 结

在理解栈和队列基本特点的基础上，掌握顺序栈、链栈、顺序队列、循环队列和链队列的建立、插入元素和删除元素的算法。

算术表达式求值是栈和队列的一个典型应用。在理解中缀表达式、后缀表达式的基础上，掌握算术表达式求值的算法。

习题 3　　　　　　　习题 3 参考答案

第4章 串

串是一种简单而重要的数据结构。本章介绍串的定义、存储结构和基本的串处理操作。

4.1 串的基本概念

4.1.1 串的定义与特点

1. 串的定义

串(string)，即字符串，是由零个或多个字符组成的有限序列，是数据元素为单个字符的特殊线性表。一般记为

$$S = "a_1 a_2 \cdots a_n", \qquad n \geq 0$$

其中，S 是串名，用引号括起来的字符序列称为串值，但引号不属于串值，它的作用只是用来标识一个串的起始和终止。串中任意的 $a_i(1 \leq i \leq n)$ 是单个字符，它可以是字母、数字或其他字符。串中字符个数 $n(n \geq 0)$ 称为串长。若 $n=0$，则称 S 为空串(Null String)。

例如，串 $T = "data"$ 的串名为 T，串值为字符序列 data，串长为 4。而串 $A = " "$ 是一个空串，它不含任何字符，串长为 0。

2. 相关术语

（1）空白串

空白串(blank string)是仅由一个或多个空格符组成的串，它的长度为串中空格符的个数。书写时一般用符号 ϕ 表示空格符。例如，$b = "\phi\phi"$ 是一个空格串，串值是两个空格，串长为 2。

由于空格符也是一个字符，因此，它可以出现在其他字符之间，计算串长时应包括这些空格符。如串"dataϕstructure"的长度为 14，而不是 13。

（2）子串

串 S 中任意个连续的字符序列称为 S 的子串，S 称为主串。例如，串"data"是串"data structure"的子串，反之串"data structure"是串"data"的主串，但串"dta"和"sct"不是串"data structure"的子串。空串是任意串的子串，任意串是其自身的子串。

（3）字符位置

字符在串中的序号。例如，字符 s 在串"data structure"的位置是 6。

（4）子串位置

子串的第一个字符在主串中的序号。例如，子串"struc"在主串"data structure"的位置是 6。

（5）串相等

串长度相等，且对应位置上的字符相等。

4.1.2 串的存储结构

串有 3 种存储结构：定长顺序存储结构、堆分配存储结构和块链存储结构。

为描述方便起见，在这里先主要使用 C++ 内置的数组定义这 3 种串，这样可以方便读者用较简单的方式理解串的存储结构。

1. 定长顺序存储结构

定长顺序存储结构是用一组地址连续的存储单元存储串值的字符序列，即将串定义成字符型数组。数组名即为串名，从而实现了从串名直接访问串值。数组的上界预先给出，所以也称为静态存储分配。

（1）定长顺序结构可以不存储串长的值，而以特定的字符作为串结束符，并约定该字符不出现在各串变量的串值中。串 $S[80]=$ "ABCE123" 的定长顺序存储结构如图 4.1 所示，转义字符'\0'为串结束符。

A	B	C	E	1	2	3	\0	//	...	//
0	1	2	3	4	5	6	7	8	...	79

图 4.1　串的定长顺序存储结构示意图

（2）也可专门设定一个单元来存储串的长度。例如，串的定长顺序存储结构定义如下。

```
1.  #define STRMAXSIZE  256
2.  typedef unsigned char sstring [STRMAXSIEZ];//0 号单元存放串长
```

0 号单元是专门用来存放串长的，串值从 1 号单元开始存放，故用户定义串的最大长度只能是 255，串的实际长度可在这个范围内任意变化。为简化算法，假设在运算过程中出现串长超过 255，则算法给出出错信息。

（3）也可以另设一个单元存储串长，在这种情况下，是从 0 号单元开始存放串值的。例如，串的定长顺序存储结构定义如下。

```
1.  #define STRMAXSIZE 80
2.  struct sstring
3.  {
4.      char str[STRMAXSIZE];
5.      int length;
6.  };
```

串的定长顺序存储适用于求串长、求子串等运算。但是，这种存储结构有两个缺点：一是需预先定义一个串允许的最大长度，当该值估计过大时串的存储密度就会降低，浪费较多的存储空间；二是由于限定了串的最大长度，使串的某些运算，如置换、联接等受到一定限制。

2. 堆分配存储结构

堆分配存储结构也是用一组地址连续的存储单元存储串值的字符序列，但存储空间是在程序执行过程中动态分配而得。其实现方法是，提供一个足够大的连续存储空间，作为串的可利用空间，用它来存储各串的串值。每当建立一个新串时，系统就从这个可利用空间中划分出一个大小和新串长度相等的空间给新串,若分配成功,则返回一个指向起始地址的指针。

串的堆分配存储结构定义如下。

```
1.  struct hstring
2.  {
3.      //*ch存放串的首地址,若非空串,按串长分配空间;否则ch=NULL
4.      char * ch;
5.      int length;                              //串长度
6.  }
```

例如,串"da52"的堆分配存储结构如图4.2所示。

图 4.2   串"da52"的堆分配存储结构

堆分配存储结构的串既有定长顺序存储结构的特点,简单、处理方便,又对串长没有限制,非常灵活,因此在串处理中经常被采用。

3. 块链存储结构

块链存储结构是用链式结构存储串。在块链存储结构中,每个结点由data域和next域组成。data域用来存放字符,next域用来存放指向下一结点的指针。结点大小是指data域中可存放的字符的个数,next域的大小取决于寻址的范围。

块链类型定义如下。

```
1.  #define CHUNKSIZE 80                        //可由用户定义的块大小
2.
3.  struct Chunk
4.  {                                           //定义结点类型
5.      char data[CHUNKSIZE];                   //结点中的数据域
6.      struct Chunk * next;                    //结点中的指针域
7.  };                                          //结点类型定义
8.
9.  struct lstring
10. {                                           //定义用链式存储的串类型
11.     Chunk * head;                           //头指针
12.     Chunk * tail;                           //尾指针
13.     int curLen;                             //结点个数
14. };                                          //头结点类型定义
```

一个链串由头指针唯一确定。这种结构便于进行插入和删除运算。

当结点的大小大于1时,存放一个串需要的结点数目并不一定是整数,而分配结点时总是以完整的结点为单位进行分配,因此,为使一个串能存放在整数个结点里,应在串的末尾填上不属于串值的特殊字符，以表示串的终结。若链表设置表头结点，则可将串的长度存放在表头结点的 data 域中，如图 4.3(a)所示。

图 4.3(a)和图 4.3(b)分别显示出结点大小为 1 及结点大小为 4 的两个链表，每个链表表示一个串。

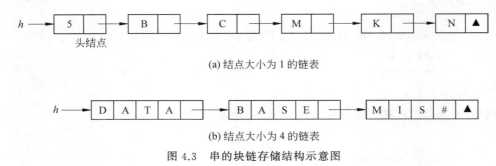

(a) 结点大小为 1 的链表

(b) 结点大小为 4 的链表

图 4.3　串的块链存储结构示意图

块链存储结构的存储密度定义为

存储密度＝串值所占存储字节÷实际分配的存储字节

如图 4.3(a)中块链表的存储密度为 1/2，图 4.3(b)中块链表的存储密度为 11/15。可见，若每个结点仅存放一个字符则存储密度小，占用空间较多。为了提高存储密度，结点的大小一般大于 1。

4.2　串的算法实现

串的赋值、求子串、串比较、串连接、求串长 5 种操作构成串类的最小操作集，它们不可能利用其他操作实现。

在这里，程序沿用前面章节采用的方式：编写或继承类生成头文件，并在定义文件中实现功能。这样便于读者从最底层理解串的算法实现。

在具体讨论串的各个操作实现之前，应该先关注串的类定义。在第 2 章所学的顺序表中，实现了可以动态增加长度的顺序表 Vector，在串的 3 种存储结构中，堆分配存储结构是和 Vector 结构联系最紧密的，在这里着重讨论它。

简单地，堆分配存储结构的串的定义类直接继承字符类型的 Vector 类即可，由于会使用到 cout 进行输出，所以此处也引入了＜iostream＞。

串类定义如下。

```
1.    #include "../Vector/Vector.h"
2.    #include <iostream>
3.
4.    class String : public Vector<char>{};
```

4.2.1　串赋值算法

1. 算法功能

生成一个顺序存储结构的串 T。

2. 算法思路

用顺序存储结构实现串的赋值,在这里采用第一种方式,即在串末尾加字符"\0"作为串结束符。

3. 实例描述

采用顺序存储结构,把串常量 chars＝"abcdeftgh"赋值给串 T。首先定义好串 T,为了适应所有情况,先插入字符'\0'作为串结束符,再将字符数组常量中的字符依次插入到 T 中的'\0'前。

4. 参考程序

String 类中相关的函数如下。

```
1.   //输出运算符重载,定义后可以直接用 cout 输出字符串
2.   friend std::ostream &operator<< (std::ostream &out, const String &S)
3.   {
4.       out <<S.elem;
5.       return out;
6.   }
7.
8.   public:
9.       //构造函数,先插入 '\0'作为终止符
10.      String() { Vector<char>::insert('\0'); }
11.
12.      //重载构造函数,根据字符数组初始化(必须有'\0')
13.      //同时调用了参数为空的构造函数
14.      String(const char * str) : String()
15.      {
16.          for (int i =0; str[i] !='\0'; i++)
17.              insert(str[i]);
18.      }
19.
20.      //重写,由于最后一位为 '\0',故将规模-1
21.      int size() const { return length -1; }
22.      //重写,length 最小为 1
23.      bool empty() const { return length <=1; }
24.
25.      //插入时调用基类方法插入,在'\0'前插入
26.      void insert(char const &e)
27.      {
28.          Vector<char>::insert(length -1, e);
29.      }
```

定义文件中的主程序如下。

```
1.   # include "String.h"
2.   # include <iostream>
3.   using namespace std;
```

```
4.
5.   void print_String(String &T)
6.   {
7.       cout << "字符串共有" << T.size() << "个字符:\n";
8.       cout << T << endl;                          //通过友元函数重载了输出运算符
9.   }
10.
11.  int main()
12.  {
13.      char chars[10] = {"abcdeftgh"};
14.      String T(chars);
15.      print_String(T);
16.      return 0;
17.  }
```

需要注意的是，主函数里定义的 chars 字符数组中包含的字符个数为 9，但定义的数组长度是 10。这是因为 C++字符数组采取了和上述串类似的定义方法，它们都在末位插入字符'\0'作为结束符，因此实际长度都比字符长度多 1。

5. 运行结果

串赋值算法的执行结果如图 4.4 所示。

字符串共有9个字符:
abcdeftgh

图 4.4　串赋值算法演示

4.2.2　求子串算法

1. 算法功能

求串 S 中从第 pos 个字符开始，长度为 len 的子串。

2. 算法思路

求子串的过程，即为复制字符串的过程。

3. 实例描述

例如，串 S = "data structure"，从第 6 个字符开始长度为 5 的子串 sub 为"struc"，求该子串过程如图 4.5 所示。

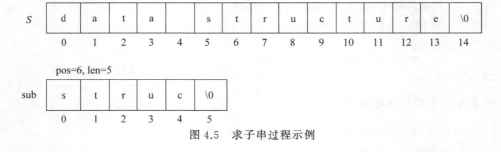

图 4.5　求子串过程示例

4. 参考程序

String 类中相关的函数如下。

```
1.   public:
2.       //求子串,实际起点为 pos-1
3.       String * substr(int pos, int len)
4.       {
5.           //位置或长度出错返回空串
6.           String * sub =new String();
7.
8.           if (pos >0 && len >0 && pos -1 +len <length)
9.               for (int i =0; i <len; i++)
10.                  sub->insert(elem[pos -1 +i]);
11.
12.          return sub;
13.      }
```

定义文件中增添的相关函数和主函数修改如下。

```
1.   void get_sub(String &T)
2.   {
3.       int pos, len;
4.       cout <<"输入开始位置和子串长度:";
5.       cin >>pos >>len;
6.       String * sub =T.substr(pos, len);
7.
8.       if (!sub->empty())                          //取子串成功
9.       {
10.          cout <<"从第" <<pos <<"个字符起长度为"
11.              <<len <<"的子串为:\n";
12.          print_String( * sub);
13.      }
14.      else
15.          cout <<"求子串失败...\n";
16.  }
17.
18.  int main()
19.  {
20.      String T("data structure");
21.      print_String(T);
22.      get_sub(T);
23.
24.      system("pause");
25.      return 0;
26.  }
```

5. 运行结果

输入所求子串的起始位置为 6，子串长度为 5，打印所求子串，如图 4.6 所示。

```
字符串共有14个字符:
data structure
输入开始位置和子串长度:6 5
从第6个字符起长度为5的子串为:
字符串共有5个字符:
struc
```

图 4.6　求子串算法演示

4.2.3　串比较算法

1. 算法功能

两个串 S 和 T 比较，如果 $S<T$，则返回值 <0；如果 $S>T$，则返回值 >0；如果 $S=T$，则返回值 $=0$。

2. 算法思路

从非空串 S 和 T 的第一个字符开始比较，用 i 标记当前比较位置。当 $i<S.\text{length}$ 且 $i<T.\text{length}$ 时，将 $S.ch[i]$ 和 $T.ch[i]$ 进行比较，若 $S.ch[i]=T.ch[i]$，则 i 增 1，继续比较下一个字符；若 $S.ch[i]\neq T.ch[i]$，则返回 $S.ch[i]-T.ch[i]$ 的值；若其中一个串已经比较完毕，则按照串长度来比较，返回 $S.\text{length}-T.\text{length}$。

3. 实例描述

串"abcdef"分别与串"abcdef"、"abcdgf"、"abcdefg"进行比较，过程如图 4.7 所示。其中，图 4.7(a)为两个串相等，图 4.7(b)和(c)为两个串不等。

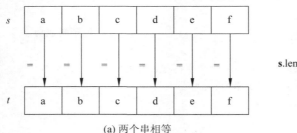

(a) 两个串相等

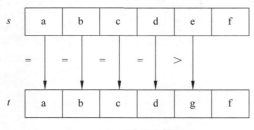

(b) 两个串不等

图 4.7　串比较过程示例

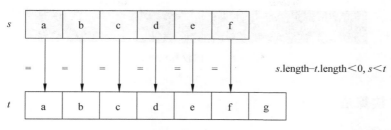

(c) 两个串不等

图 4.7 （续）

4. 参考程序

定义文件中增添的相关函数和主函数修改如下。

```
1.    //串比较
2.    int compare(String &a, String &b)
3.    {
4.        for (int i =0; i <a.size() && i <b.size(); i++)
5.            if (a[i] !=b[i])                          //比较两个串对应字符
6.                return (a[i] -b[i]);
7.        return (a.size() -b.size());                 //对应字符都相同,则比较长度
8.    }
9.
10.   int main()
11.   {
12.       char chars[][8] ={"abcdef", "abcdgf", "abcdefg"};
13.       String s(chars[0]);
14.       for (int i =0; i <3; i++)
15.       {
16.           String t(chars[i]);                       //创建串 t
17.           cout <<"字符串 s=" <<s <<' ';
18.           if (compare(s, t) ==0)
19.               cout <<"等于";
20.           else if (compare(s, t) >0)
21.               cout <<"大于";
22.           else if (compare(s, t) <0)
23.               cout <<"小于";
24.           cout <<" 字符串 t=" <<t <<endl;
25.       }
26.
27.       return 0;
28.   }
```

5. 运行结果

将串"abcdef"作为基串,分别与串"abcdef"、"abcdgf"、"abcdefg"进行比较,如图 4.8 所示。

```
字符串s=abcdef 等于 字符串t=abcdef
字符串s=abcdef 小于 字符串t=abcdgf
字符串s=abcdef 小于 字符串t=abcdefg
```

图 4.8　串比较算法演示

4.2.4　串连接算法

1. 算法功能

用顺序结构实现串的连接，用串 T 返回由串 a 和串 b 连接而成的新串。

2. 算法思路

设 T、a 和 b 都是桶类型的串变量，且 T 为连接 a 和 b 之后得到的串。a.size() 和 b.size() 为串的当前长度。由于'\0'是在 size()+1 位插入的，因此，只要将 a 和 b 的 1～size() 位串值按先后顺序赋值到 T 的相应位置上，就可以完成串的连接。

3. 实例描述

例如，把串 $a=$"abcdef"和串 $b=$"ghijk"连接成串 T，如图 4.9 所示。

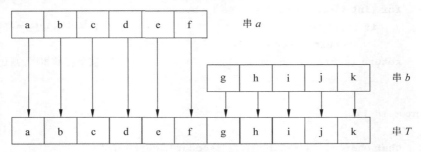

图 4.9　串的连接过程示例

两个串的连接运算可以推广到 n 个串的连接运算，其运算结果是将这 n 个串的值依次首尾相接而得到一个新串 T。例如，给定如下 3 个串：$a=$"My favorite color"，$b=$"is"，$c=$"red"，则串 a 与串 b 连接的结果 $T=$"My favorite color is"，串 a 和串 b 连接后的结果再与串 c 连接，得到 $T=$"My favorite color is red"。

4. 参考程序

String 类中的相关函数如下。

```
1.    public:
2.        //将串 S 连入当前串
3.        void contact(String &S) {
4.            for (int i =0; i <S.size(); i++) insert(S[i]);
5.        }
```

定义文件中增添的相关函数和主函数修改如下。

```
1.    int main() {
2.        String T;
3.        String a("abcdef"), b("ghijk");
4.        cout <<"字符串 a=" <<a <<endl;
```

```
5.        cout <<"字符串 b=" <<b <<endl;
6.        T.contact(a);
7.        T.contact(b);
8.        cout <<"串连接后的字符串为 T" <<endl;
9.        print_String(T);
10.       return 0;
11.   }
```

5. 运行结果

串连接算法运行过程与结果如图 4.10 所示。

```
字符串a=abcdef
字符串b=ghijk
串连接后的字符串为T
字符串共有11个字符:
abcdefghijk
```

图 4.10 串连接算法演示

4.3 串的模式匹配算法实现

串的模式匹配(pattern matching),即子串定位,确定子串在主串中第一次出现的位置。一般将主串称为目标串,子串称为模式串。此运算的应用非常广泛。例如,文本编辑中查找某一个单词或短语、搜索引擎中的查找功能等。

4.3.1 串的朴素模式匹配算法

1. 算法功能

串的朴素模式匹配是最简单的一种模式匹配算法,又称为 Brute Force 算法,简称 BF算法。

2. 算法思想

从目标串 S 的第一个字符起和模式串 T 的第一个字符比较,若相等,则继续逐个比较后续字符;否则,从目标串的下一个字符起再重新和模式串的第一个字符比较。以此类推,直至模式串 T 中的每个字符依次和目标串 S 中的一个连续的字符序列相等,则称匹配成功,返回和模式串 T 中第一个字符相等的字符在目标串 S 中的序号;否则,说明模式串 T 不是目标串 S 的子串,匹配不成功,返回 0。

3. 实例描述

设目标串 S="abcabcaccacbab",模式串 T="abcac"。串 S 的长度 $n=14$,串 T 的长度 $m=5$。利用变量 i 指示目标串 S 的当前比较字符位置,用变量 j 指示模式串 T 的当前比较字符位置。BF 算法模式匹配过程如图 4.11 所示。

4. 参考程序

定义文件中的主程序如下。

```
1.   #include "String.h"
2.   #include <iostream>
```

第一趟匹配 $S=$"a b c a b c a c c a c b a b" 从 $i=1$ 开始匹配，$i=5$ 时匹配失败
           ‖ ‖ ‖ ‖ ╫
         $T=$"a b c a c" $j=5$

第二趟匹配 $S=$"a b c a b c a c c a c b a b" 从 $i=2$ 开始匹配，$i=2$ 时匹配失败
             ╫
          $T=$"a b c a c" $j=1$

第三趟匹配 $S=$"a b c a b c a c c a c b a b" 从 $i=3$ 开始匹配，$i=3$ 时匹配失败
               ╫
           $T=$"a b c a c" $j=1$

第四趟匹配 $S=$"a b c a b c a c c a c b a b" 从 $i=4$ 开始匹配，$i=8$ 时匹配成功
                  ‖ ‖ ‖ ‖ ‖
            $T=$"a b c a c" $j=5$

图 4.11　BF 算法模式匹配过程

```cpp
3.
4.    using namespace std;
5.
6.    int match(String &S, String &T)
7.    {
8.        //i 标记比较开始位置,j 标记参与了比较的字串中字符长度
9.        int i = 0, j = 0;
10.       while (i < S.size() && j < T.size())
11.       {
12.           if (S[i] == T[j])                    //继续比较后面的字符
13.           {
14.               ++i;
15.               ++j;
16.           }
17.           else                                 //指针回退,重新开始匹配
18.           {
19.               i -= j - 1;
20.               j = 0;
21.           }
22.       }
23.       if (j >= T.size())
24.           return i - T.size() + 1;
25.       else
26.           return 0;
27.   }
28.
29.   int main()
30.   {
31.       String S, T;
32.       char chars1[] = "abcabcaccacbab";
33.       char chars2[] = "abcac";
34.       S.assign(chars1);
35.       T.assign(chars2);
36.
```

```
37.     int pos =match(S, T);
38.     cout <<"主串 S=" <<chars1 <<endl;
39.     cout <<"子串 T=" <<chars2 <<endl;
40.     if (pos)
41.         cout <<"在第" <<pos <<"个位置开始匹配!\n";
42.     else
43.         cout <<"匹配不成功!\n";
44.  }
```

5. 运行结果

BF 模式匹配算法的执行过程与结果如图 4.12 所示。

```
主串 S=abcabcaccacbab
子串 T=abcac
在第4个位置开始匹配!
```

图 4.12　BF 模式匹配算法演示

6. 算法分析

若 n 为主串长度，m 为子串长度，则 BF 模式匹配算法在最好情况下的时间复杂度为 $O(m)$。最坏的情况下，主串前面 $n-m$ 个位置都部分匹配到子串的最后一位，最后 m 位也各比较了一次，此时 BF 算法的时间复杂度为 $O(m(n-m+1))=O(nm)$。一般情况下，BF 模式匹配算法的时间复杂度为 $O(n+m)=O(n)$。

4.3.2　改进的模式匹配算法

1. 算法功能

改进的模式匹配算法是由 Knuth、Morris 和 Pratt 等人共同提出的，所以称为 Knuth-Morris-Pratt 算法，简称 KMP 算法。KMP 算法是字符串模式匹配中的经典算法，其在匹配过程中，主串的位置指针不回溯，从而提高了算法性能。

2. 算法思路

下面介绍改进的模式匹配算法即 KMP 算法。

（1）在匹配过程中，如果出现不匹配的情况（当前模式串不匹配字符假定为 $t[i]$），首先从已匹配结果计算出目标串 S 第 i 个字符应该与模式串 T 中哪个字符再比较，即保证在目标串指针不回溯的前提下，确定模式串 T 中新的比较起点 k。

设主串为 $S="S_0S_1S_2\cdots S_n"$，模式串为 $T="T_0T_1T_2\cdots T_m"$。

$$S_0S_1S_2\cdots S_{i-j}S_{i-j+1}\cdots S_{i-k}\cdots S_{i-j+k}S_{i-j+k+1}\cdots\ S_{i-2}S_{i-1}\quad S_iS_{i+1}\cdots$$

$$\begin{array}{ccccccccc} \| & \| & & \| & & \| & \| & & \nparallel \end{array} \quad S_i\ 与\ T_j\ 处失配$$

$$T_0\quad T_1\quad\cdots\quad T_{j-k}\quad T_k\quad T_{k+1}\quad\cdots\ T_{j-2}\ T_{j-1}\ T_j$$

如果模式串 T 中存在 $"T_0T_1\quad\cdots\quad T_{k-1}"="T_{j-k}T_{j-k+1}\cdots T_{j-1}"$，则必定有

$$S_0S_1S_2\cdots S_{i-j+1}S_{i-j+2}\cdots S_{i-k}\ S_{i-j+k}\quad S_{i-j+k+1}\cdots S_{i-2}\ S_{i-1}\ S_iS_{i+1}\cdots$$

$$\begin{array}{cccc} \| & & \| & \| \end{array}$$

$$T_0\cdots T_{k-(j-k)}\ T_{k-(j-k-1)}\cdots T_{k-2}\ T_{k-1}\ T_k$$

即下一趟匹配，模式串 T 可以向前滑动 $j-k$，由 T_k 与 S_i 比较。

（2）根据模式串 T 自身的规律"$T_0 \cdots T_{k-1}$" = "$T_{j-k} \cdots T_{j-1}$" 和已知的当前失配位置 j，可以归纳出计算模式串的新的比较起点 k 的表达式。令 k = next[j]，则

$$\text{next}[j] = \begin{cases} -1 & \text{当 } j=0 \text{ 时} \\ \max\{k \mid 0 < k < j \text{ 且 "}T_0 \cdots T_{k-1}\text{" = "}T_{j-k} \cdots T_{j-1}\text{"}\} \\ 0 & \text{其他情况} \end{cases}$$

next[j]中 next[0]和 next[1]的取值是固定的。当出现首字母不匹配时，目标串的指针后移一位，并与模式串的第一个字符开始匹配。为了标识出这种情况，需要假定 next[0] = -1（取为 -1 是考虑到 C++ 语言中的数组索引以 0 开始）。

失配位置 j 所对应的 next[j]的数值为接下来要匹配的模式串的字符的索引。也就是说，出现不匹配的情况时，模式串的索引指针要回溯到 next[j]所对应的位置，而目标串的索引指针不回溯。

3. 实例描述

现有目标串 S = "cabdabaabcabaabadcb"，模式串 T = "abaaba"。

（1）先把模式串 T 所有可能的失配点 j 所对应的 next[j]计算出来，这里先用上面提到的理论来计算 next[j]。

j = 0 时，next[0] = -1。

j = 1 时，next[1] = 0。

j = 2 时，k = {1}；

        k = 1，"T_0" $\neq$ "T_1"；

        所以，next[2] = 0。

j = 3 时，k = {1,2}；

        k = 1，"T_0" = "T_2"；

        k = 2，"$T_0 T_1$" $\neq$ "$T_1 T_2$"；

        所以，next[3] = 1。

j = 4 时，k = {1,2,3}；

        k = 1，"T_0" = "T_1"；

        k = 2，"$T_0 T_1$" $\neq$ "$T_2 T_3$"；

        k = 3，"$T_0 T_1 T_2$" $\neq$ "$T_1 T_2 T_3$"；

        所以，next[4] = 1。

j = 5 时，k = {1,2,3,4}；

        k = 1，"T_0" $\neq$ "T_4"；

        k = 2，"$T_0 T_1$" = "$T_3 T_4$"；

        k = 3，"$T_0 T_1 T_2$" $\neq$ "$T_2 T_3 T_4$"；

        k = 4，"$T_0 T_1 T_2 T_3$" $\neq$ "$T_1 T_2 T_3 T_4$"；

        所以，next[5] = 2。

（2）将上面的理论转换为具体的计算方法是，假设模式串为 T = "abaaba"，首先让它与自己进行依次匹配，在匹配过程中计算 next 数组。已知 next[0] = -1，next[1] = 0，设定 i 为主串下标，j 为模式串下标（此时主串和模式串都是 T），失配时 j 回滚到 next[j]。

第一趟匹配：   从 i = 1 和 j = 0 开始匹配

$T=$" a **b** a a b a " 　　　　　　$i=1$ 时 $j=0$,失配 j 回滚到 -1

　$T=$"**a b** a a b a "　　　　　　匹配失败故 $\text{next}[2]=0$

第二趟匹配:　　　　　　　　　　　目标串从 $i=2$ 和 $j=0$ 开始匹配

$T=$" a b **a a** b a "　　　　　　$i=2$ 时 $j=0$,成功匹配,故 $\text{next}[3]=1$

　$T=$ " **a b** a a b a "　　　　　$i=3$ 时 $j=1$,失配 j 回滚到 0

第三趟匹配:　　　　　　　　　　　目标串从 $i=3$ 和 $j=0$ 开始匹配

$T=$" a b a **a b** a "　　　　　　$i=3$ 时 $j=0$,成功匹配,故 $\text{next}[4]=1$

　　$T=$ " **a b** a a b a "　　　　$i=4$ 时 $j=1$,成功匹配,故 $\text{next}[5]=2$

(3) 开始目标串 S 与模式串 T 的匹配,过程如下。

第一趟匹配:

$S=$" **c** a b d a b a a b c a b a a b a d c b "

$T=$" **a** b a a b a "　　　　　　失败时 $i=0,j=0,\text{next}[0]=-1$

第二趟匹配:　　　　　　　　　　　目标串指针加 1,从 $i=1$ 和 $j=0$ 开始匹配

$S=$" c **a b d** a b a a b c a b a a b a d c b "

　$T=$"**a b a** a b a "　　　　　　失败时 $i=3,j=2,\text{next}[2]=0$

第三趟匹配:　　　　　　　　　　　目标串指针不变,从 $i=3$ 和 $j=0$ 开始匹配

$S=$" c a b **d** a b a a b c a b a a b a d c b "

　　$T=$" **a** b a a b a "　　　　　失败时 $i=3,j=0,\text{next}[0]=-1$

第四趟匹配:　　　　　　　　　　　目标串指针加 1,从 $i=4$ 和 $j=0$ 开始匹配

$S=$" c a b d **a b a a b c** a b a a b a d c b "

　　　$T=$" **a b a a b** a "　　　　失败时 $i=9,j=5,\text{next}[5]=2$

第五趟匹配:　　　　　　　　　　　目标串指针不变,从 $i=9$ 和 $j=2$ 开始匹配

$S=$" c a b d a b a a b **c** a b a a b a d c b "

　　　　$T=$" a b **a** a b a "　　　失败时 $i=9,j=2,\text{next}[2]=0$

第六趟匹配:　　　　　　　　　　　目标串指针不变,从 $i=9$ 和 $j=0$ 开始匹配

$S=$" c a b d a b a a b **c** a b a a b a d c b "

　　　　　$T=$"**a** b a a b a "　　失败时 $i=9,j=0,\text{next}[0]=-1$

第七趟匹配:　　　　　　　　　　　目标串指针加 1,从 $i=10$ 和 $j=0$ 开始匹配

$S=$" c a b d a b a a b c **a b a a b a** d c b "

　　　　　$T=$" **a b a a b a** "　　成功,返回模式串在目标串中的位置 10

4. 参考程序

定义文件中的主程序如下。

```
1.    #include "String.h"
2.    #include <iostream>
3.    using namespace std;
4.
5.    int * get_next(String &str)
6.    {
7.        int i = 0, j = -1;            //i 为主串下标,j 为模式串下标
```

```cpp
8.      int * next = new int[str.size()];   //next 数组
9.      next[0] = -1;
10.     while (i < str.size())
11.         if (j < 0 || str[i] == str[j])    //从头开始或者匹配时
12.         {
13.             i++;
14.             j++;
15.             next[i] = j;                    /* 此处可改进 */
16.         }
17.         else
18.             j = next[j];
19.     //查看 next 数组
20.     cout << "序号:";
21.     for (int k = 0; k < str.size(); k++)
22.         printf("%2d%c", k, k == str.size() - 1 ? '\n' : ' ');
23.     cout << "字符:";
24.     for (int k = 0; k < str.size(); k++)
25.         printf("%2c%c", str[k], k == str.size() - 1 ? '\n' : ' ');
26.     cout << "next:";
27.     for (int k = 0; k < str.size(); k++)
28.         printf("%2d%c", next[k], k == str.size() - 1 ? '\n' : ' ');
29.     return next;
30. }
31.
32. int KMP(String &S, String &T)
33. {
34.     int * next = get_next(T);
35.     int i = 0, j = 0;
36.     while (i < S.size() && j < T.size())
37.     {
38.         if (j < 0 || S[i] == T[j])    //继续比较后面的字符
39.         {
40.             ++i;
41.             ++j;
42.         }
43.         else                          //S 的 i 指针不回溯,从 T 的 next[j] 位置开始匹配
44.             j = next[j];
45.     }
46.     if (j >= T.size())                //子串结束,说明匹配成功
47.         return i - T.size();
48.     else                              //匹配失败
49.         return 0;
50. }
51.
52. int main()
```

```
53.   {
54.       //建立主串 S 和子串 T
55.       String S("cabdabaabcabaabadcb"), T("abaaba");
56.       int pos = KMP(S, T);
57.       cout << "主串 S=" << S << endl;
58.       cout << "子串 T=" << T << endl;
59.       if (pos)
60.           cout << "在第" << pos << "个位置开始匹配!\n";
61.       else
62.           cout << "匹配不成功!\n";
63.
64.       system("pause");
65.       return 0;
66.   }
```

next 数组的算法相对比较复杂,因此,在程序中 get_next()函数里包含了输出 next 数组的代码。

5. 运行结果

KMP 算法的运行过程与结果如图 4.13 所示。

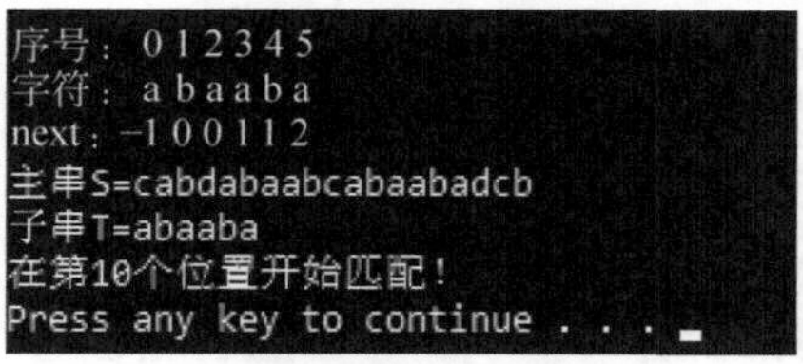

```
序号:012345
字符:abaaba
next:-100112
主串S=cabdabaabcabaabadcb
子串T=abaaba
在第10个位置开始匹配!
Press any key to continue . . .
```

图 4.13　KMP 算法演示

以上为串的功能介绍及实现。串最终的头文件及各功能定义文件结构如图 4.14 至图 4.17 所示。

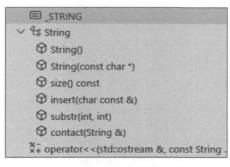

图 4.14　串的头文件结构

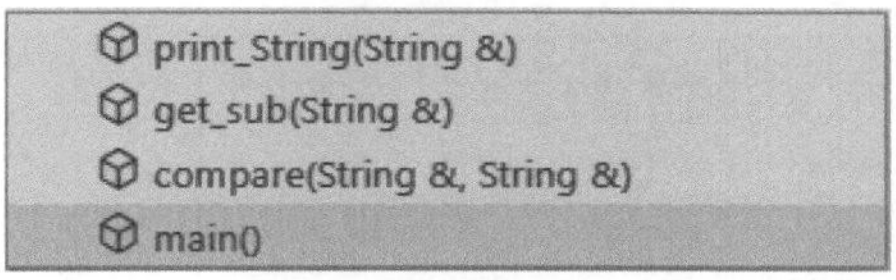

图 4.15　串的基本功能定义文件结构

> match(String &, String &)
> main()

图 4.16　串的 BF 模式匹配定义文件结构

> get_next(String &)
> KMP(String &, String &)
> main()

图 4.17　串的 KMP 模式匹配定义文件结构

本 章 小 结

串是计算机非数值处理中的主要对象。

串是一种特殊的线性表。要注意区分串、主串、子串、空串、空白串等概念。

串有定长顺序存储、堆分配存储和块链存储 3 种存储结构。

串的赋值、比较以及求串长、串的连接、求子串操作构成了串类型的最小操作集，它们不可能利用其他操作实现，而子串定位、置换、串插入和串删除运算则可以利用基本运算实现。

习题 4　　　　习题 4 参考答案

第5章　数组和广义表

数组和广义表是线性表的推广,表中的数据元素本身也可以是一个数据结构。本章介绍数组和广义表的定义、存储结构与算法实现。

5.1　数组的基本概念

5.1.1　数组的定义与特点

1. 数组的定义

数据结构中讨论的数组(array)不同于高级语言中的数组。高级语言中数组是一种数据类型,而且只有顺序结构。本章所讨论的数组是一种数据结构,既可以是顺序结构,也可以是链式结构,用户可根据需要选择。

数组 $A=(a_0,a_1,a_2,\cdots,a_{n-1})$ 由一组名字相同、下标不同的变量构成。若 $a_i(0\leqslant i\leqslant n-1)$ 是同类型的元素,则 A 是一维数组。若 $a_i(0\leqslant i<n)$ 是同类型的定长线性表,则 A 是多维数组。

在 C++ 语言中,一个二维数组可以用其分量一维数组来定义。同样,一个三维数组可以用其数据元素为二维数组的线性表来定义,以此类推,可得到 n 维数组的递归定义。

2. 数组的特点

在数组中,对于一组有意义的下标都存在一个与其相对应的值。这种下标与值一一对应的关系是数组的特点。

一维数组的每个数组元素只有一个下标,每个元素 $a_i(1\leqslant i\leqslant n-2)$ 有唯一一个直接前趋结点 a_{i-1} 和唯一一个直接后继结点 a_{i+1}。其中,a_0 没有直接前趋结点,a_{n-1} 没有直接后继结点。

二维数组的每个数组元素有两个下标,每个元素 a_{ij} 受到两个关系(行关系和列关系)的约束。$a_{ij}(1\leqslant i\leqslant m-2,1\leqslant j\leqslant n-2)$ 有两个直接前趋结点 $a_{i,j-1}$ 和 $a_{i-1,j}$,两个直接后继结点 $a_{i,j+1}$ 和 $a_{i+1,j}$。其中,a_{00} 没有前趋结点,称为开始结点;$a_{m-1,n-1}$ 没有后继结点,称为终端结点。

可以把二维数组中的元素 a_{ij} 看成是属于两个线性表的,即第 i 行的线性表 A_i 和第 j 列的线性表 B_j。例如,一个 $m\times n$ 的二维数组可以看成是 m 行的一维数组,如图 5.1 所示;也可看成是 n 列的一维数组,如图 5.2 所示。

因此,二维数组是一个数据元素值为一维数组的线性表。

以此类推,一个 $m\times n\times l$ 的三维数组中,每个元素属于 3 个线性表,每个元素最多有 3 个直接前趋和 3 个直接后继。

例如,一个数组元素 $a_{j1,j2,j3}$,其直接前趋为:$a_{j1-1,j2,j3}$,$a_{j1,j2-1,j3}$,$a_{j1,j2,j3-1}$;其直接后继为:$a_{j1+1,j2,j3}$,$a_{j1,j2+1,j3}$,$a_{j1,j2,j3+1}$。

$$A_{mn}=\begin{bmatrix} a_{00} & a_{01} & \cdots & a_{0,n-1} \\ a_{10} & a_{11} & \cdots & a_{1,n-1} \\ \vdots & \vdots & \cdots & \vdots \\ a_{m-1,0} & a_{m-1,1} & \cdots & a_{m-1,n-1} \end{bmatrix}$$

(a) $m{\times}n$ 的二维数组 A_{mn}

$$A_{mn}=\begin{matrix} (a_{00} & a_{01} & \cdots & a_{0,n-1}) & A_0 \\ (a_{10} & a_{11} & \cdots & a_{1,n-1}) & A_1 \\ \vdots & \vdots & \cdots & \vdots & \vdots \\ (a_{m-1,0} & a_{m-1,1} & \cdots & a_{m-1,n-1}) & A_{m-1} \end{matrix}$$

(b) A_{mn} 可看成 m 行一维数组

$$A=\begin{bmatrix} A_0 \\ A_1 \\ \vdots \\ A_{m-1} \end{bmatrix}$$

(c) 用 m 行一维数组
表示二维数组

图 5.1　用 m 行的一维数组表示 $m \times n$ 的二维数组

$$A_{mn}=\begin{bmatrix} a_{00} & a_{01} & \cdots & a_{0,n-1} \\ a_{10} & a_{11} & \cdots & a_{1,n-1} \\ \vdots & \vdots & \cdots & \vdots \\ a_{m-1,0} & a_{m-1,1} & \cdots & a_{m-1,n-1} \end{bmatrix}$$

(a) $m{\times}n$ 的二维数组 A_{mn}

$$A_{mn}=\begin{bmatrix} \begin{bmatrix} a_{00} \\ a_{10} \\ \vdots \\ a_{m-1,0} \end{bmatrix} & \begin{bmatrix} a_{01} \\ a_{11} \\ \vdots \\ a_{m-1,1} \end{bmatrix} & \cdots & \begin{bmatrix} a_{0,n-1} \\ a_{1,n-1} \\ \vdots \\ a_{m-1,n-1} \end{bmatrix} \\ \uparrow & \uparrow & & \uparrow \\ B_0 & B_1 & \cdots & B_{n-1} \end{bmatrix}$$

(b) A_{mn} 可视为 n 列一维数组

$$A_{mn}=(B_0\ B_1\cdots B_{n-1})$$

(c) 用 n 列一维数组表示
二维数组

图 5.2　用 n 列的一维数组表示 $m \times n$ 的二维数组

进一步，一个 n 维数组可以看成是由若干个 $n-1$ 维数组组成的线性表，在 n 维数组 A 中每个元素 $a_{j_1,j_2,\cdots,j_n}$ $(0{\leqslant}j_i{\leqslant}n-1)$ 属于 n 个线性表，每个元素最多有 n 个直接前趋和 n 个直接后继。

例如，数组元素 $a_{j_1,j_2,\cdots,j_n}$，其直接前趋为：$a_{j_1-1,j_2,\cdots,j_n},a_{j_1,j_2-1,\cdots,j_n},\cdots,a_{j_1,j_2,\cdots,j_n-1}$；其直接后继为：$a_{j_1+1,j_2,\cdots,j_n},a_{j_1,j_2+1,\cdots,j_n},\cdots,a_{j_1,j_2,\cdots,j_n+1}$。

5.1.2　数组的存储结构

1. 一维数组的顺序存储

在计算机中，如果用一批连续的存储单元来表示数组，则称为数组的顺序存储结构。C++ 语言中数组的顺序分配允许有两种方法：静态存储分配和动态存储分配，简称静态数组和动态数组。

（1）静态数组：是指数组大小在程序中预先给出、在程序编译时建立的数组。程序运行期间，数组大小是静态的，不能改变的。

（2）动态数组：是指在程序执行过程中动态建立和撤销的数组。

数组是采用计算地址的方法来实现的。一维数组的地址计算公式和顺序表的元素分配一样。

如图 5.3 所示，对一个有 n 个数据元素的一维数组，设 a_0 是下标为 0 的数组元素，$\text{Loc}(a_0)$ 是 a_0 的存储地址，L 是每个数据元素所需的存储单元，则数组中任一数据元素 a_i $(0{\leqslant}i{\leqslant}n-1)$ 的存储地址 $\text{Loc}(a_i)$ 的计算函数为

$$\text{Loc}(a_i)=\text{Loc}(a_0)+i{\times}L,\qquad 0{\leqslant}i{\leqslant}n-1$$

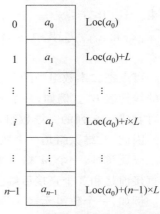

图 5.3　一维数组顺序存储示意图

C++ 语言中内置的数组是符合上述定义的数据结构,因此在这里使用它来存储一维数组。这种情况下,不需要显性地对数据元素的存储地址进行管理。

2. 二维数组的顺序存储

对一个 m 行 n 列的二维数组,由于计算机的存储单元都是一维的,就有一个二维向一维映射的问题。对二维数组可有两种存储方式:一种是行主序(row major order)存储,即一行存完后再存放下一行;另一种是列主序(column major order)存储,即一列存完后再存放下一列。

例如,图 5.4(a)的二维数组 $A[0\cdots1,0\cdots2]$,其行主序存储如图 5.4(b)所示,其列主序存储如图 5.4(c)所示。

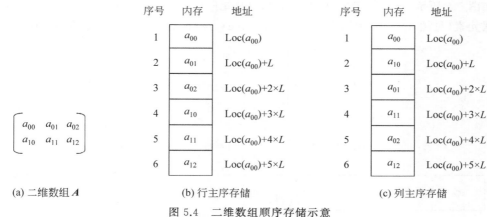

图 5.4　二维数组顺序存储示意

C++ 语言中的数组元素是行主序的存放方法。设 a_{00} 是行列下标均为 0 的数组元素,$Loc(a_{00})$ 是 a_{00} 的存储地址,L 是每个数据元素所需的存储单元。数组元素 a_{ij} 前已存放了 i 行,即已存放了 $i\times n$ 个数据元素,占用了 $i\times n\times L$ 个存储单元;在第 i 行上,数组元素 a_{ij} 前已存放了 j 列,即已存放了 j 个数据元素,占用了 $j\times L$ 个存储单元,所以数组元素 a_{ij}($0\leqslant i\leqslant m-1,0\leqslant j\leqslant n-1$)的存储地址 $Loc(a_{ij})$ 为上述 3 个部分之和。因此,数组中任一数据元素 a_{ij} 的存储地址 $Loc(a_{ij})$ 的计算函数为

$$Loc(a_{ij})=Loc(a_{00})+(i\times n+j)\times L,\qquad 0\leqslant i\leqslant m-1,0\leqslant j\leqslant n-1$$

在列主序存储中,数组元素地址的计算函数可仿照行主序的计算函数推导出来。C++ 语言中数组的各维下界均固定为 0,而其他语言不一定为 0,因此计算公式略有变化。

由于在二维数组中涉及行和列的定义,因此不难由此联想到矩阵的概念。

5.2　特殊矩阵的压缩存储

矩阵(matrix)运算是许多科学和工程计算中经常遇到的问题。通常用二维数组来存储矩阵数据元素。利用矩阵元素在一维数组中的地址计算函数就可以快速地访问矩阵中的每个元素。

实际应用中常常会遇到一些阶数很高的矩阵,它们有许多值相同的元素或零元素,且值相同的元素或零元素的分布有一定的规律,这种分布有一定规律的矩阵称为特殊矩阵。常

见的特殊矩阵有对称矩阵、三角矩阵和对角矩阵。

特殊矩阵可以进行压缩存储。所谓压缩存储，就是为多个值相同的元素只分配一个存储空间，且对零元素不分配空间。

1. 对称矩阵的压缩存储

若一个 n 阶矩阵 A 中的数据元素满足 $a_{ij}=a_{ji}(0 \leqslant i \leqslant n-1, 0 \leqslant j \leqslant n-1)$，则称其为 n 阶对称矩阵。

由于对称矩阵中的数据元素以主对角线为中线对称，因此在存储时可只存储对称矩阵中上三角或下三角的数据元素，即让对称的数据元素共享一个存储空间，这样就可将 n^2 个数据元素压缩存储到 $n(n+1)/2$ 个数据元素空间中。

如图 5.5 所示，不失一般性，以存储的是对称矩阵（见图 5.5(a)）的下三角（包括对角线）的数据元素（见图 5.5(b)）为例进行讨论，图 5.5(c)为对称矩阵的一维数组压缩存储。

$$
\begin{pmatrix}
1 & 6 & 7 & 3 & 9 \\
6 & 0 & 8 & 2 & 8 \\
7 & 8 & 9 & 2 & 9 \\
3 & 2 & 2 & 0 & 1 \\
9 & 8 & 9 & 1 & 6
\end{pmatrix}
$$

$$
\begin{matrix}
a_{00} & & & & \\
a_{10} & a_{11} & & & \\
a_{20} & a_{21} & a_{23} & & \\
\vdots & \vdots & \vdots & & \\
a_{n-1,0} & a_{n-1,1} & a_{n-1,2} & \cdots & a_{n-1,n-1}
\end{matrix}
$$

(a) 对称矩阵   (b) 存储下三角部分的数据元素

a_{00}	a_{10}	a_{11}	a_{20}	a_{21}	a_{22}	$\cdots$	$a_{n-1,n-2}$	$a_{n-1,n-1}$

(c) 对称矩阵的一维数组压缩存储

图 5.5　对称矩阵及其下三角存储

可用一维数组 sa[0…$n(n+1)/2-1$] 作为 n 阶对称矩阵 A 的存储结构，使得 n 阶对称矩阵 A 中的所有下三角（包括对角线）的数据元素对应不同的存储单元，所有上三角（不包括对角线）的数据元素对应下三角的相应存储单元。设 a_{ij} 为 n 阶对称矩阵中 i 行 j 列的数据元素，k 为一维数组 sa 的下标序号。

(1) 若 $i \geqslant j$，则 a_{ij} 在下三角中。a_{ij} 之前的 i 行共有 $i(i+1)/2$ 个元素，在第 i 行上，a_{ij} 之前有 j 个元素。a_{ij} 和 sa[k] 之间的对应关系是

$$k=i(i+1)/2+j, \qquad 0 \leqslant k < n(n+1)/2$$

(2) 若 $i < j$，则 a_{ij} 在上三角中。因为 $a_{ij}=a_{ji}$，所以只要交换上述对应关系式中的 i 和 j，即可得到 a_{ij} 和 sa[k] 之间的对应关系，即

$$k=j(j+1)/2+i, \qquad 0 \leqslant k < n(n+1)/2$$

2. 三角矩阵的压缩存储

当一个方阵的主对角线上方或下方的所有元素皆为常数时，该矩阵称为三角矩阵。以主对角线划分，三角矩阵有上三角和下三角两种。如图 5.6(a)所示，上三角矩阵的下三角（不包括主对角线）中的元素均为常数。下三角矩阵正好相反，它的主对角线上方均为常数，如图 5.6(b)所示。在大多数情况下，三角矩阵常数为零。

三角矩阵可以用一维数组 sa[0…$n(n+1)/2$] 存储，将常量存入第一个或最后一个存储

$$\begin{pmatrix} a_{00} & a_{0,1} & \cdots & a_{0,n-1} \\ c & a_{1,1} & \cdots & a_{1,n-1} \\ \vdots & \vdots & \cdots & \vdots \\ c & c & \cdots & a_{n-1,n-1} \end{pmatrix} \qquad \begin{pmatrix} a_{00} & c & \cdots & c \\ a_{10} & a_{11} & \cdots & c \\ \vdots & \vdots & \cdots & \vdots \\ a_{n-1,0} & a_{n-1,1} & \cdots & a_{n-1,n-1} \end{pmatrix}$$

(a) 上三角矩阵　　　　　　　　(b) 下三角矩阵

图 5.6　三角矩阵

单元。

3. 对角矩阵的压缩存储

设矩阵 A 为 n 阶方阵。序列 $(a_{ii},0\leqslant i\leqslant n-1)$ 称为 A 的主对角线。所有的非零元素集中在以主对角线为中心的带状区域中,即除了主对角线和主对角线相邻两侧的若干条对角线上的元素之外,其余元素皆为零的矩阵为对角矩阵。

图 5.7(a) 是一个带宽为 3 的对角矩阵及其顺序结构存储,其非零元素仅出现在主对角线上 $(a_{ii},0\leqslant i\leqslant n-1)$,紧邻主对角线上面的那条对角线上 $(a_{i,i+1},0\leqslant i\leqslant n-2)$ 和紧邻主对角线下面的那条对角线上 $(a_{i+1,i},0\leqslant i\leqslant n-2)$。当 $|i-j|>1$ 时,元素 $a_{ij}=0$。

由此可知,一个带宽为 d(d 为奇数)的对角矩阵 A 是满足下述条件的矩阵:若 $|i-j|>(d-1)/2$,则元素 $a_{ij}=0$。

不失一般性,对角矩阵可按行优先顺序或对角线的顺序,将其压缩存储到一个一维数组中,并且也能找到每个非零元素和数组下标的对应关系。图 5.7(b) 为行主序的一维数组压缩存储。若采用行优先顺序,则存储带宽为 d 的对角矩阵中非零元素 a_{ij} 的地址公式为

$$\mathrm{Loc}(a_{ij})=\mathrm{Loc}(a_{00})+d\times i-1+(j-i+(d-1)/2)$$

$$\begin{pmatrix} a_{00} & a_{01} \\ a_{10} & a_{11} & a_{12} & & & \text{全 0} \\ & a_{21} & a_{22} & a_{23} \\ & & \cdots & \cdots & \cdots \\ & & & a_{n-2,n-3} & a_{n-2,n-2} & a_{n-2,n-1} \\ & \text{全 0} & & & a_{n-1,n-2} & a_{n-1,n-1} \end{pmatrix}$$

(a) 带宽为 3 的对角矩阵

| a_{00} | a_{01} | a_{10} | a_{11} | a_{12} | a_{21} | ... | $a_{n-1,n-2}$ | $a_{n-1,n-1}$ |

(b) 行主序的一维数组压缩存储

图 5.7　对角矩阵及其压缩存储

4. 稀疏矩阵

设 $m\times n$ 的矩阵 A 中有 s 个非零元素,若 s 远远小于矩阵元素的总数,则称 A 为稀疏矩阵。令 $e=s/(m\times n)$,称 e 为矩阵的稀疏因子。通常认为 $e\leqslant 0.05$ 时为稀疏矩阵。

稀疏矩阵中非零元素的分布一般是没有规律的,因此在存储非零元素的同时,还必须同时记下它所在的行和列的位置 (i,j)。

稀疏矩阵中每个非零元素和它对应的行下标和列下标构成一个三元组。三元组的结构

如图 5.8 所示，其中 i,j 分别表示非零元素的行号和列号，a_{ij} 表示非零元素的值。

图 5.8　三元组的结点结构

一个三元组(i,j,a_{ij})可以唯一确定矩阵 **A** 的一个非零元素。稀疏矩阵可由表示非零元素的三元组及其行列数唯一确定。

$$\begin{pmatrix} 0 & 0 & 9 & 0 & -7 & 0 & 0 \\ 0 & 0 & 0 & 0 & 0 & 0 & 0 \\ 8 & 0 & 0 & 0 & 0 & 0 & 0 \\ 0 & 0 & -2 & 0 & 0 & 0 & 0 \\ 0 & 5 & 0 & 0 & 0 & 0 & 0 \\ 0 & 0 & 0 & 0 & 0 & 3 & 0 \end{pmatrix}$$

6	7	6
1	3	9
1	5	−7
3	1	8
4	3	−2
5	2	5
6	6	3

(a) 稀疏矩阵 M　　　　(b) 稀疏矩阵 M 的三元组表 a.data

图 5.9　稀疏矩阵 **M** 及其三元组表 a.data

例如，图 5.9(a)所示的稀疏矩阵 **M** 有 42 个元素，其中只有 6 个非零元素。6 个三元组$(1,3,9)$，$(1,5,-7)$，$(3,1,8)$，$(4,3,-2)$，$(5,2,5)$，$(6,6,3)$表示该矩阵的 6 个非零元素。若以行主序将这 6 个三元组排列起来，再加上一个表示矩阵 **M** 的行数、列数及非零元素的个数的特殊三元组$(6,7,6)$，则所形成的三元组表就能唯一确定稀疏矩阵 **M**，如图 5.9(b)所示。

三元组表可用顺序表存储，也可用链表存储。用顺序表存储的三元组表称为三元组顺序表，用链表存储的三元组表称为三元组链表。

对于稀疏矩阵，三元组表存储结构对存储空间的需求量比通常的方法少得多。例如，$m \times n$ 的矩阵 **M**，非零元的个数为 num，若用三元组表来表示，在每个元素占一个存储单元的情况下，只需要 $3 \times (num+1)$ 个存储单元（包括特殊三元组所占用的 3 个单元）；若用传统的二维数组表示，则需要 $m \times n$ 个存储单元。当矩阵越大、越稀疏时，三元组存储方式的优越性就越明显。

5.3　矩阵的算法实现

矩阵最常用的操作有矩阵加、矩阵减、矩阵乘、矩阵转置、矩阵求逆、矩阵行列式等。在掌握线性表的基本操作的基础上，这些操作都不难实现。但是，稀疏矩阵的快速转置算法思想巧妙，性能优良。因此，下面仅以稀疏矩阵的快速转置算法为例进行算法实现。

一个 $m \times n$ 的矩阵 **M**，它的转置矩阵 **T** 是一个 $n \times m$ 的矩阵，且 $T_{ij}=M_{ji}$，其中，$0 \leqslant i \leqslant n-1$，$0 \leqslant j \leqslant m-1$。

在这里沿用上面介绍的三元组的方式存储矩阵。

明确了存储方式后，就不难进行相应的存储结构的定义。

三元组的定义如下。

```
1.    template<typename T>
2.    struct Triple {
3.        int i, j;                                    //非零元素的行下标和列下标
4.        T elem;
5.    };
```

矩阵类的定义如下。

```
1.    template<typename T>
2.    struct Matrix {
3.        int row, col;
4.        int num;
5.        Triple<T> * data;
6.
7.        Matrix(int r, int c, int n) : row(r), col(c), num(n) {
8.            data = new Triple<T>[num +1];             //非零三元组表,data[0]未用
9.        }
10.
11.       ~Matrix() { delete[]data; }
12.   };
```

上述的两段代码共同构成了矩阵的头文件。

1. 算法功能

采用三元组表存储矩阵,由矩阵 **M** 的三元组表 a.data 求得其转置矩阵 **T** 的三元组表 b.data,实现矩阵 **M** 的转置。

2. 算法思路

(1)预先确定矩阵 **M** 中每一列,即转置矩阵 **T** 中每一行的第一个非零元素在 b.data 中的位置。为此,需事先求得矩阵 **M** 的每一列中非零元素的个数。可设置两个数组 num[col]和 cpot[col],分别存放矩阵 **M** 中每一列的非零元素个数和每一列第一个非零元素在 b.data 中的位置,即

- M 中的列变量用 col 表示。
- num[col]存放 **M** 中第 col 列中非零元素个数。
- cpot[col]存放 **M** 中第 col 列的第一个非零元素在 b.data 中的位置。

于是有

$$\begin{cases} \text{cpot}[1]=1 \\ \text{cpot}[\text{col}]=\text{cpot}[\text{col}-1]+\text{num}[\text{col}-1] \end{cases}, \quad 2\leqslant\text{col}\leqslant\text{a.col}$$

(2)按照 a.data 中三元组的次序进行转置。对于扫描到的 a.data 中的当前元素,利用其列信息,即可在 cpot[col]中直接查出它在 b.data 中的最终存放位置。

转置后的元素不连续存放,直接按照 cpot[col]的结果将其放到 b.data 中最终的位置上。同时,修改该列的 cpot[col]为 cpot[col]+1,为该列的下一个元素的存放做好准备。这样既可避免元素移动,又只需对 a.data 扫描一次即可实现矩阵的转置。

3．实例描述

稀疏矩阵 **M** 的三元组表 a.data 如图 5.10（a）所示，其中，row 为行号，col 为列号，value 为值。求该矩阵的稀疏矩阵 **T**。

（1）首先将 num[col] 和 cpot[col] 初始化，数组元素清零。

(a)

序号	row	col	value
	6	7	6
1	1	3	9
2	1	5	−7
3	3	1	8
4	4	3	−2
5	5	2	5
6	6	6	3

(b)

col	1	2	3	4	5	6	7
num[col]	1	1	2	0	1	1	0
cpot[col]	1	2	3	5	5	6	7

(c)

序号	row	col	value
	7	6	6
1	1	3	8
2	2	5	5
3	3	1	9
4	3	4	−2
5	5	1	−7
6	6	6	3

图 5.10　矩阵 **M** 的快速转置过程

（2）扫描矩阵 **M** 的三元组表 a.data，计算 num[col] 的值，如图 5.10（b）所示。

第一个元素（1,3,9），列号为 3，num[3]＝1；

第二个元素（1,5,−7），列号为 5，num[5]＝1；

第三个元素（3,1,8），列号为 1，num[1]＝1；

第四个元素（4,3,−2），列号为 3，num[3]＝2；

第五个元素（5,2,5），列号为 2，num[2]＝1；

第六个元素（6,6,3），列号为 6，num[6]＝1。

（3）计算 cpot[col] 的值，如图 5.10（b）所示。

cpot[1]＝1；

cpot[2]＝cpot[1]＋num[1]＝1＋1＝2；

cpot[3]＝cpot[2]＋num[2]＝2＋1＝3；

cpot[4]＝cpot[3]＋num[3]＝3＋2＝5；

cpot[5]＝cpot[4]＋num[4]＝5＋0＝5；

cpot[6]＝cpot[5]＋num[5]＝5＋1＝6；

cpot[7]＝cpot[6]＋num[6]＝6＋1＝7。

（4）扫描矩阵 **M** 的三元组表 a.data，生成转置矩阵 **T** 的三元组表 b.data，如图 5.10（c）所示。

第一个元素（1,3,9）列号为 3，cpot[3]＝3，转置后的元素（3,1,9）是 b.data 中的第 3 个元素，并修改 cpot[3]＝4；

第二个元素（1,5,−7），列号为 5，cpot[5]＝5，转置后的元素（5,1,−7）是 b.data 中的第 5 个元素，并修改 cpot[5]＝6；

第三个元素，（3,1,8），列号为 1，cpot [1]＝1，转置后的元素（1,3,8）是 b.data 中的第 1

个元素,并修改 cpot[1]＝2;

第四个元素(4,3,－2),列号为 3,cpot[3]＝4,转置后的元素(3,4,－2)是 b.data 中的第 4 个元素,并修改 cpot[3]＝5;

第五个元素(5,2,5),列号为 2,cpot[2]＝2,转置后的元素(2,5,5)是 b.data 中的第 2 个元素,并修改 cpot[2]＝3;

第六个元素(6,6,3),列号为 6,cpot[6]＝6,转置后的元素(6,6,3)是 b.data 中的第 6 个元素,并修改 cpot[6]＝7。

只需要扫描一遍矩阵 **M** 的三元组表 a.data,而且不需要元素的移动,即可生成转置矩阵 **T** 的三元组表 b.data。

4. 参考程序

定义文件中的主程序如下。

```
1.    #include "Matrix.h"
2.    #include <iostream>
3.    using namespace std;
4.
5.    void create_Matrix(Matrix<int>&M)
6.    {
7.        cout <<"请按照行优先顺序输入稀疏矩阵"
8.            <<M.num <<"个非零元素信息:\n";
9.        for (int k =1; k <=M.num; k++)
10.       {
11.           cout <<"第" <<k <<"个元素的行标、列标以及元素的值:";
12.           cin >>M.data[k].i >>M.data[k].j >>M.data[k].elem;
13.       }
14.       cout <<endl;
15.   }
16.
17.   //采用三元组表存储表示,求稀疏矩阵 M 的转置矩阵 T
18.   Matrix<int>FastTranspose_Matrix(Matrix<int>&M)
19.   {
20.       Matrix<int> T(M.col, M.row, M.num);
21.       if (M.num ==0)
22.           return T;
23.       int * num =new int[M.col +1]();
24.       int * cpot =new int[M.col +1]();
25.
26.       //计算 num[col]的值
27.       for (int t =1; t <=M.num; t++)
28.           num[M.data[t].j]++;
29.       //计算 cpot[col]的值
30.       cpot[1] =1;
31.       for (int col =2; col <=M.col; col++)
32.           cpot[col] =cpot[col -1] +num[col -1];
```

```
33.        //扫描矩阵 M 的三元组表 a.data,生成转置矩阵 T 的三元组表 b.data
34.        for (int p =1; p <=M.num; p++)
35.        {
36.            int q =cpot[M.data[p].j];
37.            T.data[q].i =M.data[p].j;
38.            T.data[q].j =M.data[p].i;
39.            T.data[q].elem =M.data[p].elem;
40.            cpot[q]++;
41.        }
42.
43.        delete[] num;
44.        delete[] cpot;
45.        return T;
46.    }
47.
48.    void print_Matrix(Matrix<int>&M)
49.    {
50.        cout <<"共有" <<M.num <<"个非零元素:\n";
51.
52.        int t =1;
53.        cout <<"稀疏矩阵为:\n";
54.        for (int p =1; p <=M.row; p++)
55.        {
56.            for (int q =1; q <=M.col; q++)
57.                //打印非零元素
58.                if (M.data[t].i ==p && M.data[t].j ==q)
59.                    printf("%5d", M.data[t++].elem);
60.                else //打印零元素
61.                    printf("%5d", 0);
62.            cout <<endl;
63.        }
64.
65.        cout <<"\n 稀疏矩阵三元组顺序表为:\n";
66.        printf("%5c%5c%5c\n", 'i', 'j', 'v');
67.        for (int k =1; k <=M.num; k++)
68.            printf("%5d%5d%5d\n",
69.                    M.data[k].i, M.data[k].j, M.data[k].elem);
70.    }
71.
72.    int main()
73.    {
74.        int r, c, n;
75.        cout <<"输入稀疏矩阵行数与列数:";
76.        cin >>r >>c;
77.        cout <<"输入稀疏矩阵非零元素个数:";
```

```
78.        cin >>n;
79.        Matrix<int>M(r, c, n);
80.
81.        create_Matrix(M);
82.        print_Matrix(M);
83.        Matrix<int>T =FastTranspose_Matrix(M);
84.        cout <<"\n转置后的稀疏矩阵为:\n";
85.        print_Matrix(T);
86.
87.        system("pause");
88.        return 0;
89.    }
```

5. 运行结果

输入稀疏矩阵的非零元素个数为 6,矩阵行数 6,列数 7,然后按照行优先顺序输入非零元素的三元组:(1,3,9),(1,5,−7),(3,1,8),(4,3,−2),(5,2,5),(6,6,3);打印原稀疏矩阵和三元组表及转置后的稀疏矩阵和对应的三元组表,如图 5.11 所示。

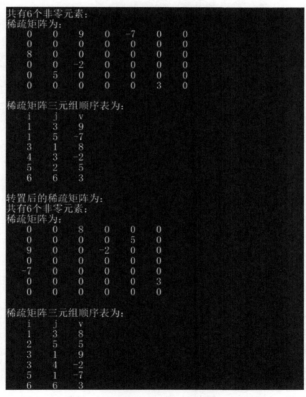

图 5.11　稀疏矩阵快速转置算法演示

6. 算法分析

1) 算法的时间复杂度

稀疏矩阵快速转置算法用了 3 个并列的单循环,其中:

- for（int t ＝ 1；t ＜＝ M.num；t＋＋），循环次数为 num。
- for（int col ＝ 2；col ＜＝ M.col；col＋＋），循环次数为 col－1。
- for（int p ＝ 1；p ＜＝ M.num；p＋＋），循环次数为 num。

所以，该算法的时间复杂度为 O(num＋col)。

最差的情况是矩阵中全部是非零元素，即 num＝row×col，此时的时间复杂度也只是 O(row×col)，并未超过传统转置算法的时间复杂度。

2）算法的空间复杂度

稀疏矩阵快速转置算法增开了两个长度为列长的数组 num[col]和 cpot[col]。因此，该算法是一种折中的算法，以牺牲空间效率来换取时间效率。

以上为稀疏矩阵快速转置算法的功能介绍及实现。矩阵的头文件和各功能的定义文件结构分别如图 5.12 和图 5.13 所示。

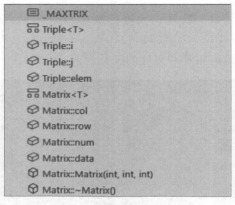

图 5.12　矩阵的头文件结构

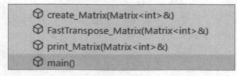

图 5.13　矩阵各功能的定义文件结构

5.4　广义表的基本概念

5.4.1　广义表的定义与图形表示

1. 广义表的定义

广义表是线性表的一种推广。线性表被定义为一个有限的序列 $(a_1,a_2,\cdots,a_n)$，其中，a_i 被限定为是单个数据元素。广义表也是 n 个数据元素 $d_1,d_2,\cdots,d_n$ 的有限序列，但不同的是，广义表中的 d_i 既可以是单个元素，也可以是一个广义表。通常用小写字母表示单个元素，用大写字母表示广义表。

通常记作 $GL=(d_1,d_2,\cdots,d_n)$。GL 是广义表的名字。n 是广义表的长度。若其中

d_i 是单个元素,则称 d_i 是广义表 GL 的一个原子,若 d_i 是一个广义表,则称 d_i 是广义表 GL 的一个子表。在广义表 GL 中,d_1 是广义表 GL 的表头,其余部分组成的表 $(d_2,d_3,\cdots,d_n)$ 称为广义表的表尾。

下面给出一些广义表的例子,以加深对广义表概念的理解。

(1) $A=()$ 是长度为 0 的空表,不能求表头和表尾。

(2) $B=(f)$ 的表长为 1,其中第一个元素是单个元素 f,表头为 f,表尾为 $()$。

(3) $C=(a,(b,c,d))$ 的表长为 2,其中第一个元素是单个元素 a,第二个元素是一个子表 (b,c,d),表头为 a,表尾为 $((b,c,d))$。

(4) $D=(A,B,C)$ 是长度为 3 的广义表,3 个元素分别是子表 A、子表 B 和子表 C。表头为 A,表尾为 (B,C)。其中,$D=(A,B,C)=((),(f),(a,(b,c,d)))$,所以 D 为共享表。

(5) $E=(b,E)$ 是长度为 2 的递归定义的广义表,E 相当于无穷表 $E=(b,(b,E))=(b,(b,(b,\cdots)))$。

从上面的例子可以看出:

(1) 广义表是一个多层的结构。广义表的元素可以是子表,而子表的元素还可以是子表。

(2) 广义表可以被其他广义表共享,例如,广义表 D 共享了表 A、表 B 和表 C。在表 D 中不必列出表 A、表 B 和表 C 的内容,只要通过子表的名称就可以引用该表。

(3) 广义表具有递归性,如广义表 E。

2. 广义表的图形表示

用图形表示广义表直观易懂。广义表 A、B、C、D、E 的图形表示分别如图 5.14(a)、(b)、(c)、(d)、(e)所示。

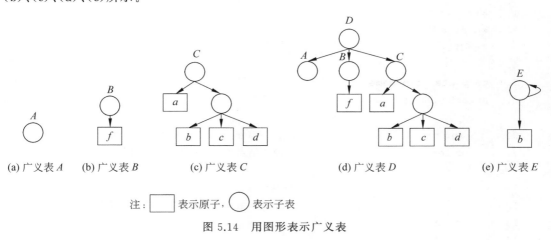

(a) 广义表 A　(b) 广义表 B　(c) 广义表 C　(d) 广义表 D　(e) 广义表 E

注: ▢ 表示原子, ◯ 表示子表

图 5.14　用图形表示广义表

5.4.2　广义表的存储结构

广义表中的数据元素既可以是原子,也可以是子表,因此对于广义表,一般难以用顺序存储结构来表示,通常用链式存储结构来表示。表中的每个元素可用一个结点来表示。广义表中有两类结点,一类是单个元素结点,即原子结点;一类是子表结点。任何一个非空的广义表都可以将其分解成表头和表尾两部分;反之,一对确定的表头和表尾可以唯一地确定一个广义表。这种方法也称为广义表的头尾表示法。

广义表的结点结构如图 5.15 所示。其中，图 5.15（a）为子表结点结构，图 5.15（b）为原子结点结构。

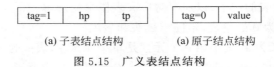

tag=1	hp	tp

tag=0	value

(a) 子表结点结构　　　　(a) 原子结点结构

图 5.15　广义表结点结构

子表结点由以下 3 个域构成。

（1）标志域 tag＝1：表明该结点是子表类型。

（2）表头指针域 hp：指向子表的表头结点的指针。

（3）表尾指针域 tp：指向同一层下一个表结点的指针。

原子结点由以下两个域构成。

（1）标志域 tag＝0：表明该结点是原子类型。

（2）值域 value：存储该原子结点的值。

5.5　广义表的算法实现

与三元组存储矩阵类似，广义表的存储结构也包括广义表结点和广义表定义两个部分。根据上述的思路，下面给出这两者的定义实例。

Generalized List.h 中广义表结点定义如下。

```
1.   # ifndef NULL
2.   # define NULL 0
3.   # endif
4.
5.   template <typename T>
6.   struct GLNode
7.   {
8.       int tag;                //公共部分,用于区分结点类型,0标志原子,1标志子表
9.       union                   //原子结点和子表结点的联合部分
10.      {
11.          T data;             //data是原子结点的值域
12.          //ptr是表结点的指针域,ptr.hp 和 ptr.tp 分别指向表头和表尾
13.          struct
14.          {
15.              GLNode<T> * hp, * tp;
16.          } ptr;
17.      };
18.
19.      //构造函数
20.      GLNode() {}
21.      GLNode(T _data) : data(_data) { tag =0; }
```

```
22.        GLNode(GLNode<T> * h, GLNode<T> * t)
23.        {
24.            ptr.hp =h;
25.            ptr.tp =t;
26.            tag =1;
27.        }
28.    };
```

1. 算法功能

用头尾链表存储结构建立广义表,并求该广义表的深度。

2. 算法思路

1) 建立广义表

根据广义表的字串表达式 S 来建立相应的广义表,若 S 的长度为 0,则置空广义表;若 S 的长度为 1,即单字符,建立原子结点的子表;若 S 的长度大于 1,退去 S 中最外层的括号,然后对括号中的字串再以逗号为标志分解字串,找到第一个逗号之前的字串,然后递归以上过程直到全部字串分解完成。

2) 求解广义表的深度

需要对子表递归调用实现。

(1) 广义表的深度＝1＋Max{子表的深度}。

(2) 可以直接求解深度的两种简单情况为:空表的深度＝1;原子的深度＝0。

3. 实例描述

用头尾链表结构存储广义表 $F(A(),B(C(a,b),D(e,E(f,g,h))))$。其存储结构如图 5.16 所示。

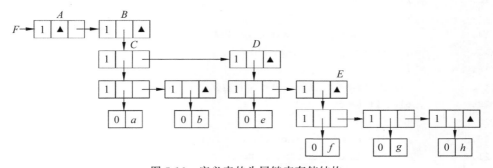

图 5.16　广义表的头尾链表存储结构

对于广义表 $F(A(),B(C(a,b),D(e,E(f,g,h))))$ 的深度,按递归算法分析如下。

```
Depth(F)=1+Max { Depth(A), Depth(B) }
    Depth(A)=1
    Depth(B)=1+Max { Depth(C), Depth(D) }
        Depth(C)=1+Max { Depth(a,b) }=1+Max {Depth(a),Depth(b) }
            Depth(a)=0
            Depth(b)=0
        Depth(C)=1+Max { Depth(a,b) }=1+Max {0,0}=1
```

```
        Depth(D)=1+Max { Depth(e),Depth(E) }
            Depth(e)=0
            Depth(E)=1+Max {Depth(f), Depth(g), Depth(h) }
                Depth(f)=0
                Depth(g)=0
                Depth(h)=0
            Depth(E)=1+Max { Depth(f,g,h) }=1+Max {0,0,0}=1
        Depth(D)=1+Max { Depth(e),Depth(E) }=1+Max {0,1}=2
    Depth(B)=1+Max { Depth(C),Depth(D) }=1+Max {1,2}=3
Depth(F)=1+Max { Depth(A),Depth(B) }=1+Max {1,3}=4
```

4. 参考程序

Generalized List.h 中广义表类定义如下。

```cpp
1.    template <typename T>
2.    class GList
3.    {
4.    private:
5.        GLNode<T> * head;
6.
7.        //递归建立广义表的存储结构(除'('和','外都视作有效 data)
8.        void create(GLNode<T> * &p, char * &ch)
9.        {
10.           ++ch;
11.           //若为'('则递归建立子表
12.           if ( * ch =='(')
13.           {
14.               p =new GLNode<T>(NULL, NULL);
15.               create(p->ptr.hp, ch);
16.           }
17.           //若为')'则建立空表，其他字符建立原子结点
18.           else if ( * ch !=')')
19.           {
20.               GLNode<T> * t =new GLNode<T>( * ch);
21.               p =new GLNode<T>(t, NULL);
22.           }
23.           else
24.           {
25.               p =NULL;
26.               return;
27.           }
28.           //若为','则递归构造后继表
29.           if ( * (++ch) ==',') create(p->ptr.tp, ch);
30.       }
31.
32.       int depth(GLNode<T> * p)
```

```
33.        {
34.            if (p ==NULL) return 0;
35.            if (p->tag ==0) return 0;
36.
37.            int dhp =depth(p->ptr.hp) +1, dtp =depth(p->ptr.tp);
38.            return dhp >dtp ? dhp : dtp;
39.        }
40.
41.    public:
42.        //构造函数,默认表为空
43.        GList() { head =NULL; };
44.        //返回广义表头结点
45.        GLNode<T> * header() const { return head; }
46.
47.        //返回广义表的长度
48.        int length() const
49.        {
50.            int cnt =0;
51.            for (GLNode<T> * p =head; p !=NULL && p->tag ==1;p =p->ptr.tp)
52.                cnt++;
53.            return cnt;
54.        }
55.
56.        //利用字符串建立广义表的存储结构,如 S=(a,(b,(c,d)))
57.        bool create(char * ch)
58.        {
59.            if (* ch !='(')
60.                return false;
61.            create(head, ch);
62.            if (* ch !=')')
63.                return false;
64.            return true;
65.        }
66.
67.        int depth()
68.        {
69.            int dhp =depth(head->ptr.hp) +1,
70.                dtp =depth(head->ptr.tp);
71.            return dhp >dtp ? dhp : dtp;
72.        }
73.    };
```

定义文件中的参考程序如下。

```
1.    # include "Generalized List.h"
2.    # include <iostream>
```

```
3.
4.    using namespace std;
5.
6.    void print_GLNode(GLNode<char> * p)
7.    {
8.        //为空表时,只有括号
9.        if (p->ptr.hp ==NULL) cout <<"()";
10.       //为原子结点时,直接输出 data
11.       else if (p->ptr.hp->tag ==0) cout <<p->ptr.hp->data;
12.       //为非空广义表时,递归输出
13.       else
14.       {
15.           cout <<'(';
16.           print_GLNode(p->ptr.hp);
17.           cout <<')';
18.       }
19.       //后继为空则返回,否则添加逗号递归输出
20.       if (p->ptr.tp ==NULL) return;
21.       cout <<',';
22.       print_GLNode(p->ptr.tp);
23.   }
24.
25.   //递归打印广义表
26.   void print_GList(GList<char>&GL)
27.   {
28.       cout <<"长度为" <<GL.length() <<"的广义表:(";
29.       print_GLNode(GL.header());
30.       cout <<')' <<endl;
31.       cout <<"该广义表深度为:" <<GL.depth() <<endl;
32.   }
33.
34.   void create_GList(GList<char>&GL)
35.   {
36.       char s[100];
37.       cout <<"输入广义表的书写形式串 S,例如 S=(a,(b,(c,d))):\nS=";
38.       cin >>s;
39.       if (GL.create(s))    cout <<"创建广义表成功!\n";
40.       else      cout <<"创建广义表失败!\n";
41.   }
42.
43.   int main()
44.   {
45.       GList<char>GL;
46.       create_GList(GL);
47.       print_GList(GL);
```

```
48.
49.    return 0;
50. }
```

5. 运行结果

输入广义表 F 的书写形式串 $S=((\ ),((a,b),(e,(f,g,h))))$，打印最后建立的广义表和该广义表的深度，如图 5.17 所示。

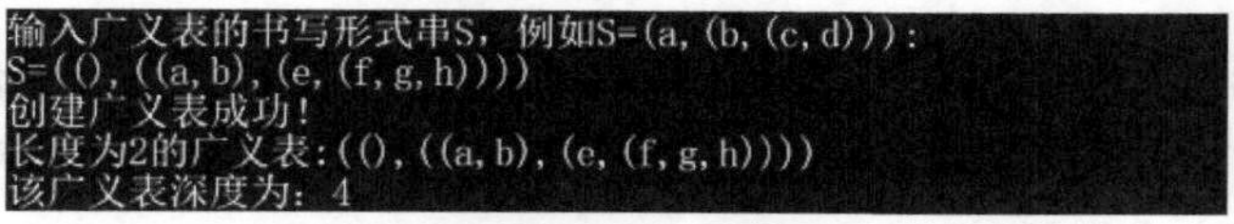

```
输入广义表的书写形式串S，例如S=(a,(b,(c,d))):
S=((),((a,b),(e,(f,g,h))))
创建广义表成功！
长度为2的广义表:((),((a,b),(e,(f,g,h))))
该广义表深度为: 4
```

图 5.17　广义表的建立和深度求解算法演示

6. 算法分析

该算法的时间复杂度为 $O(n)$。

以上介绍的是广义表的功能及实现。广义表最终的头文件及定义文件结构如图 5.18 和图 5.19 所示。

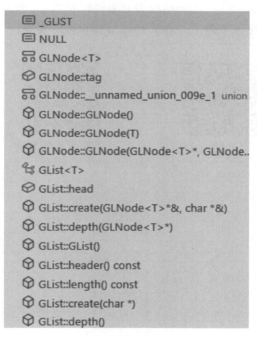

图 5.18　广义表的头文件结构

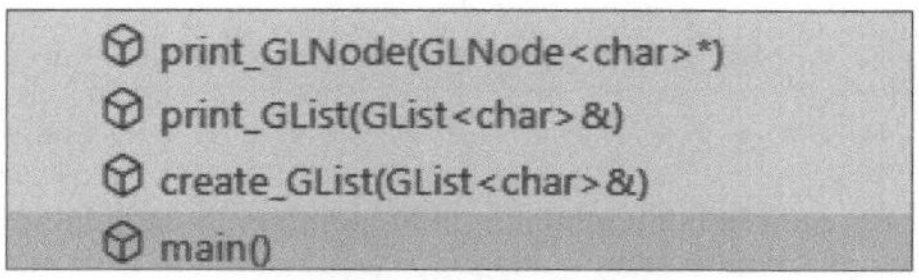

```
print_GLNode(GLNode<char>*)
print_GList(GList<char>&)
create_GList(GList<char>&)
main()
```

图 5.19　广义表的定义文件结构

本 章 小 结

数组是一种数据结构，按存储方式可以分为顺序存储结构和链式存储结构。

在 C++ 语言中数组有静态数组和动态数组之分。静态数组是指在程序运行期间数组的大小不能改变，它在程序编译阶段建立；动态数组是在程序执行过程中动态建立和撤销的数组。

C++ 语言中静态数组各维下标从 0 开始。在此前提条件下，介绍了数组元素与下标一一对应的地址计算函数。在不同的程序设计语言中，数组的表示和下标的设置有一些区别，地址计算函数也不完全相同。

压缩存储的方法是为多个值相同的元素只分配一个存储空间；对零元素不分配存储空间。如果值相同的元素或零元素在矩阵中的分布有一定的规律，则称这类矩阵为特殊矩阵。如果非零元素个数远远小于矩阵元素的总数，则称这类矩阵为稀疏矩阵。应该掌握对特殊矩阵和稀疏矩阵进行压缩存储时的下标变换公式，以及稀疏矩阵的三元组存储结构和稀疏矩阵的转置算法。

广义表为线性表的推广。广义表中的表元素可以是原子，也可以是子表，通常采用带有表头结点的链式结构。应该掌握广义表的存储结构和算法实现。

习题 5   习题 5 参考答案

第6章 树和二叉树

树和二叉树是最常用的非线性数据结构。本章介绍二叉树的基本概念、存储结构及其操作,并研究树、森林与二叉树之间的相互转换方法,最后介绍树的一个重要应用——最优树和哈夫曼编码方法。

6.1 树的基本概念

6.1.1 树的定义与基本术语

1. 树的定义

树(tree)是一类重要的非线性数据结构,在生活中有着广泛的应用。例如,人类社会的家族族谱,各种社会组织的结构都可用树来表示。

树是 $n(n \geqslant 0)$ 个结点的有限集。它满足以下两个条件。

(1) 有且仅有一个特定的称为根的结点。

(2) 其余的结点可分为 m 个互不相交的有限集合 $T_1, T_2, \cdots, T_m$,其中,每个集合又都是一棵树(子树)。

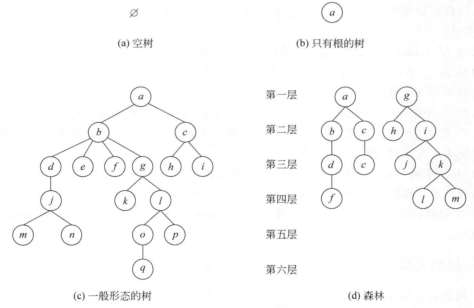

(a) 空树   (b) 只有根的树

(c) 一般形态的树   (d) 森林

图 6.1 不同形态的树示例

树是结点之间有分支、分层关系的结构。树的定义是一种递归定义方法。不同形态的树如图 6.1 所示。其中,图 6.1(a)是空树,图 6.1(b)是只有根的树,图 6.1(c)是一般形态的树,该树的根结点有两棵子树,图 6.1(d)是两棵树组成的森林。

2. 树的基本术语

树的基本术语如下。

(1) 双亲(parent)与子女(child)：若$<a,b>\in \mathbf{R}$,则称 a 是 b 的双亲,b 是 a 的子女(孩子)。例如图 6.1(c)中,a 的子女是 b 和 c,b 和 c 的双亲是 a。

(2) 兄弟(sibling)：具有同一双亲的结点互称兄弟。例如图 6.1(c)中,d、e、f 和 g 互为兄弟。

(3) 堂兄弟(cousin)：同层的非兄弟结点互称堂兄弟。例如图 6.1(c)中,g 和 h 互为堂兄弟。

(4) 祖先(ancestor)与子孙：一个结点是它所有子树中的结点的祖先,这些结点是它的子孙或后代。例如图 6.1(c)中,g 是 k、l、o、p 和 q 结点的祖先,j、m 和 n 是 d 的子孙。

(5) 结点的度(degree of node)：一个结点的子树个数称为该结点的度。例如图 6.1(c)中,a 的度是 2,b 的度是 4,i 的度是 0。

(6) 树的度(degree of tree)：一棵树中所有结点的度的最大值。例如图 6.1(c)所示的树的度是 4。

(7) 叶子(leaf)：度为 0 的结点,简称叶。例如图 6.1(c)中,e、f、h、i、m、n、q、p 都是叶子。

(8) 分支结点(branch node)：度大于 0 的结点。例如图 6.1(c)中,a、b、c、g 是分支结点。

(9) 路径(path)：若树中存在一个结点序列 $k_1,k_2,\cdots,k_j$,使得 k_i 是 k_{i+1} 的双亲($1\leqslant i<j$),则称该结点序列是从 k_1 到 k_j 的一条路径。例如图 6.1(c)中,从 a 到 m 的路径是 $abdjm$。

(10) 层(level)：根在第一层,其他任一结点所在的层是其双亲的层加 1。

(11) 深度(depth)：树中结点的最大层数称为树的深度,也称为树的高度。如图 6.1(c)所示的树的深度为 6。

(12) 有序树(ordered tree)：树中任意一个结点的各子树都是有次序的树。下面要讨论的二叉树就是一种有序树,因为二叉树中任意一个结点的任意一个子树都确切地被定义为是该结点的左子树或是其右子树。

(13) 无序树：如果树中任意一个结点的各子树之间的次序无关紧要,即交换树中任意一个结点的各子树的次序,所得的树均是和原树相同的树,这样的树即为无序树。

(14) 森林(forest)：是 $m(m\geqslant 0)$棵互不相交的树的集合。图 6.1(d)是一个由两棵树组成的森林。

6.1.2 树的表示形式和存储结构

1. 树的表示形式

1) 树状图表示

树状图用结点和边表示树,是树的主要表示方法。

例如,一棵树 T 由结点的有限集 $T=\{A,B,C,D,E,F,G,H,I,J,K\}$构成,其中,$A$ 是根结点,其余结点可分成三个互不相交的子集：

$$T_1=\{B,E,F,J,K\}, T_2=\{C,G\}, T_3=\{D,H,I\}$$

T_1、T_2 和 T_3 是根 A 的 3 棵子树,且本身又都是一棵树。其中,T_1 的根为 B,其余结点可分为两个互不相交的子集 $T_{11}=\{E\}$ 和 $T_{12}=\{F,J,K\}$,它们都是 B 的子树。显然 T_{11} 是只含一个根结点 E 的树,而 T_{12} 的根 F 又有两棵互不相交的子树 $\{J\}$ 和 $\{K\}$,其本身又都是只含一个根结点的树。T_2 的根为 C,根 C 仅有一棵子树 $T_{21}=\{G\}$,T_{21} 是只含一个根结点 G 的树。T_3 的根为 D,其余结点分别为 D 的两棵子树 $T_{31}=\{H\}$ 和 $T_{32}=\{I\}$,T_{31} 是只含一个根结点 H 的树,T_{32} 是只含一个根结点 I 的树。该树的树状图表示如图 6.2 所示。

2) 广义表表示

用广义表的形式表示树,其一般形式为

$$树\ T\ 的广义表 =(T\ 的根(T_1,T_2,\cdots,T_m))$$

其中,$T_i(1\leqslant i\leqslant m)$ 是 T 的子树,也是广义表。

图 6.2 中树的广义表表示形式为 $(A(B(E,F(J,K)),C(G),D(H,I)))$。

3) 嵌套集合表示

嵌套集合表示是用集合的包含关系来描述树结构。图 6.2 中树的嵌套集合表示如图 6.3 所示。

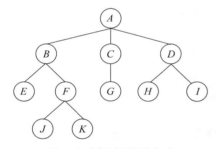

图 6.2　树的树状图表示

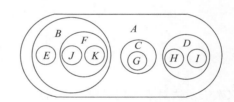

图 6.3　树的嵌套集合表示

4) 凹入表/书目表表示

凹入表/书目表表示类似于书的目录。图 6.2 中树的凹入表/书目表表示如图 6.4 所示。

```
A ----------------------------------------------------------------
    B ----------------------------------------------------
        E ----------------------------------------------
        F ----------------------------------------------
            J ----------------------------------------
            K ----------------------------------------
    C ----------------------------------------------------
        G ----------------------------------------------
    D ----------------------------------------------------
        H ----------------------------------------------
        I ----------------------------------------------
```

图 6.4　树的凹入表/书目表表示

2. 树的存储结构

1）双亲表示法

双亲表示法是用静态指针结构存储树。具体方法是用一组连续的存储单元（数组）存储树中的所有结点，结点结构包含 data 域和 parent 域：data 域存放结点本身的属性值，parent 域保存该结点的双亲结点在数组中的下标。结点结构如图 6.5 所示。

data	parent

图 6.5　双亲表示法结点

例如，图 6.6（a）中的一棵树，其双亲表示法如图 6.6（b）所示。其中，结点 A 是根，无双亲，所以 parent 域的值为 −1；结点 B 的双亲是结点 A，结点 A 在数组中的下标序号是 0，所以 parent 域的值为 0，以此类推。

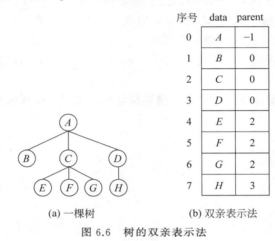

序号	data	parent
0	A	−1
1	B	0
2	C	0
3	D	0
4	E	2
5	F	2
6	G	2
7	H	3

(a) 一棵树　　　　(b) 双亲表示法

图 6.6　树的双亲表示法

双亲表示法对于实现寻找当前结点的双亲等操作很方便，但对于实现寻找当前结点的孩子或兄弟等操作却不方便。

2）孩子表示法

孩子表示法是用多重链表结构存储树，每个结点有 data 域和多个指针域，其中每个指针指向一棵子树的根。由于树中每个结点的子树数（即结点的度）可能不同，如果按各结点的度设计变长结构，可以提高空间效率，但算法实现非常麻烦；如果按树的度（即树中所有结点度的最大值）设计定长结构，算法实现相对简单，但可能会浪费一定的空间。

例如，定长结构的孩子表示法如图 6.7 所示。其中，图 6.7（a）所示的这棵树的度为 3，所以每个结点的指针域个数为 3，其孩子表示法如图 6.7（b）所示。

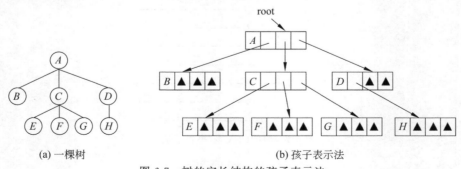

(a) 一棵树　　　　(b) 孩子表示法

图 6.7　树的定长结构的孩子表示法

孩子表示法对于实现寻找当前结点的孩子或兄弟等操作很方便,但对于实现寻找当前结点的双亲等操作却不方便。

3)双亲孩子表示法

若把树的双亲表示法和孩子表示法结合起来,可兼有这两种存储结构的优点。一种常用的双亲孩子表示法是在双亲表示法的基础上,给数组的每个结点增加一个指向该结点孩子链表的指针域。对于图 6.8 所示的一棵树,其双亲孩子表示法如图 6.8(b)所示。显然,双亲孩子表示法的存储结构是数组下标和指针两种存储结构方法的结合。

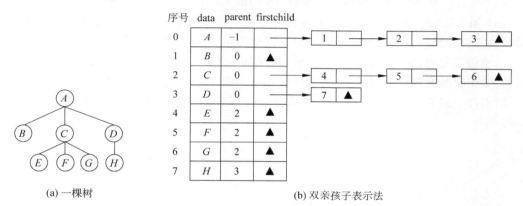

(a)一棵树　　　　　　　　　　　(b)双亲孩子表示法

图 6.8　树的双亲孩子表示法

4)孩子兄弟表示法

孩子兄弟表示法又称二叉树表示法或二叉链表表示法,即以二叉链表作为树的存储结构。链表中结点包含 3 个域:一个数据元素域 data、一个指向该结点的第一个孩子结点的指针域 firstchild 和一个指向该结点的下一个兄弟结点的指针域 nextsibling。孩子兄弟表示法的结点结构如图 6.9 所示。

| data | firstchild | nextsibling |

图 6.9　孩子兄弟表示法的结点结构

对于图 6.10(a)的一棵树,其树的孩子兄弟表示法如图 6.10(b)所示。这种存储结构便于实现树的各种操作。

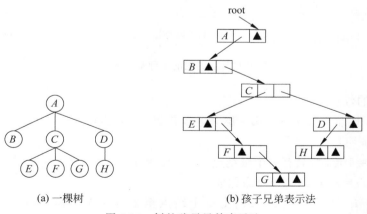

(a)一棵树　　　　　　　　　　　(b)孩子兄弟表示法

图 6.10　树的孩子兄弟表示法

6.2 二叉树的基本概念

6.2.1 二叉树的定义与性质

1. 二叉树的定义

二叉树（binary tree）是 $n(n \geqslant 0)$ 个结点的有限集，在任意非空树中：

（1）有且仅有一个特定的结点称为根（root）的元素；

（2）当 $n > 1$ 时，其余的结点最多分为两个互不相交的子集 T_1、T_2，每个子集又都是二叉树，分别称为根的左子树和右子树。当二叉树的结点集合为空时，称为空二叉树。

二叉树不是树，它是单独定义的一种树状结构，并非一般的特例。二叉树是一种有序树。它的子树是有顺序规定的，分为左子树和右子树。左、右子树不能随意颠倒。二叉树中某个结点即使只有一棵子树，也要区分是左子树还是右子树。图 6.11 中是 5 棵不同的二叉树。

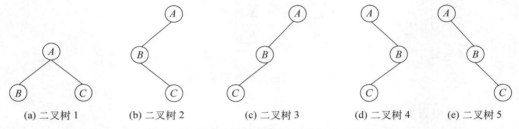

(a) 二叉树 1   (b) 二叉树 2   (c) 二叉树 3   (d) 二叉树 4   (e) 二叉树 5

图 6.11   包含 3 个结点的不同形态的二叉树

二叉树中所有结点的形态共有 5 种：空结点、无左右子树结点、只有左子树结点（右子树为空）、只有右子树结点（左子树为空）和左右子树均存在结点（左右子树均非空）。对应上述二叉树的 5 种基本形态分别如图 6.12(a)、(b)、(c)、(d)、(e)所示。

(a) 空二叉树   (b) 只有根的二叉树   (c) 右子树为空的二叉树   (d) 左子树为空的二叉树   (e) 左、右子树均非空的二叉树

图 6.12   二叉树的 5 种基本形态

2. 二叉树的性质

性质 1   一棵非空二叉树的第 i 层上至多有 2^{i-1} 个结点（$i \geqslant 1$）。

用归纳法证明：

归纳基：$i = 1$ 层时，只有一个根结点，$2^{i-1} = 2^0 = 1$。

归纳假设：$i = k(1 \leqslant k < i)$ 时命题成立。

归纳证明：$i = k + 1$ 时，二叉树上每个结点至多有两棵子树，则第 i 层的结点数 =

$$2^{k-1}\times 2=2^{(k+1)-1}=2^{i-1}。$$

性质 2 深度为 k 的二叉树至多有 2^k-1 个结点 $(k\geqslant 1)$。

证明：基于性质 1，深度为 k 的二叉树上的结点数至多为

$$2^0+2^1+2^2+\cdots+2^{k-1}=2^k-1$$

性质 3 对于任何一棵二叉树 T，如果其终端结点数为 n_0，度为 2 的结点数为 n_2，则 $n_0=n_2+1$。

证明：二叉树上结点总数 $n=n_0+n_1+n_2$，二叉树上分支总数 $b=n_1+2n_2$，其中 n_1 是度为 1 的结点数。

而 $b=n-1=n_0+n_1+n_2-1$，由此，$n_0=n_2+1$。

如果一棵二叉树中所有终端结点均位于同一层次，所有非终端结点的度数均为 2，则称此二叉树为满二叉树(full binary tree)。若满二叉树的深度为 k，则其所包含的结点数必为 2^k-1。

从满二叉树的根开始，自上而下、自左向右地对每个结点编号。编号的满二叉树如图 6.13(a)所示。根的编号是 1。对于一个结点，若它是双亲的左子女，则它的编号是它的双亲编号的 2 倍；若它是双亲的右子女，则它的编号是双亲编号的 2 倍加 1。

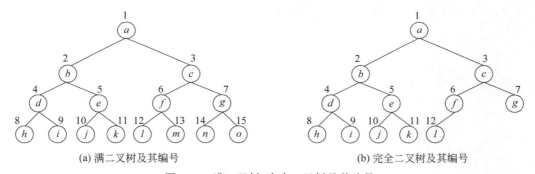

(a) 满二叉树及其编号 (b) 完全二叉树及其编号

图 6.13 满二叉树、完全二叉树及其编号

深度为 k 的满二叉树，删去第 k 层上最右边的 $j(0\leqslant j<2^k-1)$ 个结点，就得到一个深度为 k 的完全二叉树(complete binary tree)。即完全二叉树中只有最下面两层结点的度可以小于 2，且最下面一层的结点都集中在该层最左边的若干位置上。按照与满二叉树相同的方法对完全二叉树编号，如图 6.13(b)所示，可见完全二叉树中结点的编号与满二叉树相同。

性质 4 具有 n 个结点的完全二叉树，其深度为 $\lfloor\log_2 n\rfloor+1$。

说明：$\lfloor x\rfloor$ 是向下取整符号，表示不大于 x 的最大整数。$\lceil x\rceil$ 是向上取整符号，表示不小于 x 的最小整数。

证明：设完全二叉树的深度为 k，则根据性质 2 得 $2^{k-1}-1<n\leqslant 2^k-1$ 或 $2^{k-1}\leqslant n<2^k$，即 $k-1\leqslant\log_2 n<k$。

因为 k 只能是整数，所以 $k=\lfloor\log_2 n\rfloor+1$。

性质 5 对于具有 n 个结点的完全二叉树，如果按照从上到下，同一层次上的结点按从左到右的顺序对二叉树中的所有结点从 1 开始顺序编号，则对于序号为 i 的结点有

(1) 如果 $i>1$，则结点 i 的双亲是结点 $\lfloor i/2\rfloor$；如果 $i=1$，则结点 i 为二叉树的根，没有

双亲。

(2) 如果 $2i>n$，则结点 i 无左子女（此时结点 i 为终端结点）；否则，其左子女为结点 $2i$。

(3) 如果 $2i+1>n$，则结点 i 无右子女；否则，其右子女为结点 $2i+1$。

性质 5 均可根据完全二叉树的定义方便地证明，在此不再详述。性质 5 是二叉树顺序存储结构的基础。第 9 章要讨论的堆排序就是二叉树顺序存储结构的一个典型应用。

6.2.2　二叉树的存储结构

二叉树的存储结构一般有两种，即顺序存储结构和链式存储结构。

1. 顺序存储结构

二叉树顺序存储结构，使用一组连续的空间存储二叉树的数据元素和数据元素之间的关系。因此，必须将二叉树中所有的结点排成一个适当的线性序列，在这个线性序列中应采用有效的方式体现结点之间的逻辑关系。

由二叉树的性质 5 可知，对于树中任意结点 i 的双亲结点编号、左孩子结点编号和右孩子结点编号都可由公式计算得到。因此，树上编号为 i 的结点元素可以存储在一维数组中下标为 $i-1$ 的分量中。这就是二叉树的顺序存储结构。

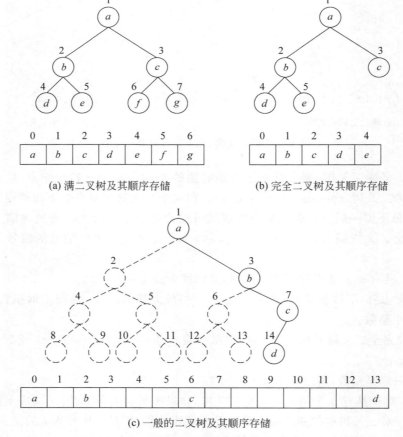

(a) 满二叉树及其顺序存储　　　　　　(b) 完全二叉树及其顺序存储

(c) 一般的二叉树及其顺序存储

图 6.14　二叉树的顺序存储示意

满二叉树和完全二叉树的一维数组存储结构如图 6.14(a)和图 6.14(b)所示,非完全二叉树即一般的二叉树的顺序存储如图 6.14(c)所示。

可见,对满二叉树和完全二叉树而言,顺序存储结构既简单又节省存储空间。对一般的二叉树而言,采用顺序存储结构易造成存储空间的浪费。特别是只有右分支的单支二叉树,空间浪费最大。一个深度为 k,且只有 k 个结点的右单支树需要 2^k-1 个存储空间。

2. 链式存储结构

用于二叉树存储的链式结构,常见的有二叉链表和三叉链表。

1) 二叉链表

二叉链表的每个结点有一个数据域 data、一个指向左孩子的 lchild 指针域和一个指向右孩子的 rchild 指针域。结点结构如图 6.15 所示。

二叉链表的结点结构定义如下。

| lchild | data | rchild |

图 6.15 二叉链表的结点结构

```
1.  template <typename T>
2.  struct BTNode {
3.      T data;                                    //数据
4.      BTNode<T> * lc, * rc;                      //左孩子、右孩子指针
5.      //默认构造函数
6.      BTNode() : lc(NULL), rc(NULL) {}
7.      //重载构造函数,直接根据数据和指针初始化
8.      BTNode(T e, BTNode<T> * _lc =NULL, BTNode<T> * _rc =NULL) :
9.          : data(e), lc(_lc), rc(_rc) {}
10. };
```

例如,图 6.16(a)中的二叉树,其二叉链表如图 6.16(b)所示。

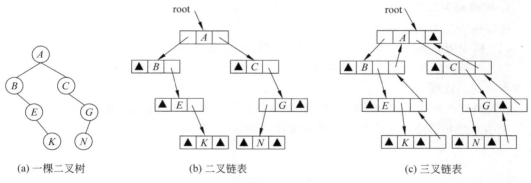

(a) 一棵二叉树   (b) 二叉链表   (c) 三叉链表

图 6.16 二叉树的链表存储示意

二叉链表存储结构的优点是结构简单,可以方便地构造任意形态的二叉树;缺点是查找结点的双亲比较麻烦。

2) 三叉链表

经常要在二叉树中寻找某结点的双亲时,可在结点结构中再加一个指向其双亲的 parent 指针域,形成一个带双亲指针的三叉链表。三叉链表的结点结构如图 6.17 所示。

对于 6.16(a)中的二叉树,其三叉链表如图 6.16(c)所示。

三叉链表的结点结构定义如下。

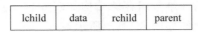

lchild	data	rchild	parent

图 6.17　三叉链表的结点结构

```
1.  template <typename T>
2.  struct BTNode
3.  {
4.      T data;                                        //数据
5.      BTNode<T> * pa, * lc, * rc;                    //父结点指针和左孩子、右孩子指针
6.      //构造函数
7.      BTNode() : pa(NULL), lc(NULL), rc(NULL) {}
8.
9.      BTNode(T e, BTNode<T> * _lc =NULL, BTNode<T> * _rc =NULL,
10.             BTNode<T> * _pa =NULL)
11.          : data(e), lc(_lc), rc(_rc), pa(_pa) {}
12. };
```

三叉链表除具有二叉链表的优点外，还方便查找结点的双亲。相对于二叉链表，三叉链表的缺点是结构更为复杂，每个结点占用的内存单元也更多一些。

6.2.3　树、森林和二叉树的转换

实际上，树的孩子兄弟表示法就是一种二叉树结构。由此，可方便地把树转换为二叉树表示形式进行计算机的存储和处理，计算机存储和处理完后，再把二叉树表示形式的树转换为树状结构表示。

1. 树转换为二叉树

树转换为二叉树的方法如下。

（1）树中所有相同双亲结点的兄弟结点之间加一条连线。

（2）对树中的每个结点，只保留它与第一个孩子结点之间的连线，删去该结点与其他孩子结点之间的连线。

（3）整理所有保留的和添加的连线，使每个结点的孩子结点连线位于左孩子指针位置，使每个结点的兄弟结点连线位于右孩子指针位置。

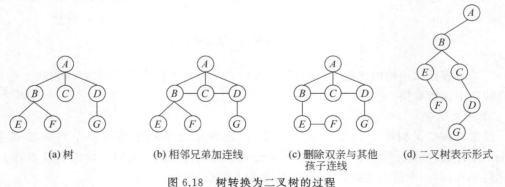

(a) 树　　　　　(b) 相邻兄弟加连线　　　(c) 删除双亲与其他　　　(d) 二叉树表示形式
　　　　　　　　　　　　　　　　　　　　　孩子连线

图 6.18　树转换为二叉树的过程

图 6.18(a)、(b)、(c)、(d)描述了树转换为二叉树表示形式的过程。

2. 二叉树还原为树

二叉树还原为树的过程是树转换成二叉树的逆过程,即将该二叉树看作树的孩子兄弟表示法。二叉树还原为树的方法如下。

(1)若二叉树为空,树也为空。

(2)否则,若某结点是其双亲的左孩子,则把该结点的右孩子、右孩子的右孩子······都与该结点的双亲用线连起来。

(3)删除原二叉树中所有双亲与右孩子的连线。

(4)整理所有保留的和添加的连线,将二叉树还原为树。

图 6.19(a)、(b)、(c)、(d)给出了一棵二叉树还原为树的过程。

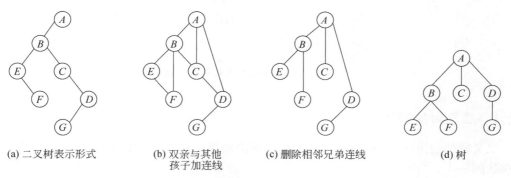

(a) 二叉树表示形式　　　　(b) 双亲与其他　　　　(c) 删除相邻兄弟连线　　　　(d) 树
　　　　　　　　　　　　　孩子加连线

图 6.19　二叉树还原为树的过程

3. 森林转换为二叉树

森林转换为二叉树的方法如下。

(1)将森林中的每棵树变为二叉树表示形式。

(2)转换所得的二叉树表示形式中,根结点的右子树均为空,故可将森林中所有树的根结点看作兄弟关系,从左至右连在一起就形成了一棵二叉树。

图 6.20 描述了包含 3 棵树的森林转换为二叉树的过程。

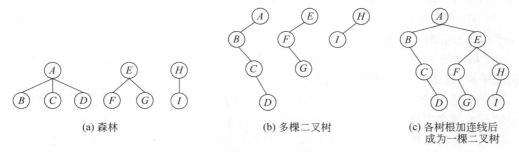

(a) 森林　　　　　　　　　　(b) 多棵二叉树　　　　　　　　(c) 各树根加连线后
　　　　　　　　　　　　　　　　　　　　　　　　　　　　　成为一棵二叉树

图 6.20　森林转换为二叉树的过程

4. 二叉树还原为森林

这个过程是森林转换成二叉树的逆过程,即将二叉树看作森林的孩子兄弟表示法。二叉树表示形式转换为森林的具体方法如下。

（1）若二叉树为空,森林也为空。

（2）否则,由二叉树的根结点开始,沿右指针向下走,直到为空,途经的结点数是相应森林所含树的棵数。

（3）把森林中的每棵树转换成二叉树。

（4）整理所有保留的和添加的连线,将二叉树还原为森林。

图 6.21 描述了二叉树(见图 6.21(a))还原为森林的过程,图 6.21(d)为还原后的森林。

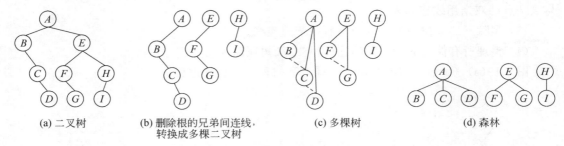

(a) 二叉树　　　　　(b) 删除根的兄弟间连线,　　　(c) 多棵树　　　　　(d) 森林
　　　　　　　　　　　　转换成多棵二叉树

图 6.21　二叉树还原为森林的过程

6.2.4　二叉树的遍历

二叉树的遍历(traversal)是指沿某条搜索路径周游二叉树,对树中每个结点访问一次且仅访问一次。"访问"的含义很广,计算二叉树的深度、计算二叉树的叶子结点数、在二叉树中查找元素、分层显示二叉树结点数据域值等操作都要遍历二叉树。

二叉树是非线性结构,每个结点有两个后继。存在如何遍历即按什么样的搜索路径遍历的问题。从二叉树的递归定义可知,二叉树是由 3 个基本单元组成:根结点、左子树和右子树。若能依次遍历这 3 部分,便是遍历了整棵二叉树。假如以 L、D 和 R 分别表示遍历左子树、访问根结点和遍历右子树,则有 DLR、LDR、LRD、DRL、RDL、RLD 6 种遍历二叉树的方案。若限定先左后右,则只有前 3 种情况,分别称为前序遍历、中序遍历和后序遍历。

（1）前序遍历(preorder traversal):又称先序遍历,指若二叉树为空,则空操作;否则,执行下列步骤:访问根结点、遍历左子树、遍历右子树。

（2）中序遍历(inorder traversal):指若二叉树为空,则空操作;否则,执行下列步骤:遍历左子树、访问根结点、遍历右子树。

（3）后序遍历(postorder traversal):指若二叉树为空,则空操作;否则,执行下列步骤:遍历左子树、遍历右子树、访问根结点。

综上所述,遍历二叉树是以一定规则将二叉树中的结点排列成一个线性序列,得到二叉树中结点的前序序列、中序序列或后序序列。这实质上是对一个非线性结构进行线性化。

一棵二叉树虽然不能像单链表那样,除根结点和最后一个结点外每个结点都有一个唯一的直接前趋结点和唯一的直接后继结点,但当一棵二叉树用一种特定的遍历方法来遍历时,其遍历序列一定是唯一的。

例如,对图 6.22 中两棵二叉树分别进行前序遍历、中序遍历和后序遍历。二叉树 M 的前序遍历序列为 $ABDEKCFN$,中序遍历序列为 $DBEKACNF$,后序遍历序列为 $DKEBNFCA$;二叉树 T 的前序遍历序列为 $ABDEKCFN$,中序遍历序列为

BEDKAFCN，后序遍历序列为 *EKDBFNCA*。

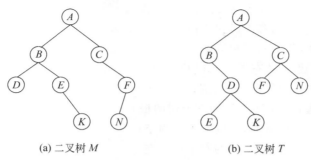

(a) 二叉树 *M*　　　　　　　　　　(b) 二叉树 *T*

图 6.22　两个不同形态的二叉树

图 6.22 中，二叉树 *M* 和二叉树 *T* 的前序遍历序列是相同的，但它们是两棵不同的二叉树。这是因为二叉树是非线性结构，每个结点会有零个、一个或两个孩子结点，所以一个二叉树的遍历序列不能决定一棵二叉树。但是，某些不同的遍历序列可以唯一地确定一棵二叉树。可以证明，给定一棵二叉树的前序遍历序列和中序遍历序列，或者后序遍历序列和中序遍历序列，都可以唯一地确定一棵二叉树。

6.3　二叉树算法实现

6.3.1　二叉树的建立

1. 算法功能

用递归方法建立、删除二叉树。

2. 算法思路

使用二叉链表存储结构，用根字符序列和左右子树的字符序列表示。按前序次序输入二叉树中的值（一个字符），空格字符表示空树。该算法是一递归算法，递归包括以下三要素。

（1）遇到空格时，是空树。

（2）若不是空格，创建根。

（3）建立根的左子树和右子树。

如果要析构创建好的二叉树，只需要按照和创建相反的顺序，从根结点开始递归地删除结点就可以了。

（1）遇到非空根结点，删除左子树、右子树和根结点。

（2）如果根结点为空，该根结点的二叉树已删除完毕，返回。

为了简化算法的实现，在这里采用相对简单的二叉链表的存储结构来存储树。

3. 实例描述

例如，某二叉树的前序遍历序列为 *ABC*♯♯♯*D*♯*E*♯♯，其中♯代表结点为空。建立二叉树的过程如下。

遇到 *A*，创建根 *A*；

　　遇到 *B*，创建 *A* 的左子树的根 *B*；

遇到 C,创建 B 的左子树的根 C;

遇到 ♯,C 的左子树为空;

遇到 ♯,C 的右子树为空;

遇到 ♯,B 的右子树为空;

遇到 D,创建 A 的右子树的根 D;

遇到 ♯,D 的左子树为空;

遇到 E,创建 D 的右子树的根 E;

遇到 ♯,E 的左子树为空;

遇到 ♯,E 的右子树为空。

最终创建的二叉树如图 6.23 所示。

相应地,删除二叉树的过程如下。

遇到 A,访问 A 的左子树 B;

遇到 B,访问 B 的左子树 C;

遇到 C,C 的左、右子树为空,删除 C;

遇到 B,B 的左、右子树为空,删除 B;

遇到 A,访问 A 的右子树 D;

遇到 D,D 的左子树为空,访问 D 的右子树 E;

遇到 E,E 的左、右子树为空,删除 E;

遇到 D,D 的左、右子树为空,删除 D;

遇到 A,A 的左右子树为空,删除 A。

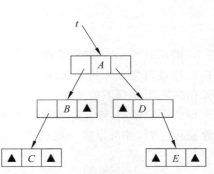

图 6.23　二叉树建立过程

4. 参考程序

二叉链表实现的二叉树的结点和类定义如下。

```cpp
1.    #ifndef _BTREE_H_
2.    #define _BTREE_H_
3.
4.    #include <iostream>
5.
6.    template <typename T>
7.    struct BTNode
8.    {
9.        T data;                                    //数据
10.       BTNode<T> * lc, * rc;                      //左孩子、右孩子指针
11.       //构造函数
12.       BTNode() : lc(NULL), rc(NULL) {}
13.
14.       BTNode(T e, BTNode<T> * _lc =NULL, BTNode<T> * _rc =NULL)
15.           : data(e), lc(_lc), rc(_rc) {}
16.   };
17.
18.   template <typename T>
19.   class BTree
```

```
20.    {
21.    protected:
22.        BTNode<T> * root;
23.
24.        //对于二叉树中的一个结点的创建,'#'为空
25.        BTNode<T> * insert()
26.        {
27.            T c;
28.            std::cin >>c;
29.            if (c =='#')   return NULL;
30.            BTNode<T> * t =new BTNode<T>(c, insert(), insert());
31.            return t;
32.        }
33.
34.        //递归进行空间释放(后序遍历)
35.        void remove(BTNode<T> * t)
36.        {
37.            if (t ==NULL)   return;
38.            remove(t->lc);
39.            remove(t->rc);
40.            delete t;
41.        }
42.
43.    public:
44.        BTree() { root =NULL; }
45.        BTree(BTNode<T> * t) { root =t; }
46.        ~BTree() { remove(root); }
47.
48.        //递归创建二叉树(前序遍历)
49.        void create() { root =insert(); }
50.    };
51.    #endif
```

定义文件中的主程序如下。

```
1.    #include "BTree.h"
2.    #include <iostream>
3.    using namespace std;
4.
5.    int main()
6.    {
7.        BTree<char>T;
8.        cout <<"请按前序输入二叉树数据('#'代表结点为空):\n";
9.        T.create();
10.   }
```

5. 运行结果

以前序次序 $ABC\sharp\sharp\sharp D\sharp E\sharp\sharp$ 建立二叉树，如图 6.24 所示。

```
请按前序输入二叉树数据（'#'代表结点为空）：
ABC###D#E##
```

图 6.24　二叉树创建算法演示

6.3.2　递归的二叉树前序遍历、中序遍历、后序遍历

1. 算法功能

用递归方法实现二叉树的前序遍历、中序遍历、后序遍历。

2. 算法思路

1）前序遍历

若二叉树为空，则空操作；

否则，先访问根；

　　　　再前序遍历左子树；

　　　　最后前序遍历右子树。

2）中序遍历

若二叉树为空，则空操作；

否则，先中序序遍历左子树；

　　　　然后访问根结点；

　　　　最后中序遍历右子树。

3）后序遍历

若二叉树为空，则空操作；

否则，先后序遍历左子树；

　　　　然后后序遍历右子树；

　　　　最后访问根结点。

递归实现的 3 种遍历方法思路非常相似，最大的差异只体现在访问根结点、左、右子树的顺序上，因此它们的实现也非常相似。

3. 实例描述

图 6.25 中二叉树的前序遍历序列为 $ABDEHJCFIG$。

图 6.26 中二叉树的中序遍历序列为 $DBHJEAFICG$。

图 6.27 中二叉树的后序遍历序列为 $DJHEBIFGCA$。

4. 参考程序

类中相关的函数如下。

```
1.    protected:
2.        //访问结点时进行的操作，此处仅作输出
3.        //设计为虚函数，子类重写就能不必重写遍历函数
4.        virtual void visit(BTNode<T> * t)
5.        {
```

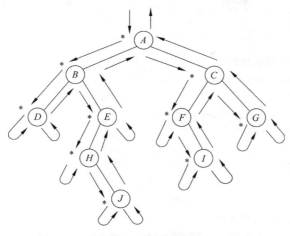

图 6.25　递归的二叉树前序遍历过程示例

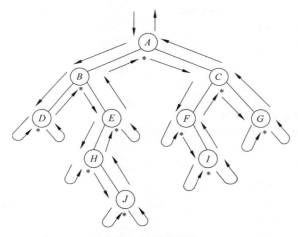

图 6.26　递归的二叉树中序遍历过程示例

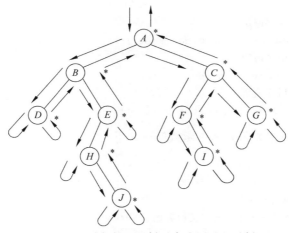

图 6.27　递归的二叉树后序遍历过程示例

```
6.          std::cout <<t->data <<' ';
7.       }
8.

9.       //前序遍历的递归函数
10.      void preOrder(BTNode<T> * t)
11.      {
12.          if (t ==NULL)   return;
13.          visit(t);
14.          preOrder(t->lc);
15.          preOrder(t->rc);
16.      }
17.

18.      //中序遍历的递归函数
19.      void inOrder(BTNode<T> * t)
20.      {
21.          if (t ==NULL)   return;
22.          inOrder(t->lc);
23.          visit(t);
24.          inOrder(t->rc);
25.      }
26.

27.      //后序遍历的递归函数
28.      void postOrder(BTNode<T> * t)
29.      {
30.          if (t ==NULL)   return;
31.          postOrder(t->lc);
32.          postOrder(t->rc);
33.          visit(t);
34.      }
35.

36.  public:
37.      //递归的前序遍历
38.      void preOrder() { preOrder(root); }
39.      //递归的中序遍历
40.      void inOrder() { inOrder(root); }
41.      //递归的后序遍历
42.      void postOrder() { postOrder(root); }
```

定义文件中增添的相关函数和主函数修改如下。

```
1.   int main()
2.   {
3.       BTree<char>T;
4.       cout <<"请按前序输入二叉树数据('#'代表结点为空):\n";
5.       T.create();
6.
```

```
7.        cout <<"\n 该二叉树前序遍历的结果为:\n";
8.        T.preOrder();
9.        cout <<"\n 该二叉树中序遍历的结果为:\n";
10.       T.inOrder();
11.       cout <<"\n 该二叉树后序遍历的结果为:\n";
12.       T.postOrder();
13.       cout <<endl;
14.
15.       system("pause");
16.       return 0;
17.   }
```

5. 运行结果

建立二叉树,并以递归方法对其进行前序遍历、中序遍历、后序遍历,如图 6.28 所示。

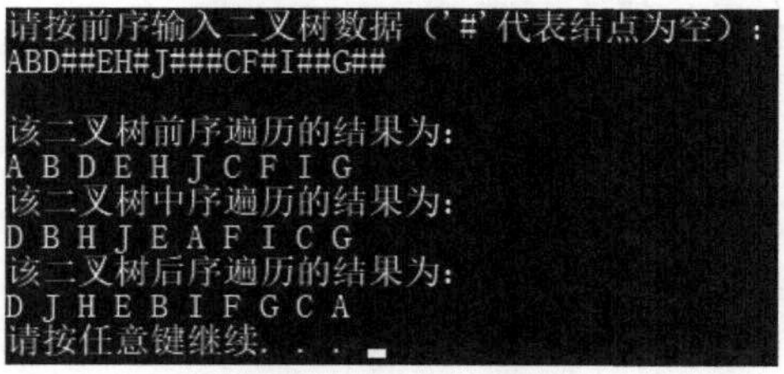

图 6.28　递归的二叉树前序遍历、中序遍历、后序遍历算法演示

6.3.3　非递归的二叉树前序遍历

1. 算法功能

用非递归方法实现二叉树的前序遍历。

2. 算法思路

对于非递归算法,引入栈模拟递归工作栈,初始时栈为空。问题是如何用栈来保存信息,使得在前序遍历结点 t 的左子树后,能利用栈顶信息获取结点 t 的右子树的根指针。方法是访问 $t->$data 后,将 t 入栈,遍历左子树;遍历完左子树返回时,栈顶元素应为 t,出栈,再前序遍历 t 的右子树。具体操作过程如下。

① 建立栈 stack,初始时栈为空。

② t 指向根。

③ 当 t 不空或 stack 不空时,反复做:

　　若 t 不空,访问 $t->$data 后,将 t 入栈;

　　　　　t 指向其左子女;

　　否则,栈顶元素出栈;

　　　　　t 指向其右子女。

④ 结束。

3. 实例描述

例如,对图 6.29 中的二叉树非递归前序遍历,栈中元素的变化过程如下。

访问 A，A 进栈，t 指向 B 　栈中元素 A

访问 B，B 进栈，t 指向 D 　栈中元素 AB

访问 D，D 进栈，t 为空 　　栈中元素 ABD

　　　　D 出栈，t 为空 　　栈中元素 AB

　　　　B 出栈，t 指向 E 　栈中元素 A

访问 E，E 进栈，t 指向 H 　栈中元素 AE

访问 H，H 进栈，t 为空 　　栈中元素 AEH

　　　　H 出栈，t 指向 J 　栈中元素 AE

访问 J，J 进栈，t 为空 　　栈中元素 AEJ

　　　　J 出栈，t 为空 　　栈中元素 AE

　　　　E 出栈，t 为空 　　栈中元素 A

　　　　A 出栈，t 指向 C 　栈为空

访问 C，C 进栈，t 指向 F 　栈中元素 C

访问 F，F 进栈，t 为空 　　栈中元素 CF

　　　　F 出栈，t 指向 I 　栈中元素 C

访问 I，I 进栈，t 为空 　　栈中元素 CI

　　　　I 出栈，t 为空 　　栈中元素 C

　　　　C 出栈，t 指向 G 　栈为空

访问 G，G 进栈，t 为空 　　栈中元素 G

　　　　G 出栈，t 为空 　　栈为空

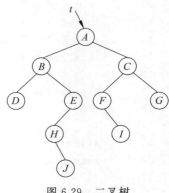

图 6.29　二叉树

4. 参考程序

在引入 Stack.h 头文件后，类中相关的函数如下。

```
1.    #include "../Stack/Stack.h"
2.
3.    public:
4.        //非递归的前序遍历
5.        void preOrder_iter()
6.        {
7.            BTNode<T> * t =root;
8.            Stack<BTNode<T> *>s;
9.            while (t || !s.empty())
10.           {
11.               while (t)
12.               {
13.                   visit(t);
14.                   s.push(t);
15.                   t =t->lc;
16.               }
17.               if (s.top())
18.               {
19.                   t =s.pop();
```

```
20.                    t =t->rc;
21.                }
22.            }
23.        }
```

定义文件中的主函数修改如下。

```
1.    int main()
2.    {
3.        BTree<char>T;
4.        cout <<"请按前序输入二叉树数据('#'代表结点为空):\n";
5.        T.create();
6.        cout <<"\n该二叉树非递归的前序遍历的结果为:\n";
7.        T.preOrder_iter();
8.        cout <<endl;
9.        system("pause");
10.       return 0;
11.   }
```

5. 运行结果

建立一棵二叉树,并以非递归方法对其进行前序遍历,如图 6.30 所示。

图 6.30　二叉树前序遍历的非递归算法演示

6.3.4　非递归的二叉树中序遍历

1. 算法功能

用非递归方法实现二叉树中序遍历。

2. 算法思路

引入栈模拟递归工作栈,初始时栈为空。t 是要遍历树的根指针,中序遍历要求在遍历完左子树后,访问根,再遍历右子树。问题是如何用栈来保存信息,使得在中序遍历过左子树后,能利用栈顶信息获取 t 指针。方法是先将 t 入栈,遍历左子树;遍历完左子树返回时,栈顶元素应为 t,出栈,访问 $t->$data,再中序遍历 t 的右子树。具体过程如下。

① 建立栈 stack。

② t 指向根。

③ 当 t 空或 stack 不空时,反复做:

　　若 t 不空,t 入栈;

　　　　　　t 指向其左子女;

　　否则,栈顶元素 t 出栈;

　　　　　　访问 $t->$data;

　　　　　t 指向其右子女。

④ 结束。

3. 实例描述

对图 6.29 中的二叉树进行非递归的中序遍历。

栈中元素的变化过程如下。

t 指向 A , A 进栈	栈中元素 A
t 指向 B , B 进栈	栈中元素 AB
t 指向 D , D 进栈	栈中元素 ABD
t 为空, D 出栈,访问 D	栈中元素 AB
t 为空, B 出栈,访问 B	栈中元素 A
t 指向 E , E 进栈	栈中元素 AE
t 指向 H , H 进栈	栈中元素 AEH
t 为空, H 出栈,访问 H	栈中元素 AE
t 指向 J , J 进栈	栈中元素 AEJ
t 为空, J 出栈,访问 J	栈中元素 AE
t 为空, E 出栈,访问 E	栈中元素 A
t 为空, A 出栈,访问 A	栈为空
t 指向 C , C 进栈	栈中元素 C
t 指向 F , F 进栈	栈中元素 CF
t 为空, F 出栈,访问 F	栈中元素 C
t 指向 I , I 进栈	栈中元素 CI
t 为空, I 出栈,访问 I	栈中元素 C
t 为空, C 出栈,访问 C	栈为空
t 指向 G , G 进栈	栈中元素 G
t 为空, G 出栈,访问 G	栈为空

4. 参考程序

类中相关的函数如下。

```
1.    public:
2.        //非递归的中序遍历
3.        void inOrder_iter() {
4.            BTNode<T> * t = root;
5.            Stack <BTNode<T> * >s;
6.            while (t || !s.empty()) {
7.                while (t) {
8.                    s.push(t);
9.                    t = t->lc;
10.               }
11.               if (s.top()) {
12.                   t = s.pop();
13.                   visit(t);
```

```
14.                    t =t->rc;
15.               }
16.          }
17.     }
```

定义文件中的主函数修改如下。

```
1.    int main()
2.    {
3.        BTree<char>T;
4.        cout <<"请按前序输入二叉树数据('#'代表结点为空):\n";
5.        T.create();
6.        cout <<"\n 该二叉树非递归的中序遍历的结果为:\n";
7.        T.inOrder_iter();
8.        cout <<endl;
9.
10.       system("pause");
11.       return 0;
12.   }
```

5. 运行结果

建立二叉树,并以非递归方法对其进行中序遍历,如图 6.31 所示。

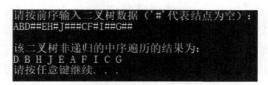

图 6.31　非递归的二叉树中序遍历算法演示

6.3.5　非递归的二叉树后序遍历

1. 算法功能

用非递归方法实现二叉树的后序遍历。

2. 算法思路

t 是要遍历树的根指针,后序遍历要求在遍历完左右子树后,再访问根。需要判断根结点的左右子树是否均遍历过。可采用标记法,结点入栈时,配一个标志 flag 一同入栈。flag=false 表示遍历左子树前的现场保护,flag=true 表示遍历右子树前的现场保护。首先将 *t* 和 flag=false 入栈,遍历左子树;返回后,修改栈顶 flag 为 true,遍历右子树;最后访问根结点。具体过程如下。

① 建立栈 stack。

② *t* 指向根。

③ 当 *t* 不空或 stack 不空时,反复做:

若 t 不空,(*t*,false)入栈;

　　　　t 指向其左子女;

否则，若栈顶 flag＝true：t 指向栈顶元素访问 $t->$data；

　　　　　　　　　出栈；

　　否则，改栈顶 flag 为 true；

　　　　　　t 指向其右子女。

④ 结束。

为了给结点配一个标志 flag，需要新定义一个结构体将结点和标志打包起来。

3. 实例描述

对图 6.29 的二叉树进行非递归的后序遍历，栈中元素的变化过程如下。

t 指向 A，$(A,×)$进栈	栈中元素$(A,×)$
t 指向 B，$(B,×)$进栈	栈中元素$(A,×)(B,×)$
t 指向 D，$(D,×)$进栈	栈中元素$(A,×)(B,×)(D,×)$
t 为空，改栈顶 flag 为√	栈中元素$(A,×)(B,×)(D,√)$
t 为空，访问 D，出栈	栈中元素$(A,×)(B,×)$
改栈顶 flag 为√	栈中元素$(A,×)(B,√)$
t 指向 E，$(E,×)$进栈	栈中元素$(A,×)(B,√)(E,×)$
t 指向 H，$(H,×)$进栈	栈中元素$(A,×)(B,√)(E,×)(H,×)$
t 为空，改栈顶 flag 为√	栈中元素$(A,×)(B,√)(E,×)(H,√)$
t 指向 J，$(J,×)$进栈	栈中元素$(A,×)(B,√)(E,×)(H,√)(J,×)$
t 为空，改栈顶 flag 为√	栈中元素$(A,×)(B,√)(E,×)(H,√)(J,√)$
t 为空，访问 J，出栈	栈中元素$(A,×)(B,√)(E,×)(H,√)$
栈顶 flag 为√，访问 H，出栈	栈中元素$(A,×)(B,√)(E,×)$
改栈顶 flag 为√	栈中元素$(A,×)(B,√)(E,√)$
栈顶 flag 为√，访问 E，出栈	栈中元素$(A,×)(B,√)$
栈顶 flag 为√，访问 B，出栈	栈中元素$(A,×)$
改栈顶 flag 为√	栈中元素$(A,√)$
t 指向 C，$(C,×)$进栈	栈中元素$(A,√)(C,×)$
t 指向 F，$(F,×)$进栈	栈中元素$(A,√)(C,×)(F,×)$
t 为空，改栈顶 flag 为√	栈中元素$(A,√)(C,×)(F,√)$
t 指向 I，$(I,×)$进栈	栈中元素$(A,√)(C,×)(F,√)(I,×)$
t 为空，改栈顶 flag 为√	栈中元素$(A,√)(C,×)(F,√)(I,√)$
t 为空，访问 I，出栈	栈中元素$(A,√)(C,×)(F,√)$
栈顶 flag 为√，访问 F，出栈	栈中元素$(A,√)(C,×)$
改栈顶 flag 为√	栈中元素$(A,√)(C,√)$
t 指向 G，$(G,×)$进栈	栈中元素$(A,√)(C,√)(G,×)$
t 为空，改栈顶 flag 为√	栈中元素$(A,√)(C,√)(G,√)$
t 为空，访问 G，出栈	栈中元素$(A,√)(C,√)$
栈顶 flag 为√，访问 C，出栈	栈中元素$(A,√)$
栈顶 flag 为√，访问 A，出栈	栈为空

4. 参考程序

头文件中添加的结构体和类中相关的函数如下。

```
1.    public:
2.        //非递归的后序遍历
3.        void postOrder_iter()
4.        {
5.            //栈中结构体,指向结点并记录能否出栈
6.            struct SNode
7.            {
8.                BTNode<T> * node;
9.                bool flag;
10.               SNode(BTNode<T> * t =NULL) : node(t), flag(false){}
11.           };
12.
13.           BTNode<T> * t =root;
14.           Stack< SNode * >s;
15.           while (t || !s.empty())
16.           {
17.               while (t)
18.               {
19.                   s.push(new SNode(t));
20.                   t =t->lc;
21.               }
22.               //检查栈顶元素是否能出栈,只有第三次访问才能出栈
23.               while (!s.empty() && s.top()->flag)
24.               {
25.                   t =s.top()->node;
26.                   visit(t);
27.                   s.pop();
28.               }
29.               //非空代表栈顶元素第二次被访问完后,下一次可以出栈
30.               if (!s.empty())
31.               {
32.                   s.top()->flag =true;
33.                   t =s.top()->node;
34.                   t =t->rc;
35.               }
36.               else
37.                   t =NULL;
38.           }
39.       }
```

定义文件中的主函数修改如下。

```
1.    int main()
2.    {
3.        BTree<char>T;
```

```
4.        cout <<"请按前序输入二叉树数据('#'代表结点为空):\n";
5.        T.create();
6.        cout <<"\n 该二叉树非递归的后序遍历的结果为:\n";
7.        T.postOrder_iter();
8.        cout <<endl;
9.
10.       system("pause");
11.       return 0;
12.   }
```

5. 运行结果

建立一棵二叉树，并用非递归方法对其进行后序遍历，如图 6.32 所示。

图 6.32　非递归的二叉树后序遍历算法演示

以上为二叉树的功能介绍及实现。二叉树最终的头文件结构如图 6.33 所示。

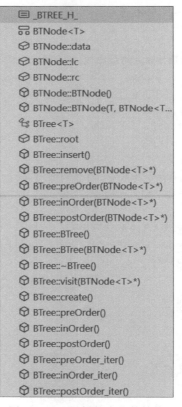

图 6.33　二叉树的头文件结构

6.4 哈夫曼树及其应用

在数据通信中,经常需要将传送的文字转换为二进制字符串,称这个过程为编码。例如,要传送的电文为 $ADBDACBDCDCDCCBDDDD$,该电文中只有 4 种字符:A、B、C、D,出现的次数分别为 2、3、5、9 次。若采用如下编码方案:A:00,B:01,C:10,D:11,则电文的代码长度为 38。这种编码方案中,每个字符的编码长度均为 2,是一种等长编码。如果编码时考虑字符在要传送的电文中出现的次数,让出现次数较高的字符采用较短的编码,构造一种不等长编码,则可使要传送的电文的代码长度最短。例如,当对上述电文采用如下编码方案:A:00,B:01,C:0,D:1,则该电文可转换成长度为 24 的字符串。但是,这样的电文无法解码。

因此,构造不等长编码时,任一字符的编码都不能是另一字符的编码的前缀,即前缀编码。本节要介绍一种最优前缀编码。这样的编码方式是由美国数学家 David Huffman 创立的,故称为哈夫曼编码。哈夫曼编码是一种应用广泛且非常有效的数据压缩技术。该技术一般可将数据文件压缩掉 20%～90%,其压缩效率取决于被压缩文件的特征。

6.4.1 哈夫曼树与哈夫曼编码

从树中一个结点到另一个结点之间的分支构成这两个结点之间的路径。路径上的分支数目称为路径长度。树的路径长度是从树根到每一个结点的路径长度之和。

如果二叉树中的叶结点都带有权值,则可以把这个定义加以推广。设二叉树有 n 个带权值的叶结点,定义从二叉树的根结点到二叉树中所有叶结点的路径长度与相应叶结点权值的乘积之和为该二叉树的带权路径长度(WPL),通常记作

$$\text{WPL} = \sum_{k=1}^{n} w_k l_k$$

其中,w_k 为第 k 个叶结点的权值,l_k 为从根结点到第 k 个叶结点的路径长度。

给定一组具有确定权值的叶结点,可以构造出多个具有不同带权路径长度的二叉树。例如,给定 4 个叶结点 a、b、c、d,设其权值分别为 2、3、5、9,可以构造出形态不同的二叉树,如图 6.34 所示。

下面是这 4 棵二叉树的带权路径长度。

对于图 6.34(a)中的二叉树,WPL$=2×2+3×2+5×2+9×2=38$。

对于图 6.34(b)中的二叉树,WPL$=2×2+3×3+5×3+9×1=37$。

对于图 6.34(c)中的二叉树,WPL$=9×3+5×3+3×2+2×1=50$。

对于图 6.34(d)中的二叉树,WPL$=2×3+3×3+5×2+9×1=34$。

可见,对于一组具有确定权值的叶结点,可以构造出多个具有不同带权路径长度的二叉树。其中,带权路径长度最小的二叉树称为最优二叉树,又称哈夫曼树。可以证明,图 6.34(d)的二叉树是一棵哈夫曼树。

若规定哈夫曼树中的左分支为 0,右分支为 1,将从根到叶结点的路径上的标号依次相连,作为该叶结点所表示字符的编码。树中没有一个叶结点是另一个叶结点的祖先,每个叶结点对应的编码就不可能是其他叶结点编码的前缀。也就是说,上述编码是二进制的最优

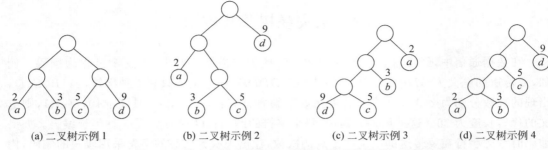

(a) 二叉树示例 1　　(b) 二叉树示例 2　　(c) 二叉树示例 3　　(d) 二叉树示例 4

图 6.34　具有相同叶结点和不同带权路径长度的二叉树

前缀码（也称哈夫曼编码）。

6.4.2　哈夫曼算法实现

1. 算法功能

根据字符的权值构造哈夫曼树，并求得每个字符的哈夫曼编码。

2. 算法思路

1）构造哈夫曼树

构造哈夫曼树时，要求能方便地从双亲结点到达左右孩子结点；进行哈夫曼编码时，又要能方便地从孩子结点到达双亲结点。所以，将哈夫曼树的结点结构构造为双亲孩子结构。此外，每个结点也要储存对应的字符（char）与权值域（weight），以及对应的哈夫曼编码（code）。哈夫曼树的结点结构如图 6.35 所示。很明显这属于三叉链表，哈夫曼树自然也是一棵二叉树，应该可以利用 C++ 面向对象的特性直接继承上面实现的二叉树类，但由于本书中的二叉树是用二叉链表实现的，所以三叉链表的哈夫曼树无法直接继承 BTree，故此处独立声明类实现哈夫曼树的功能。

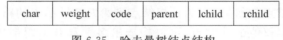

| char | weight | code | parent | lchild | rchild |

图 6.35　哈夫曼树结点结构

要使一棵二叉树的带权路径长度 WPL 最小，必须使权值越大的叶结点越靠近根结点。根据给定的 n 个权值$\{w_1, w_2, \cdots, w_n\}$，构造哈夫曼树的算法思想如下。

（1）由给定的 n 个权值$\{w_1, w_2, \cdots, w_n\}$构造 n 棵只有根结点的二叉树，从而得到一个二叉树森林 $F = \{T_1, T_2, \cdots, T_n\}$。

（2）在 F 中选取根结点的权值最小和次小的两棵树分别作为左、右子树构造一棵新的二叉树，新的二叉树的根结点的权值为左、右子树根结点的权值之和。

（3）在 F 中删除这两棵树，并将新的二叉树加入到 F 中。

（4）重复步骤（2）和（3），直到 F 中只剩下一棵树为止。这棵树就是哈夫曼树。

2）由哈夫曼树求叶结点的哈夫曼编码

给定字符集的哈夫曼树生成后，求哈夫曼编码的具体实现过程是：从根结点出发，利用递归函数进行前序遍历整个哈夫曼树，遍历左孩子时生成代码 0，遍历右孩子时生成代码 1。

哈夫曼森林的实现用到了第 2 章的双向链表（DuList）进行最小权重哈夫曼树的查找以

及将其快速删除。哈夫曼编码结果以字符串的形式储存,用到了第4章中的 String 类。此处主要利用 String 类中的串联结函数(contact())来复制每个结点的父结点编码,以及插入字符函数(insert())来插入当前代码0或1。

3. 实例描述

对于一组给定的字符 a、b、c、d,设它们的权值分别为 7、5、2、4,构造哈夫曼树的过程如图 6.36 所示。

构造出的哈夫曼树中,默认左孩子的权重值小于右孩子,按照左分支为 0、右分支为 1 的规则构造哈夫曼编码,如图 6.37 所示。

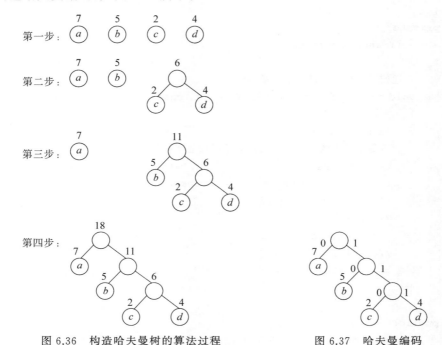

图 6.36 构造哈夫曼树的算法过程   图 6.37 哈夫曼编码

权值为 7 的字符 a 的编码为 0,权值为 5 的字符 b 的编码为 10,权值为 2 的字符 c 的编码为 110,权值为 4 的字符 d 的编码为 111。总的编码长度为 35。

4. 参考程序

包含哈夫曼树结点和哈夫曼树类定义的头文件如下。

```
1.    #ifndef _HUFFMANTREE_H_
2.    #define _HUFFMANTREE_H_
3.
4.    #include "../String/String.h"
5.
6.    struct HuffmanNode
7.    {
8.        char ch;                        //带编码的字符
9.        int w;                          //权重
10.       String * code;                  //哈夫曼编码
```

```
11.        HuffmanNode * pa, * lc, * rc;                    //父结点和左孩子、右孩子结点
12.        //构造函数
13.        HuffmanNode(char c, int i =0)                    //以字符和权重构造初始结点
14.             : ch(c), w(i), pa(NULL), lc(NULL), rc(NULL) {}
15.        HuffmanNode(int i, HuffmanNode * l, HuffmanNode * r)
16.             : w(i), pa(NULL), lc(l), rc(r) {}           //以权重和左孩子、右孩子构造子树结点
17.    };
18.
19.    class HuffmanTree
20.    {
21.    private:
22.        HuffmanNode * root;
23.
24.        //递归对每个结点进行哈夫曼编码
25.        void generateCodes(HuffmanNode * t, char c)
26.        {
27.            if (!t) return;
28.            //每个结点的编码为父结点的编码加上字符 c
29.            t->code =new String();
30.            t->code->contact(* t->pa->code);
31.            t->code->insert(c);
32.            //左孩子则编码 0
33.            generateCodes(t->lc, '0');
34.            //右孩子则编码 1
35.            generateCodes(t->rc, '1');
36.        }
37.
38.    public:
39.        HuffmanTree() { root =NULL; }
40.        //以一个结点生成哈夫曼树
41.        HuffmanTree(HuffmanNode * t) { root =t; }
42.        //以两个哈夫曼树的根结点作为左孩子、右孩子生成新的哈夫曼树
43.        HuffmanTree(HuffmanTree a, HuffmanTree b)
44.        {
45.            this->root =new HuffmanNode(a.weight() +b.weight(),
46.                                 a.root, b.root);
47.            a.root->pa =this->root;
48.            b.root->pa =this->root;
49.        }
50.
51.        //返回根结点的权重即哈夫曼树的总权重
52.        int weight() const { return root->w; }
53.
54.        //根据当前哈夫曼树生成每个结点的编码
55.        void generateCodes()
```

```
56.        {
57.            root->code =new String();
58.            generateCodes(root->lc, '0');
59.            generateCodes(root->rc, '1');
60.        }
61. };
62.
63. #endif
```

定义文件中的函数和主程序如下。

```
1.  #include "../List/DuList.h"
2.  #include "../Vector/Vector.h"
3.  #include "HuffmanTree.h"
4.  #include <iostream>
5.  using namespace std;
6.
7.  //初始化哈夫曼结点
8.  Vector<HuffmanNode * >initHuffchar()
9.  {
10.     Vector<HuffmanNode * >v;
11.     char c;
12.     int w;
13.
14.     cout <<"请输入结点字符及其权重,以 Ctrl+Z 结束:\n";
15.     while (cin >>c >>w)    v.insert(new HuffmanNode(c, w));
16.     cin.clear();                                //更改 cin 的状态标识符
17.     rewind(stdin);                              //清空输入缓存区
18.
19.     cout <<"\n-------------------------------------------\n";
20.     cout <<"输入的哈夫曼结点为:\n";
21.     cout <<"字符:";
22.     for (int i =0; i <v.size(); i++) printf("%4c", v[i]->ch);
23.     cout <<"\n 权重:";
24.     for (int i =0; i <v.size(); i++) printf("%4d", v[i]->w);
25.     return v;
26. }
27.
28. //以初始哈夫曼结点生成初始哈夫曼森林
29. DuList<HuffmanTree>getForests(Vector<HuffmanNode * >&v)
30. {
31.     DuList<HuffmanTree>f;
32.     for (int i =0; i <v.size(); i++)
33.         f.insert_last(HuffmanTree(v[i]));
34.     return f;
```

```
35.    }
36.
37.    HuffmanTree getMinTree(DuList<HuffmanTree> &forests)
38.    {
39.        DuLNode<HuffmanTree> * p =forests.first();
40.        DuLNode<HuffmanTree> * min =p;
41.        while (p->prior !=forests.last())
42.        {
43.            if (min->data.weight() >p->data.weight())
44.                min =p;
45.            p =p->next;
46.        }
47.        return forests.remove(min);
48.    }
49.
50.    HuffmanTree getTree(DuList<HuffmanTree> &forests)
51.    {
52.        cout <<"\n---------------------------------------------\n";
53.        cout <<"哈夫曼树的构造过程如下:\n\n";
54.        while (forests.size() >1)
55.        {
56.            HuffmanTree t1 =getMinTree(forests);
57.            HuffmanTree t2 =getMinTree(forests);
58.            HuffmanTree * newTree =new HuffmanTree(t1, t2);
59.            forests.insert_last(* newTree);
60.
61.            cout <<"选择出的两个点的权重分别为:"
62.                <<t1.weight() <<'\t' <<t2.weight() <<endl;
63.            cout <<"合并后当前集合共有"
64.                <<forests.size() <<"个结点,\n 权重分别为:";
65.
66.            for (DuLNode<HuffmanTree> * p =forests.first();
67.                p->prior !=forests.last(); p =p->next)
68.                cout <<p->data.weight() <<' ';
69.            cout <<endl;
70.        }
71.        return forests.first()->data;
72.    }
73.
74.    void printCodes(Vector<HuffmanNode * > &v)
75.    {
76.        cout <<"---------------------------------------------\n";
77.        cout <<"哈夫曼编码结果如下:\n";
78.        cout <<"字符:\t 权值:\t 哈夫曼编码:\n";
```

```
79.        for (int i =0; i <v.size(); i++)
80.            cout <<v[i]->ch <<'\t'
81.                <<v[i]->w <<'\t'
82.                << * (v[i]->code) <<endl;
83.    }
84.
85.    int main()
86.    {
87.        Vector<HuffmanNode * >huffchars =initHuffchar();
88.        DuList<HuffmanTree>forests =getForests(huffchars);
89.        HuffmanTree tree =getTree(forests);
90.        tree.generateCodes();
91.        printCodes(huffchars);
92.        system("pause");
93.        return 0;
94.    }
```

5. 运行结果

以含有 4 种字符的报文压缩编码为例,哈夫曼树的建立和哈夫曼编码的求解过程,如图 6.38 所示。

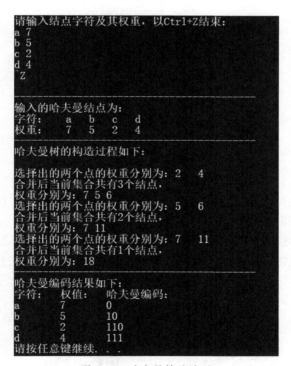

图 6.38　哈夫曼算法演示

哈夫曼树最终的头文件及定义文件结构如图 6.39 和图 6.40 所示。

_HUFFMANTREE_H_
HuffmanNode
ch
w
code
lc
pa
rc
HuffmanNode(char, int)
HuffmanNode(int, HuffmanNode *, Huf...
HuffmanTree
root
generateCodes(HuffmanNode *, char)
HuffmanTree()
HuffmanTree(HuffmanNode *)
HuffmanTree(HuffmanTree, HuffmanTree)
weight() const
generateCodes()

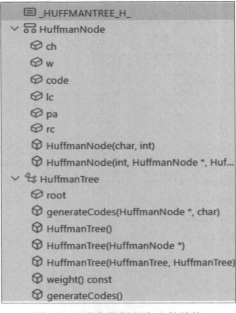

图 6.39　哈夫曼树的头文件结构

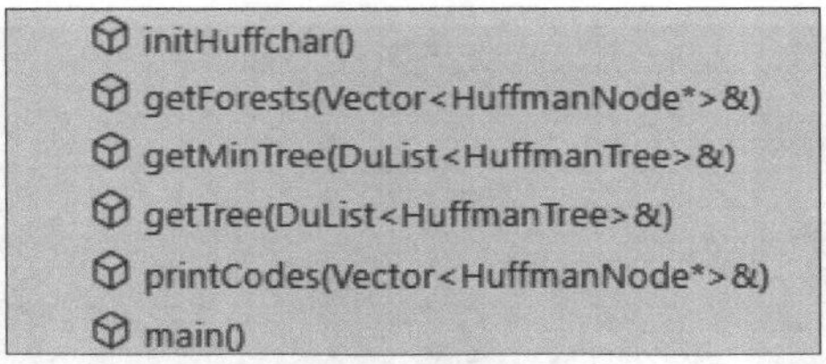

initHuffchar()
getForests(Vector<HuffmanNode*>&)
getMinTree(DuList<HuffmanTree>&)
getTree(DuList<HuffmanTree>&)
printCodes(Vector<HuffmanNode*>&)
main()

图 6.40　哈夫曼树的定义文件结构

本章小结

掌握二叉树的性质、存储结构和遍历算法。

理解树和森林的定义、树的存储结构，并掌握树和森林与二叉树之间的相互转换方法。

理解最优树的特性，掌握建立最优二叉树（哈夫曼树）和求解哈夫曼编码的方法。

习题 6　　习题 6 参考答案

第 7 章　图

图(graph)是一种比线性结构和层次结构更复杂的数据结构。图中结点之间的关系是任意的。因此,图的应用极为广泛。本章介绍图的基本概念、图的存储结构、图的遍历以及图的多种应用算法。

7.1　图的基本概念

7.1.1　图的定义和术语

1. 图

图是由顶点集合以及顶点间的关系集合组成的一种数据结构。图 G 的定义是

$$G=(V,E)$$

其中,$V=\{x\,|\,x\in$ 某个数据对象$\}$;$E=\{(x,y)|\ x,y\in V\}$ 或 $E=\{<x,y>|\ x,y\in V\}$。

图中的数据元素通常称作顶点(vertex),V 是顶点的有穷非空集合,E 是顶点之间关系的有穷集合,E 也称为边(edge)的集合。

图分为无向图和有向图两种,如图 7.1 所示。

1) 无向图

顶点对(v,w)称为与顶点 v 和顶点 w 相关联的一条边。若这条边没有特定的方向,即(v,w)与(w,v)是同一条边,这样的图称为无向图(undirected graph)。需要注意的是,无向图中的边不能将同一个顶点相关联。例如,图 7.1(a)中 $G_1=(V_1,E_1)$是无向图,其中顶点的集合 $V_1=\{A,B,C,D,E\}$,边的集合 $E_1=\{(A,B),(A,C),(A,D),(B,C),(D,E)\}$,而$(A,B)$和$(B,A)$表示的是同一条边,且$(A,A)$不是一条合法的边。

2) 有向图

顶点对$<v,w>$称为从顶点 v 到顶点 w 的一条有向边,即$<v,w>$与$<w,v>$是两条不同的边,这样的图称为有向图(directed graph)。有向边$<v,w>$也称为弧(arc),且称 v 为弧尾(tail)或始点(initial node),w 为弧头(head)或终点(terminal node)。例如,图 7.1(c)中的图 $G_3=(V_3,E_3)$是有向图,其中 $V_3=\{A,B,C,D,E\}$,$E_3=\{<A,C>,<A,D>,<B,A>,<C,D>,<C,E>,<E,D>\}$。

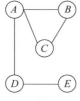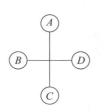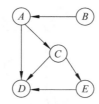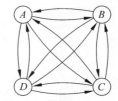

(a) 无向图 G_1　　　　(b) 无向完全图 G_2　　　　(c) 有向图 G_3　　　　(d) 有向完全图 G_4

图 7.1　无向图与有向图示例

图有许多复杂结构,如图 7.2(a)中存在从顶点 B 到顶点 B 的边,这样的图称为带自身环的图。图 7.2(b)中顶点 C 和顶点 D 之间有两条无向边,这样的图称为多重图。本章介绍基本的图,图 7.2 所示的两种形式的图暂不研究。

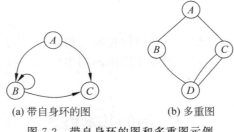

(a) 带自身环的图   (b) 多重图

图 7.2 带自身环的图和多重图示例

2. 邻接顶点

在无向图 G 中,如果 (v, w) 是 $E(G)$ 中的一条边,则称顶点 v 与顶点 w 互为邻接顶点或相邻顶点(adjacent),并称边 (v, w) 依附于顶点 v 和 w。例如,图 7.1(a)中的无向图 G_1 中,顶点 A 的邻接顶点有 B、C 和 D。在有向图 G 中,如果 $<v, w>$ 是 $E(G)$ 中的一条弧,则称 v 邻接到 w,并称弧 $<v, w>$ 与顶点 v 和 w 相关联。在图 7.1(c)的有向图 G_3 中,顶点 A 因弧 $<A, D>$ 邻接到顶点 D。

3. 完全图

有很少条边或弧的图称为稀疏图(sparse graph),反之称为稠密图(dense graph)。当图中顶点数和边数都达到最大值的图称为完全图(completed graph)。

有 n 个结点的无向图中,若有 $n(n-1)/2$ 条边,则称此图为无向完全图。例如,图 7.1(b)中的图 G_2 就是无向完全图。有 n 个结点的有向图中,若有 $n(n-1)$ 条边,则称此图为有向完全图。例如,图 7.1(d)中的图 G_4 是有向完全图。

4. 子图

如果图 $G(V, E)$ 和图 $G'(V', E')$,满足 $V' \subseteq V$,$E' \subseteq E$,则称 G' 为 G 的子图(subgraph)。图 7.3(b)是图 7.3(a)无向图 G_1 的子图;图 7.3(d)是图 7.3(c)中有向图 G_2 的子图。

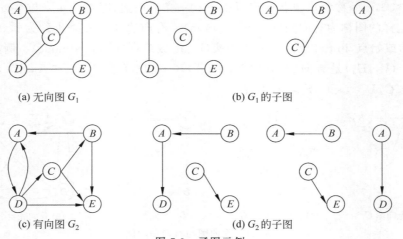

(a) 无向图 G_1 (b) G_1 的子图

(c) 有向图 G_2 (d) G_2 的子图

图 7.3 子图示例

5.顶点的度

1)度

与顶点 v 相关联的边 (v,w) 的数目,称为顶点 v 的度(degree),记作 $\mathrm{TD}(v)$ 或 $D(v)$ 。图 7.3(a)中的无向图 G_1 中顶点的度分别为:$\mathrm{TD}(A)=3$,$\mathrm{TD}(B)=3$,$\mathrm{TD}(C)=3$,$\mathrm{TD}(D)=3$,$\mathrm{TD}(E)=2$ 。

2)出度

对有向图而言,以顶点 v 为弧尾的弧的数目,称为顶点 v 的出度(outdegree),记作 $\mathrm{OD}(v)$ 。例如,图 7.3(c)中的有向图 G_2 中顶点的出度分别为:$\mathrm{OD}(A)=1$,$\mathrm{OD}(B)=2$,$\mathrm{OD}(C)=2$,$\mathrm{OD}(D)=3$,$\mathrm{OD}(E)=0$ 。

3)入度

对于有向图而言,以顶点 v 为弧头的弧的数目,称为顶点 v 的入度(indegree),记作 $\mathrm{ID}(v)$ 。例如,图 7.3(c)中有向图 G_2 中顶点的入度分别为:$\mathrm{ID}(A)=2$,$\mathrm{ID}(B)=1$,$\mathrm{ID}(C)=1$,$\mathrm{ID}(D)=1$,$\mathrm{ID}(E)=3$ 。

有向图中顶点的度为其入度和出度之和,即 $\mathrm{TD}(v)=\mathrm{OD}(v)+\mathrm{ID}(v)$ 。所以,图 7.3(c)中有向图 G_2 中顶点的度分别为:$\mathrm{TD}(A)=3$,$\mathrm{TD}(B)=3$,$\mathrm{TD}(C)=3$,$\mathrm{TD}(D)=4$,$\mathrm{TD}(E)=3$ 。

6.权和网

与图的边或弧相关的数称为权(weight)。权可以表示实际问题中从一个顶点到另一个顶点的距离、花费的代价、所需的时间等。带权的图称为网或网络(network)。其中,带权无向图称为无向网,带权有向图称为有向网。例如,图 7.4(a) G_1 是一个交通网络图,是一个无向网。图 7.4(b) G_2 是一个工程的施工进度图,是一个有向网。

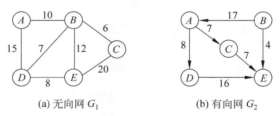

(a) 无向网 G_1 (b) 有向网 G_2

图 7.4 权和网示例

7.路径

1)路径和路径长度

在图 $G=(V,E)$ 中,若从顶点 v_i 出发有一组边可到达顶点 v_j ,则称顶点 v_i 到顶点 v_j 的顶点序列为从顶点 v_i 到顶点 v_j 的路径(path)。非带权图的路径长度是指此路径上边的条数,带权图的路径长度是指路径上各边权之和。例如,图 7.4(b)中有向图 G_2 ,从顶点 B 到顶点 D 的路径为 (B,A,D) ,路径长度为 25。

2)简单路径和回路

若路径上各顶点均不互相重复,则称这样的路径为简单路径。

若路径上第一个顶点与最后一个顶点重合,则称这样的路径为回路或环。

除第一个顶点和最后一个顶点之外,其余顶点不重复出现的回路,称为简单回路或简单环。

8. 图的连通性

1）连通图与连通分量

无向图中，若从顶点 v_i 到顶点 v_j 有路径，则称顶点 v_i 和顶点 v_j 是连通的。如果图中任意一对顶点都是连通的，则称该图是连通图。非连通图的极大连通子图称为连通分量。例如，图 7.5(a) 中的无向图 G_1 是连通图，图 7.5(b) 中的无向图 G_2 是非连通图，但 G_2 有 4 个连通分量，如图 7.5(c) 所示。

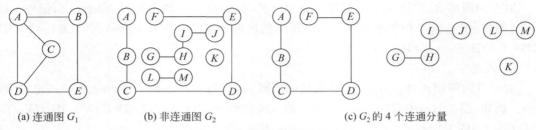

(a) 连通图 G_1　　　　(b) 非连通图 G_2　　　　(c) G_2 的 4 个连通分量

图 7.5　连通图与连通分量示例

2）强连通图与强连通分量

有向图中，若对于每一对顶点 v_i 和 v_j，都存在从 v_i 到 v_j 和从 v_j 到 v_i 的路径，则称该图是强连通图。非强连通图的极大强连通子图称作强连通分量。例如，图 7.6(a) 中的有向图 G_1 是强连通图。图 7.6(b) 中的有向图 G_2 不是强连通图，但 G_2 有两个强连通分量，如图 7.6(c) 所示。

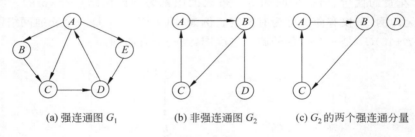

(a) 强连通图 G_1　　　　(b) 非强连通图 G_2　　　　(c) G_2 的两个强连通分量

图 7.6　强连通图与强连通分量示例

9. 生成树

一个连通图的生成树是它的极小连通子图。生成树包含图的所有 n 个顶点，但只含图的 $n-1$ 条边。在生成树中添加一条边之后，必定会形成回路或环。因为在生成树的任意两点之间，本来就是连通的，添加一条边之后，形成了这两点之间的第二条通路。按照生成树的定义，包含 n 个顶点的连通网络，其生成树有 n 个顶点和 $n-1$ 条边。

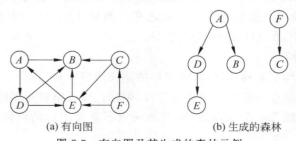

(a) 有向图　　　　(b) 生成的森林

图 7.7　有向图及其生成的森林示例

如果一个有向图恰有一个顶点的入度为 0，其余顶点的入度均为 1，则是一棵有向树。一个有向图的生成森林由若干棵有向树组成，含有图中全部顶点，但只有足以构成若干棵不相交的有向树的弧。如图 7.7 所示为一个有向图及其生成森林。

7.1.2　图的表示与存储结构

常用的图的表示与存储结构有 4 种：数组、邻接表、十字链表和邻接多重表。

1. 数组表示法

用两个数组来表示图的相关信息。一个是存储顶点信息的一维数组，另一个是存储图中顶点之间关联关系的二维数组，该关联数组称为邻接矩阵。

设图具有 n 个结点，则用 $n \times n$ 列的布尔矩阵 $\mathbf{A}$ 表示该图。其中，如果顶点 v_i 至顶点 v_j 有一条边（或弧）相连，则 $A[i][j]=1$；如果顶点 v_i 至顶点 v_j 没有边（或弧）相连，则 $A[i][j]=0$；对角线上的元素 $A[i][i]=0$。

图 7.8(a)中的无向图中，其邻接矩阵如图 7.8(b)所示。图 7.8(c)是一个有向图，其邻接矩阵如图 7.8(d)所示。

可见，无向图的邻接矩阵是一个对称矩阵，顶点 v_i 的度为邻接矩阵中第 i 行或第 i 列的元素之和。有向图的邻接矩阵不一定是对称矩阵，顶点 v_i 的出度为第 i 行的元素之和，入度为第 i 列的元素之和。

用邻接矩阵存储网时，如果顶点 v_i 至顶点 v_j 有一条权值为 a 的边（或弧）相连，则 $A[i][j]=a$；如果顶点 v_i 至顶点 v_j 没有边（或弧）相连，则 $A[i][j]=\infty$；对角线上的元素 $A[i][i]=\infty$，这一点与前两种表示法有所区别。

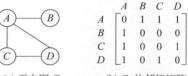

(a) 无向图 G_1　　　(b) G_1 的邻接矩阵

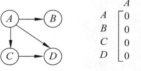

(c) 有向图 G_2　　　(d) G_2 的邻接矩阵

图 7.8　图及其邻接矩阵表示

图 7.9(a)是一个有向网，其邻接矩阵如图 7.9(b)所示。

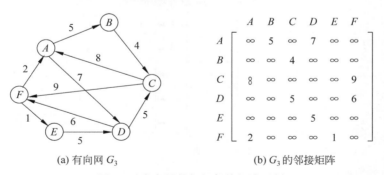

(a) 有向网 G_3　　　　　　(b) G_3 的邻接矩阵

图 7.9　有向网的加权邻接矩阵示例

2. 邻接表

邻接表（adjacency list）是图的一种链式存储结构。在邻接表存储结构中，用头结点数组存放图中的所有顶点信息，边链表结点（简称边结点）存放依附于某一顶点的边。邻接表结点结构如图 7.10 所示。

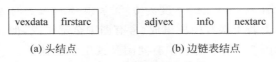

(a) 头结点   (b) 边链表结点

图 7.10   邻接表结点结构

图 7.10 中，头结点由 vexdata 域和 firstarc 域组成。vexdata 为数据域，保存顶点相关信息；firstarc 为指针域，指向依附于该顶点的第一条边。

边链表结点由 adjvex 域、info 域和 nextarc 域组成。adjvex 为数据域，保存该边所指向的邻接顶点在图中的位置；info 为数据域，保存边或弧的权值等信息；nextarc 为指针域，指向依附于头结点的下一条边或弧。

图 7.11(a)中的无向图 G_1，其邻接表结构如图 7.11(b)所示。

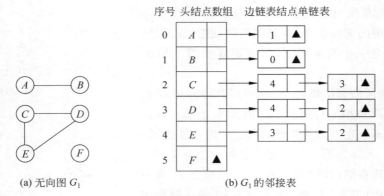

(a) 无向图 G_1 (b) G_1 的邻接表

图 7.11   无向图的邻接表示例

网的边链表结点中增加一个权值域，保存该边或弧上的权值。例如，图 7.12(a)中的无向网，其邻接表结构如图 7.12(b)所示。

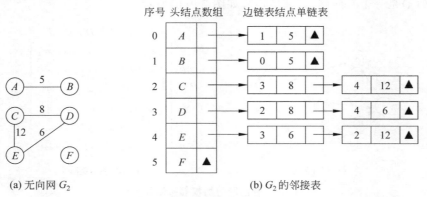

(a) 无向网 G_2 (b) G_2 的邻接表

图 7.12   无向网的邻接表示例

在邻接表的边链表中，各个边结点的链入顺序是任意的，视边结点输入次序而定。若无向图 G 有 n 个顶点和 e 条边，则 G 的邻接表需 n 个头结点和 $2e$ 个表结点，且顶点 v_i 的度为第 i 个单链表的长度。

在有向图的邻接表中,若第 i 个边链表链接的边都是顶点 v_i 发出的边,则称为有向图的邻接表(出边表)。出边表中的第 i 个单链表中的边结点,表示以顶点 v_i 为尾的弧(v_i,v_j)的弧头 v_j 的下标。若第 i 个边链表链接的边都是进入顶点 v_i 的边,则称为有向图的逆邻接表(入边表)。入边表中第 i 个单链表中的边结点,表示以顶点 v_i 为弧头的弧(v_j,v_i)的弧尾 v_j 的下标。有向图的入边表和出边表如图 7.13 所示。

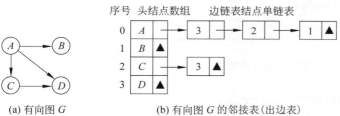 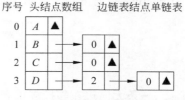

(a) 有向图 G (b) 有向图 G 的邻接表(出边表)   (c) 有向图 G 的逆邻接表(入边表)

图 7.13   有向图的邻接表示例

若有向图 G 中有 n 个顶点和 e 条弧,则 G 的邻接表需 n 个头结点和 e 个边链表结点,其中,顶点 v_i 的出度为第 i 个单链表的长度。有向图 G 的逆邻接表中,顶点 v_i 的入度为第 i 个单链表的长度。

3. 十字链表

十字链表(orthogonal list)是有向图的另一种链式存储结构,可以看成是将有向图的邻接表和逆邻接表合并而成的链表。

十字链表中顶点结点结构如图 7.14 所示。其中,data 为数据域,保存与该顶点相关的信息;firstin 为指针域,指向以该顶点为弧头的第一条弧;firstout 为指针域,指向以该顶点为弧尾的第一条弧。

十字链表的弧结点结构如图 7.15 所示。其中,tailvex 为尾域,表示弧尾顶点的地址;headvex 为头域,表示弧头顶点的地址;hlink 为指针域,指向弧头相同的下一条弧;tlink 为指针域,指向弧尾相同的下一条弧。

图 7.14   十字链表中顶点结点结构   图 7.15   十字链表的弧结点结构

图 7.16 给出了一个有向图 G 及其十字链表存储结构。

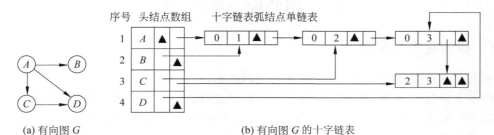

(a) 有向图 G (b) 有向图 G 的十字链表

图 7.16   有向图的十字链表示例

4. 邻接多重表

邻接多重表（adjacency multilist）是无向图的另一种链式存储结构。

在邻接多重表中，每一条边用一个边结点表示，边结点的结构由 weight、ivex、jvex、ilink 和 jvex 5 个域组成，如图 7.17 所示。其中，weight 为边的权值，ivex 和 jvex 为数据域，标识该边依附的两个顶点在图中的位置；指针域 ilink 指向下一条依附于顶点 ivex 的边；指针域 jlink 指向下一条依附于顶点 jvex 的边。

图 7.17 邻接多重表边结点结构

一条无向边在邻接多重表存储结构中只有一个边结点，从顶点 ivex 到顶点 jvex 的边结点也就是从顶点 jvex 到顶点 ivex 的边结点。

顶点结点由 data 和 firstedge 两个域组成：数据域 data 存储顶点信息，指针域 firstedge 指向第一条依附于该顶点的边，如图 7.18 所示。

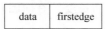

图 7.18 邻接多重表顶点结点结构

图 7.19 是一个无向图 G 及其邻接多重表存储结构。

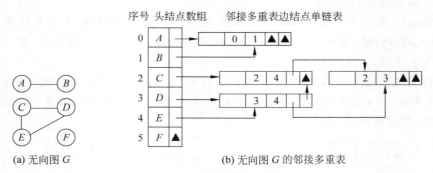

图 7.19 无向图的邻接多重表示例

7.2 图的构造算法实现

7.2.1 图的基本类定义

图的每一种存储结构都必须具有图的基础功能，即存储图的顶点、边、各边的权值以及查询图中边的数量、顶点的数量，还有插入新的顶点、插入新的边、输出图的结构等。因此，有必要专门定义一个图的 C++ 抽象类，来规定这些功能，然后通过不同的结构来实现。

1. 算法功能

使用抽象类定义图。

2. 算法思路

使用抽象类,首先定义两个属性:图中的顶点总数及边总数,并使用两个公用函数以便访问这两个属性。其次使用接口和函数定义好以下功能:

(1) 访问指定顶点的数据。

(2) 通过定点数据查询其编号。

(3) 通过两个顶点查询某个特定边的权值。

(4) 通过两个顶点查询某个特定边是否存在。

(5) 插入一个新顶点。

(6) 在某两个顶点间插入一条指定权重的边。

(7) 输出图的结构。

3. 参考程序

综上所述,定义好的图的抽象类如下。

```
1.   #ifndef _GRAPH_H_
2.   #define _GRAPH_H_
3.
4.   #include <iostream>
5.
6.   //图的抽象类,规定之后不同结构但必须实现的接口
7.   template <typename T>
8.   class Graph
9.   {
10.  protected:
11.      int n;                                      //顶点总数
12.      int e;                                      //边总数
13.
14.  public:
15.      Graph() { n = e = 0; }
16.
17.      int vertices() const { return n; }          //返回顶点数
18.
19.      //默认无向图的边为一对互逆的边
20.      int edges() const { return e; }             //返回边数
21.
22.      virtual T &vertex(int u) = 0;               //指定顶点的数据
23.
24.      virtual int locate(T e) = 0;                //通过顶点数据查询其编号
25.
26.      virtual int &weight(int u, int v) = 0;      //边(u,v)的权值
27.
28.      virtual bool exist(int u, int v) = 0;       //边(u,v)是否存在
29.
30.      virtual void insert(T const &u) = 0;        //插入一个顶点
31.
```

```
32.      //在顶点 u 和 v 之间插入一条权重为 w 的边
33.      virtual void insert(int u, int v, int w) =0;
34.
35.      virtual void print() =0;                        //输出图的结构
36.  };
37.
38.  //除此之外,头文件中创建、打印表的函数
39.  //默认创建为无向图,isdir 判断是否是有向图
40.  void create_Graph(Graph<char> * G, bool isdir =false)
41.  {
42.      char c;
43.      std::cout <<"请输入图的顶点,以 Ctrl+Z 结束:\n";
44.      while (std::cin >>c)
45.      {
46.          G->insert(c);
47.          std::cout <<"第" <<G->vertices()
48.                    <<"个点为:" <<c <<'\n';
49.      }
50.      std::cin.clear();                               //更改 cin 的状态标识符
51.      rewind(stdin);                                  //清空输入缓存区
52.
53.      char u, v;
54.      int w;
55.      std::cout <<"请输入图中的边(从 u 到 v,权值为 w),Ctrl+Z 结束:";
56.      std::cout <<std::endl;
57.      while (std::cin >>u >>v >>w)
58.      {
59.          int i =G->locate(u), j =G->locate(v);
60.          if (i <0 || j <0)
61.              std::cout <<"顶点输入错误,请重新输入!\n";
62.          else
63.          {
64.              G->insert(i, j, w);
65.              //无向图时(邻接多重表除外)
66.              if (!isdir) G->insert(j, i, w);
67.          }
68.      }
69.      std::cin.clear();                               //更改 cin 的状态标识符
70.      rewind(stdin);                                  //清空输入缓存区
71.  }
72.
73.  void print_Graph(Graph<char> * G)
74.  {
75.      std::cout <<"图共有"
76.                <<G->vertices() <<"个点,"
```

```
77.              <<G->edges() <<"条边(无向图计数两次):\n";
78.     std::cout <<"-------------------------------------------\n";
79.     G->print();
80.     std::cout <<"-------------------------------------------\n";
81. }
82.
83. #endif
```

在之后的程序中,将会通过不同的子类继承该抽象类,来用数组、邻接表、十字链表和邻接多重表来存储图。而在主程序中,则使用上面的 create_Graph 和 print_Graph 函数创建和打印图。

以上为抽象类图的相关声明,其最终的头文件结构如图 7.20 所示。

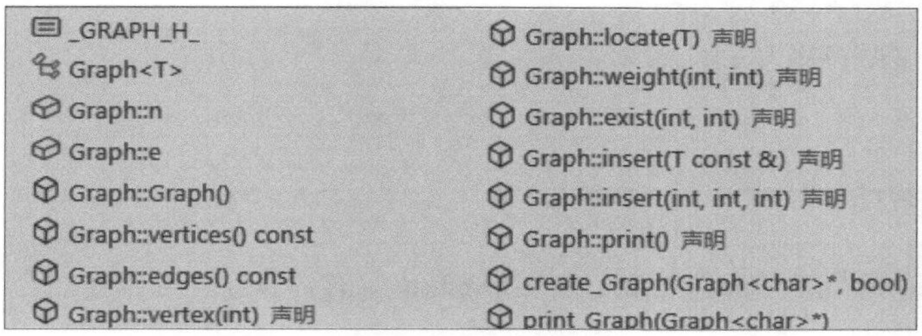

图 7.20　Grapg.h 头文件结构

7.2.2　构造顺序表存储的图

1. 算法功能

采用顺序表构造图。

2. 算法思路

采用两个顺序表来存放图的信息:一个是保存顶点信息的数组;另一个是保存顶点间关联关系的邻接矩阵。对于图,用 1 或 0 表示顶点是否相邻;对于网,用权值或无穷大表示顶点是否相邻。

3. 实例描述

采用顺序表存储结构,构造图 7.9 中的有向网。

4. 参考程序

根据之前定义的图的抽象类,来定义顺序表表示的图类。类的定义如下。

```
1.   #ifndef _MGRAPH_H_
2.   #define _MGRAPH_H_
3.
4.   #include "../Vector/Vector.h"
5.   #include "Graph.h"
6.   #include <iostream>
7.
8.   //邻接矩阵法表示图
9.   template <typename T>
```

```
10.  class MGraph : public Graph<T>
11.  {
12.  private:
13.      Vector<T>V;                                      //顶点集合
14.      Vector<Vector<int>>E;                            //边集合
15.
16.  public:
17.      int locate(T e)
18.      {
19.          int i = 0;
20.          while (i < this->n)
21.              if (vertex(i) == e) return i;
22.              else    i++;
23.          return -1;
24.      }
25.
26.      T &vertex(int u) { return V[u]; }
27.
28.      int &weight(int u, int v) { return E[u][v]; }
29.
30.      bool exist(int u, int v)
31.      {
32.          if (u < 0 || u >= this->n) return false;
33.          if (v < 0 || v >= this->n) return false;
34.          if (E[u][v] == INT_MAX) return false;
35.          else    return true;
36.      }
37.
38.      void insert(T const &u)
39.      {
40.          V.insert(u);
41.          for (int i = 0; i < this->n; i++)
42.              E[i].insert(INT_MAX);                    //已存在的顶点建立无穷大的边
43.          this->n++;
44.
45.          Vector<int> * t = new Vector<int>();
46.          for (int i = 0; i < this->n; i++)
47.              t->insert(INT_MAX);                      //为新进入的点建立无穷大的边
48.          E.insert(* t);
49.      }
50.
51.      void insert(int u, int v, int w)
52.      {
53.          if (exist(u, v)) return;
54.          E[u][v] = w;
```

```
55.            this->e++;
56.        }
57.
58.        void print()
59.        {
60.            std::cout <<"   ";
61.            for (int i = 0; i < this->n; i++)
62.                std::cout <<"   " <<vertex(i);
63.            std::cout <<'\n';
64.            for (int i = 0; i < this->n; i++)
65.            {
66.                std::cout <<vertex(i) <<" |";
67.                for (int j = 0; j < this->n; j++)
68.                    if (exist(i, j)) printf("%4d", weight(i, j));
69.                    else std::cout <<"   ∞";
70.                std::cout <<" |\n";
71.            }
72.        }
73.
74.        //下面 4 个函数是在本章之后会实现的几个图的算法
75.        //在此仅作声明,之后会另行实现
76.
77.        //Prim 算法
78.        void Prim(int = 0);
79.        //Kruskal 算法
80.        void Kruskal();
81.        //Dijkstra 算法
82.        void ShortestPath_DIJ(int);
83.        //FLoyd 算法
84.        void ShortestPath_Floyd();
85.    };
86.    #endif
```

定义文件中的主程序如下。

```
1.   #include "MGraph.h"
2.   #include <iostream>
3.
4.   using namespace std;
5.
6.   int main()
7.   {
8.       Graph<char> * G = new MGraph<char>();
9.       create_Graph(G, true);                    //有向图
10.      print_Graph(G);
11.
```

```
12.    return 0;
13. }
```

5. 运行结果

输入图的顶点数为 6，边数为 10，然后依次输入每条边的依附顶点和权值信息，最后打印建立的邻接矩阵，其中∞代表两点之间无边相连。算法的运行结果如图 7.21 所示。

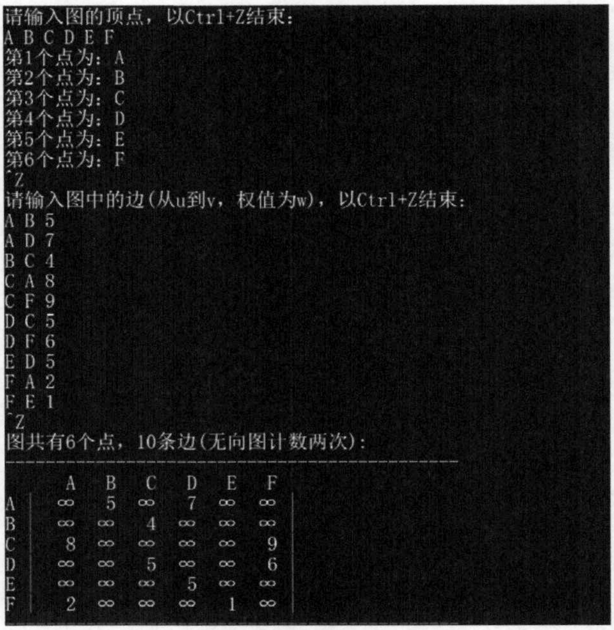

图 7.21　有向图的数组构造算法演示

6. 算法分析

该算法的时间复杂度为 $O(n^2+e\times n)$，其中，$O(n^2)$ 时间耗费在对二维数组的初始化赋值上，$O(e\times n)$ 的时间耗费在有向网中边权的赋值上。

无向图的邻接矩阵是对称的，可以采用特殊矩阵的压缩存储。因此，有 n 个顶点的无向图，只需要 $\dfrac{n(n-1)}{2}$ 个存储空间来存储邻接矩阵；而有向图的邻接矩阵不一定是对称的，需要 n^2 个存储空间。

以上为顺序表邻接矩阵的功能介绍及实现，其最终的头文件结构如图 7.22 所示。

7.2.3　构造邻接表存储的无向图与有向图

1. 算法功能

采用邻接表存储结构建立无向图和有向图。

2. 算法思路

首先分析邻接表的结构：邻接表是由数个边链表组成，并且各个边链表的头结点组成数组相连接。单链表的头结点可以存储邻接表的头结点中的数据域以及指针域信息，但边链表结点需要用专门的结构体，其定义如下。

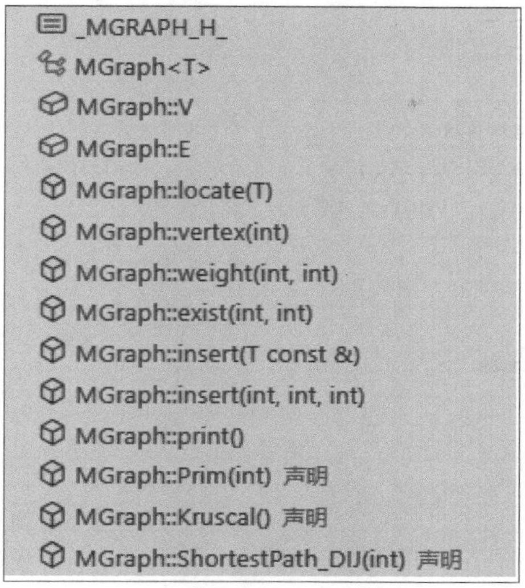

图 7.22　MGrapg.h 头文件结构

```
1.    //邻接表中边的结构体
2.    template <typename T>
3.    struct VNode
4.    {
5.        int adjvex;                          //顶点位置
6.        T data;                              //顶点数据
7.        int weight;                          //权值
8.
9.        VNode() {}
10.       VNode(int a, T d, int w = INT_MAX)
11.           : adjvex(a), data(d), weight(w) {}
12.   };
```

之后,整个邻接表可以通过该结点二维单链表来表示。其中,一维链表用来存储边链表,而二维链表则将这几个边链表连接起来。该二维链表的声明语句如下。

```
1.    Vector <List<VNode<T>>>AdjList;
```

创建好以后,建立邻接表的过程分为以下两步。

(1) 根据无向图的顶点个数,输入各个顶点标记信息,用 insert(T const$\&$ u)函数存放在头结点单链表中。

(2) 根据每条边依附的两个顶点,通过 exist 函数确定每个顶点在头结点单链表中的位置,用 insert(int u , int v , int w)函数将该位置信息链接到这两个顶点的边链表中。直到所有边都输入,则无向图的邻接表成功建立。

3. 实例描述

采用邻接表存储结构,构造图 7.12 中的无向图以及图 7.13 中的有向图。

4. 参考程序

根据之前定义的图的抽象类,来定义邻接表表示法的图类。类的定义如下。

```
1.   #ifndef _LGRAPH_H_
2.   #define _LGRAPH_H_
3.
4.   #include "../List/List.h"
5.   #include "../Stack/Stack.h"
6.   #include "../Vector/Vector.h"
7.   #include "Graph.h"
8.   #include <iostream>
9.
10.  template <typename T>
11.  struct VNode
12.  {
13.      int adjvex;                              //顶点位置
14.      T data;                                  //顶点数据
15.      int weight;                              //权值
16.
17.      VNode() {}
18.      VNode(int a, T d, int w = INT_MAX)
19.          : adjvex(a), data(d), weight(w) {}
20.  };
21.
22.  template <typename T>
23.  class LGraph : public Graph<T>
24.  {
25.  private:
26.      Vector<List<VNode<T>>>AdjList;
27.      //以下 3 个私有函数将在本章后面的内容介绍并实现
28.      //深度优先搜索算法
29.      void DFS(int u, bool * visited);
30.
31.      //私有拓扑排序,关键路径时使用
32.      //执行后产生最早发生时间数组和拓扑序列的栈
33.      bool TopologicalOrder(int * &ve, Stack<int>&S);
34.
35.      //深度优先遍历,求关节点用
36.      void dfs(int u, int fa, int &dfs_clock,
37.              int * dfn, int * low, bool * iscut,
38.              Stack<int>&S, Vector<Vector<int>>&bcc);
39.
40.  public:
41.      int locate(T e)
42.      {
43.          int i = 0;
44.          while (i <this->n)
45.              if (vertex(i) ==e) return i;
```

```
46.              else i++;
47.          return -1;
48.      }
49.
50.      T &vertex(int u)
51.      {
52.          return AdjList[u].info().data;
53.      }
54.
55.      LNode<VNode<T>> * firstEdge(int u)
56.      {
57.          return AdjList[u].head();
58.      }
59.
60.      int &weight(int u, int v)
61.      {
62.          LNode<VNode<T>> * p =AdjList[u].head();
63.          while (p !=NULL)
64.              if (p->data.adjvex ==v) return p->data.weight;
65.      }
66.
67.      bool exist(int u, int v)
68.      {
69.          if (u <0 || u >=this->n) return false;
70.          if (v <0 || v >=this->n) return false;
71.          LNode<VNode<T>> * p =AdjList[u].head();
72.          while (p !=NULL)
73.              if (p->data.adjvex ==v) return true;
74.              else p =p->next;
75.          return false;
76.      }
77.
78.      void insert(T const &u)
79.      {
80.          List<VNode<T>> * p =
81.                      new List<VNode<T>>(VNode<T>(this->n, u));
82.          AdjList.insert(* p);
83.          this->n++;
84.      }
85.
86.      void insert(int u, int v, int w)
87.      {
88.          if (u <0 || u >=this->n) return;
89.          if (v <0 || v >=this->n) return;
90.          if (exist(u, v))    return;
```

```
91.        VNode<T>node =AdjList[v].info();
92.        node.weight =w;
93.        AdjList[u].insert(node);
94.        this->e++;
95.    }
96.
97.    void print()
98.    {
99.        std::cout <<"编号\t 顶点\t 相邻点编号\n";
100.       for (int i =0; i <this->n; i++)
101.       {
102.           printf("%4d\t", i);
103.           std::cout <<vertex(i) <<'\t';
104.           LNode<VNode<T>> * p =AdjList[i].head();
105.           while (p !=NULL)
106.           {
107.               printf("%3d", p->data.adjvex);
108.               p =p->next;
109.           }
110.           std::cout <<'\n';
111.       }
112.   }
113.
114.   //以下函数此处均仅作声明,之后再另行实现
115.   //计算各结点的入度
116.   int * getIndegree();
117.
118.   //下面的两个函数是在本章之后会实现的两个图的遍历算法
119.   void DFS();
120.   void BFS();
121.
122.   //下面 3 个函数是在本章之后会实现的其他几个图的算法
123.   //用邻接表实现拓扑排序
124.   bool TopologicalSort();
125.   //关键路径
126.   bool CriticalPath();
127.   //Tarjan 算法求关节点和双连通分量(无向图)
128.   void Tarjan();
129. };
130.
131. #endif
```

创建无向图时,定义文件中的主程序如下。

```
1.   #include "LGraph.h"
2.   #include <iostream>
```

```
3.   using namespace std;
4.
5.   int main()
6.   {
7.       //通过父类指针指向不同的子类来实现图的多态
8.       Graph<char> * G =new LGraph<char>();
9.       create_Graph(G);                              //无向图
10.      print_Graph(G);
11.      return 0;
12.  }
```

创建有向图时,定义文件中的主程序如下。

```
1.   #include "LGraph.h"
2.   #include <iostream>
3.   using namespace std;
4.
5.   int main()
6.   {
7.       //通过父类指针指向不同的子类来实现图的多态
8.       Graph<char> * G =new LGraph<char>();
9.       create_Graph(G, true);                        //有向图
10.      print_Graph(G);
11.      return 0;
12.  }
```

5. 运行结果

根据图 7.12,输入无向图的顶点数为 6,边数为 4,然后依次输入每条边依附的两个顶点以及权值,最后打印建立的邻接表,如图 7.23 所示。

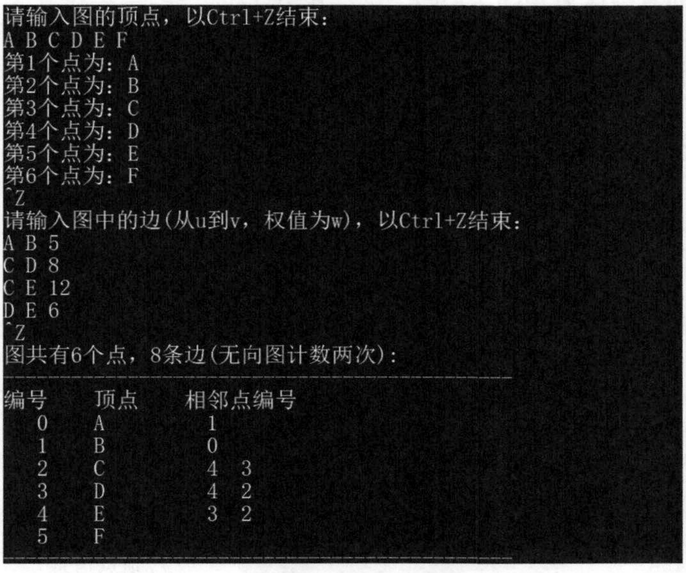

图 7.23 无向图的邻接表构造算法演示

根据图 7.13,输入有向图的顶点数为 4,边数为 4,然后依次输入每条边依附的两个顶点以及权值,最后打印建立的邻接表,如图 7.24 所示。

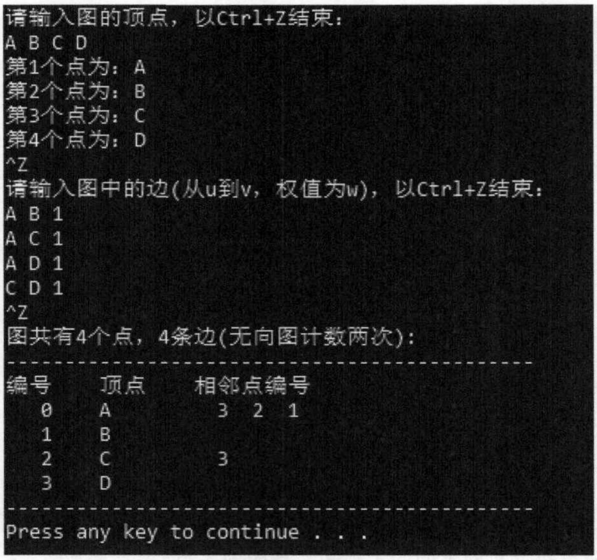

图 7.24　有向图的邻接表构造算法演示

6. 算法分析

用邻接表构造图的时间复杂度为 $O(n \times e + n + e)$,其中,$O(n + e)$ 主要是在输入图的顶点和边的信息,$O(n \times e)$ 主要是查找定位某个顶点在图中的位置。对于有 n 个顶点、e 条边的无向图,采用邻接表存储结构,共需要 n 个头结点和 $2e$ 个边结点。因此,当无向图的边比较稀疏的情况下,用邻接表存储所需的空间要比用邻接矩阵存储所需的空间少很多。

对于有 n 个顶点、e 条边的有向图,采用邻接表存储,需要 n 个表头结点和 e 个边表结点。该算法的时间复杂度为 $O(n \times e + n + e)$,其中,$O(n + e)$ 主要是在输入图的顶点和边的信息,$O(n \times e)$ 主要是查找定位某个顶点在图中的位置。

以上介绍的是邻接表的功能及其实现,其最终的头文件结构如图 7.25 所示。

7.2.4　构造十字链表存储的有向图

1. 算法功能

采用十字链表存储结构建立有向图。

2. 算法思路

和邻接表类似,十字链表的头结点和弧结点都需要用结构体定义。

头结点的定义如下。

```
1.    //十字链表中头结点的结构体
2.    template <typename T>
3.    struct VNode
4.    {
5.        T data;                                    //顶点信息
```

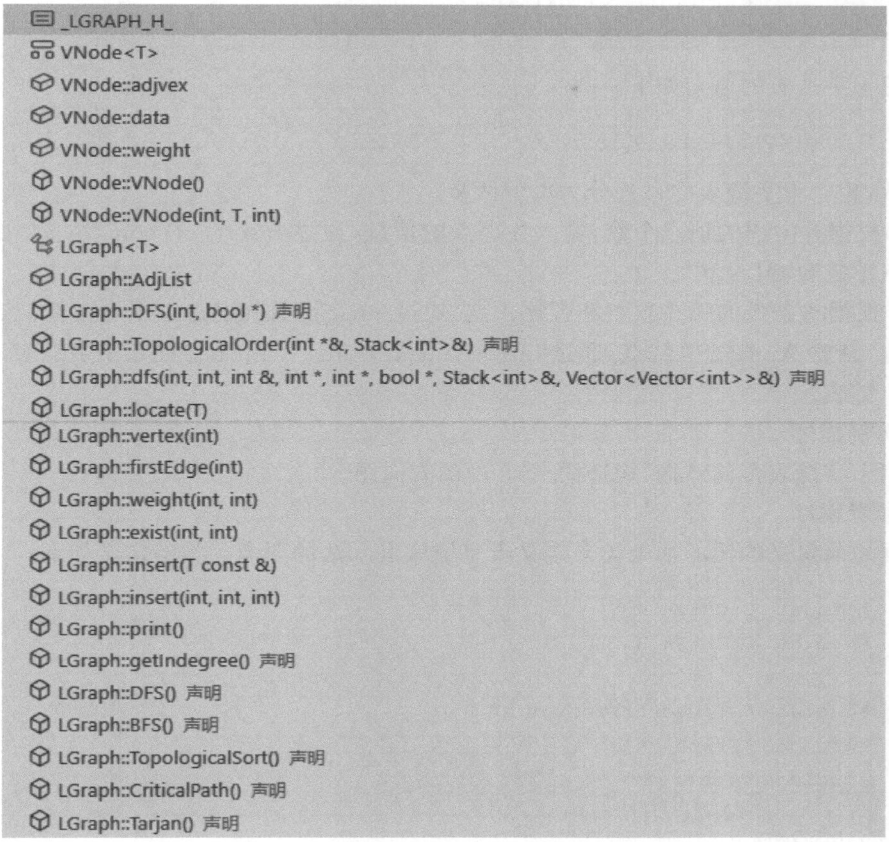

图 7.25　LGrapg.h 头文件结构

```
6.      ArcBox * firstIn, * firstOut;              //该顶点的第 1 条入弧和出弧
7.
8.      VNode() : firstIn(NULL), firstOut(NULL) {}
9.      VNode(T e, ArcBox * i =NULL, ArcBox * o =NULL)
10.         : data(e), firstIn(i), firstOut(o) {}
11.  };
```

弧结点的定义如下。

```
1.   //十字链表中弧的结构体
2.   struct ArcBox
3.   {
4.       int tailvex, headvex, weight;             //弧的尾和头顶点位置及权值
5.       ArcBox * hlink, * tlink;                   //弧头相同和弧尾相同的弧的链域
6.
7.       ArcBox() : hlink(NULL), tlink(NULL) {}
8.       ArcBox(int t, int h, int w = INT_MAX,
9.             ArcBox * hl =NULL, ArcBox * tl =NULL)
10.         : tailvex(t), headvex(h), weight(w),
```

```
11.                    hlink(hl), tlink(tl) {}
12.  };
```

创建十字链表的语句如下。

```
1.   Vector<VNode<T>>OList;
```

之后，建立十字链表的过程分为以下两步。

（1）根据有向图的顶点个数，输入各顶点的信息，通过 insert（ T const& u ）函数存放在头结点单链表 OList 中。

（2）根据每条弧的弧头顶点和弧尾顶点，通过 exist 函数确定每个顶点在弧结点单链表中的位置，创建 ArcBox 弧结点，通过 insert（ int u , int v , int w ）插入十字链表中对应的弧结点单链表。

3. 实例描述
采用十字链表存储结构，构造图 7.16 中的有向图。

4. 参考程序
根据之前定义的图的抽象类来定义十字链表表示法的图类。类的定义如下。

```
1.   #ifndef _OLGRAPH_H_
2.   #define _OLGRAPH_H_
3.
4.   #include "../Vector/Vector.h"
5.   #include "Graph.h"
6.   #include <iostream>
7.
8.   //用十字链表表示图
9.   template <typename T>
10.  class OLGraph : public Graph<T>
11.  {
12.  private:
13.      Vector<VNode<T>>OList;
14.
15.  public:
16.      T &vertex(int u) { return OList[u].data; }
17.
18.      int locate(T e)
19.      {
20.          int i =0;
21.          while (i <this->n)
22.              if (vertex(i) ==e) return i;
23.              else    i++;
24.          return -1;
25.      }
26.
27.      int &weight(int u, int v)
28.      {
```

```
29.          ArcBox * p =OList[u].firstOut;
30.          while (p !=NULL)
31.              if (p->headvex ==v) return p->weight;
32.              else     p =p->tlink;
33.      }
34.
35.      bool exist(int u, int v)
36.      {
37.          if (u <0 || u >=this->n) return false;
38.          if (v <0 || v >=this->n) return false;
39.          ArcBox * p =OList[u].firstOut;
40.          while (p !=NULL)
41.              if (p->headvex ==v) return true;
42.              else     p =p->tlink;
43.          return false;
44.      }
45.
46.      void insert(T const &u)
47.      {
48.          OList.insert(VNode<T>(u));
49.          this->n++;
50.      }
51.
52.      void insert(int u, int v, int w)
53.      {
54.          if (u <0 || u >=this->n) return;
55.          if (v <0 || v >=this->n) return;
56.          if (exist(u, v)) return;
57.          ArcBox * p =new ArcBox(u, v, w, OList[v].firstIn,
58.                                      OList[u].firstOut);
59.          OList[v].firstIn =p;
60.          OList[u].firstOut =p;
61.          this->e++;
62.      }
63.
64.      void print()
65.      {
66.          std::cout <<"编号\t 头结点\t 弧结点链表\n";
67.          for (int i =0; i <this->n; i++)
68.          {
69.              printf("% 4d\t", i);
70.              std::cout <<vertex(i) <<'\t';
71.              ArcBox * p =OList[i].firstOut;
72.              while (p !=NULL)
73.              {
```

```
74.                    printf("|%d|%d|\t", p->tailvex, p->headvex);
75.                    p = p->tlink;
76.               }
77.           std::cout << '\n';
78.        }
79.     }
80. };
81.
82. #endif
```

创建有向图时，定义文件中的主程序如下。

```
1.   #include "OLGraph.h"
2.   #include <iostream>
3.   using namespace std;
4.
5.   int main()
6.   {
7.      //通过父类指针指向不同的子类来实现图的多态
8.      Graph<char> * G = new OLGraph<char>();
9.      create_Graph(G, true);                    //有向图
10.     print_Graph(G);
11.     return 0;
12.  }
```

5. 运行结果

输入有向图的顶点个数为 4，边数为 4，然后依次输入每条边的弧头顶点和弧尾顶点，最后打印建立的有向图的十字链表，如图 7.26 所示。

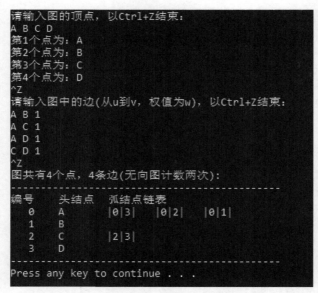

图 7.26　有向图的十字链表构造算法演示

6. 算法分析

十字链表中,既能很容易找到以顶点 v_i 为尾的弧,也能容易地找到以顶点 v_i 为头的弧,因而很容易求得顶点的出度和入度。用十字链表建立有向图的时间复杂度与用邻接表建立有向图的时间复杂度是相同的。

以上介绍的是十字链表存储图的功能及其实现,其最终的头文件结构如图 7.27 所示。

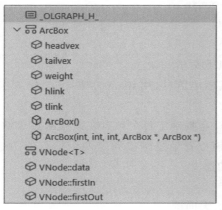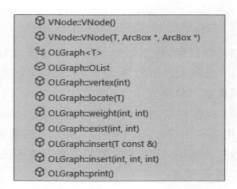

图 7.27 OLGrapg.h 头文件结构

7.2.5 构造邻接多重表存储的无向图

1. 算法功能

采用邻接多重表存储结构来构造无向图。

2. 算法思路

根据之前介绍的邻接多重表的结构,它也和邻接表一样,需要定义专门的顶点结点和边结点。

顶点结点的定义如下。

```
1.    //顶点结点
2.    template <typename T>
3.    struct VexBox
4.    {
5.        T data;
6.        Edge * firstEdge;
7.
8.        VexBox() : firstEdge(NULL) {}
9.        VexBox(T e, Edge * f =NULL) : data(e), firstEdge(f) {}
10.   };
```

边结点的定义如下。

```
1.    //边结点
2.    struct Edge
3.    {
```

```
4.        int weight;
5.        int ivex, jvex;                        //该边依附的两个顶点的位置
6.        Edge * ilink, * jlink;                 //指向依附这两个顶点的下一条边
7.
8.        Edge() : ilink(NULL), jlink(NULL) {}
9.        Edge(int i, int j, int w = INT_MAX,
10.           Edge * il = NULL, Edge * jl = NULL)
11.           : ivex(i), jvex(j), weight(w), ilink(il), jlink(jl) {}
12. };
```

创建好以后，建立邻接多重表的过程分为以下两步。

（1）根据无向图的顶点个数，输入各个顶点标记信息，用 insert(T const& u)函数存放在顶点结点单链表中。

（2）根据每条边依附的两个顶点，通过 exist 函数确定每个顶点在顶点结点单链表中的位置，用 insert(int u , int v , int w)函数将该位置信息链接到这两个顶点的边链表中。直到所有边都输入，则无向图的邻接多重表成功建立。

3. 实例描述

采用邻接多重表存储表示，构造图 7.19 中的无向图。

4. 参考程序

根据之前定义的图的抽象类来定义邻接多重表表示法的图类。类的定义如下。

```
1.  #ifndef _AMLGRAPH_H_
2.  #define _AMLGRAPH_H_
3.
4.  #include "../Vector/Vector.h"
5.  #include "Graph.h"
6.  #include <iostream>
7.
8.  template <typename T>
9.  class AMLGraph : public Graph<T>
10. {
11. private:
12.     Vector<VexBox<T>>AMList;
13.
14. public:
15.     T &vertex(int u) { return AMList[u].data; }
16.
17.     int locate(T e)
18.     {
19.         int i = 0;
20.         while (i < this->n)
21.             if (vertex(i) == e) return i;
22.             else    i++;
23.         return -1;
24.     }
```

```
25.
26.     int &weight(int u, int v)
27.     {
28.         Edge * p =AMList[u].firstEdge;
29.         while (p !=NULL)
30.             if (p->ivex ==u)
31.                 if (p->jvex ==v)    return p->weight;
32.                 else    p =p->ilink;
33.             else if (p->ivex ==v)
34.                 return p->weight;
35.             else    p =p->jlink;
36.     }
37.
38.     bool exist(int u, int v)
39.     {
40.         if (u <0 || u >=this->n) return false;
41.         if (v <0 || v >=this->n) return false;
42.         Edge * p =AMList[u].firstEdge;
43.         while (p !=NULL)
44.             if (p->ivex ==u)
45.                 if (p->jvex ==v)    return true;
46.                 else    p =p->ilink;
47.             else if (p->ivex ==v)
48.                 return true;
49.             else    p =p->jlink;
50.
51.         return false;
52.     }
53.
54.     void insert(T const &u)
55.     {
56.         AMList.insert(VexBox<T>(u));
57.         this->n++;
58.     }
59.
60.     void insert(int u, int v, int w)
61.     {
62.         if (u <0 || u >=this->n) return;
63.         if (v <0 || v >=this->n) return;
64.         if (exist(u, v))    return;
65.         Edge * p =new Edge(u, v, w, AMList[u].firstEdge,
66.                                     AMList[v].firstEdge);
67.         AMList[u].firstEdge =p;
68.         AMList[v].firstEdge =p;
69.         this->e++;
```

```
70.        }
71.
72.        void print()
73.        {
74.            std::cout <<"编号\t 头结点\t 边结点链表\n";
75.            for (int i =0; i <this->n; i++)
76.            {
77.                printf("%4d\t", i);
78.                std::cout <<vertex(i) <<'\t';
79.                Edge * p =AMLList[i].firstEdge;
80.                while (p !=NULL)
81.                {
82.                    printf("|%d|%d|\t", p->ivex, p->jvex);
83.                    if (p->ivex ==i)    p =p->ilink;
84.                    else    p =p->jlink;
85.                }
86.                std::cout <<'\n';
87.            }
88.        }
89. };
90.
91. #endif
```

创建无向图时，定义文件中的主程序如下。

```
1.    #include "AMLGraph.h"
2.    #include <iostream>
3.    using namespace std;
4.
5.    int main()
6.    {
7.        //通过父类指针指向不同的子类来实现图的多态
8.        Graph<char> * G =new AMLGraph<char>();
9.        create_Graph(G);                        //无向图
10.       print_Graph(G);
11.       return 0;
12.   }
```

5. 运行结果

输入无向图的顶点个数为 6，边数为 4，然后依次输入顶点信息和每条边依附的顶点，最后打印建立的无向图的邻接多重表构造，如图 7.28 所示。

6. 算法分析

用邻接多重表构造图的空间复杂度和建表的时间复杂度都和用邻接表构造图是相同的。

至此，图的所有常用表示方法已经全部通过算法实现。后面章节中将会介绍图的几种

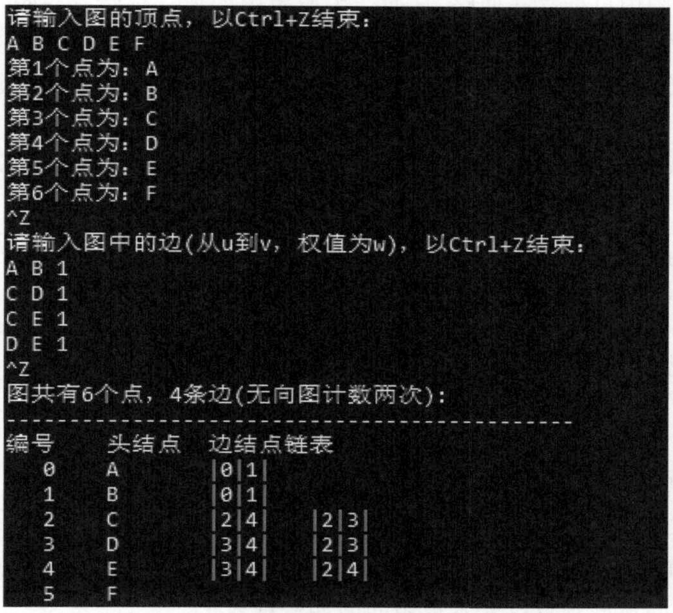

```
请输入图的顶点，以Ctrl+Z结束：
A B C D E F
第1个点为: A
第2个点为: B
第3个点为: C
第4个点为: D
第5个点为: E
第6个点为: F
^Z
请输入图中的边(从u到v，权值为w)，以Ctrl+Z结束：
A B 1
C D 1
C E 1
D E 1
^Z
图共有6个点，4条边(无向图计数两次)：
--------------------------------------------
编号    头结点   边结点链表
  0      A      |0|1|
  1      B      |0|1|
  2      C      |2|4|    |2|3|
  3      D      |3|4|    |2|3|
  4      E      |3|4|    |2|4|
  5      F
```

图 7.28　无向图的邻接多重表构造算法演示

常见操作,而这些操作将会在已经定义好的几种图的头文件的基础上,通过创建新的算法头文件来实现。

　　以上为邻接多重表存储图的功能介绍及实现,其最终的头文件结构如图 7.29 所示。

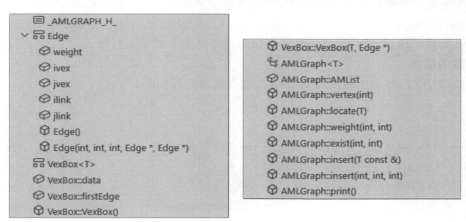

图 7.29　AMLGrapg.h 头文件结构

7.3　图的遍历算法实现

　　和树的遍历一样,图的遍历是图问题中最基本和最重要的操作。从图 G 的某个顶点 v_i 出发访遍 G 中其余顶点,且使每个顶点仅被访问一次,这个过程就称为图的遍历(graph traversal)。图的遍历要注意 3 个问题:一是图的特点是没有首尾之分,所以要指定访问的第一个顶点；二是图中可能存在回路，从而产生遍历中的死循环情况，所以设计遍历方法要考虑遍历路径可能的回路问题；三是图的任一顶点都可能与其他顶点相通，在访问完某个顶点之后可能会沿着某些边又回到了曾经访问过的顶点，所以必须对访问过的顶点加上标记以避免重复访问。

图有两种常见的遍历形式：深度优先遍历和广度优先遍历。下面介绍这两种常用的遍历算法。

7.3.1　深度优先遍历算法

1. 算法功能

图的深度优先遍历（depth first search，DFS）算法，即从图的第一个顶点出发，按照深度方向搜索，实现对图中的所有顶点访问且只访问一次。

2. 算法思路

图的深度优先遍历算法的基本思想如下。

（1）从图的第一个顶点 v_0 出发，首先访问 v_0。

（2）找出 v_0 的第一个未被访问的邻接点，然后访问该顶点。以该顶点为新顶点，重复该步骤，直到刚访问过的顶点没有未被访问的邻接点为止。

（3）返回前一个访问过的且仍有未被访问的邻接点的顶点，找出该顶点的下一个未被访问的邻接点，访问该顶点，然后执行步骤（2）。

（4）如果还有顶点未被访问，则选中另一个起始顶点，转向步骤（2）重复上述过程。

（5）若所有的顶点都被访问到，则深度优先遍历结束。

为保证图中每个顶点仅访问一次，需要为每个顶点设置一个访问标志，当该顶点没有访问为 false，访问之后为 true。

可以发现，图的深度优先遍历算法本质上可以视为一种递归算法。

3. 实例描述

例如，对图 7.30(a)中有向图 G 的深度优先遍历过程如下。

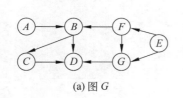
(a) 图 G

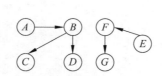
(b) 图 G 的深度优先遍历序列

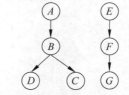
(c) 图 G 的深度优先生成森林

图 7.30　图的深度优先遍历示例

（1）从顶点 A 出发，访问顶点 A，之后访问 A 邻接的第一个顶点 B。

（2）以 B 为起点，访问与 B 邻接的第一个顶点 C。

（3）以 C 为起点，访问与 C 邻接的第一个顶点 D。

（4）D 没有邻接点，返回 C。

（5）C 无相邻顶点未被访问，返回 B。

（6）B 无相邻顶点未被访问，返回 A，A 无相邻顶点未被访问。

（7）至此，从 A 出发的邻接点都已访问完，但图中还有顶点未被访问。从未被访问的顶点中选取一个顶点 E 作为出发点，访问顶点 E。

（8）从顶点 E 出发，访问其第一个邻接点 G。

（9）以 G 为起点，有邻接点 D，但是 D 已经被访问，返回 G。

（10）G 无相邻顶点未被访问，返回 E。

（11）从顶点 E 出发，邻接点 G 已经被访问，访问其另一个邻接点 F。

（12）以 F 为起点，有邻接点 B，但是 B 已经被访问，返回 E。之后从 E 出发，其邻接点都已被访问。

（13）该有向图的深度优先遍历结果为 A、B、C、D、E、G、F。

顶点的邻接顶点的次序是任意的，因此深度优先遍历的序列可能有多种。进行深度优先遍历时，可得到深度优先生成树。如图 7.30(c) 是深度优先遍历得到的一棵深度优先生成树。使用不同的遍历图的方法，可能得到不同的生成树；从不同的顶点出发，也可能得到不同的生成树。

4. 参考程序

在之前定义的邻接表的类中，定义了 DFS(int u，bool ＊ visited) 和 DFS() 两个用于实现深度优先遍历算法的函数，现在将在另一个头文件 LGraph_algorithm.h 中实现它们。

该头文件中相关函数定义如下。

```
1.   #ifndef _LGRAPH_ALGORITHM_H_
2.   #define _LGRAPH_ALGORITHM_H_
3.
4.   #include "../Queue/Queue.h"
5.   #include "LGraph.h"
6.
7.   //深度优先遍历递归函数
8.   template <typename T>
9.   void LGraph<T>::DFS(int u, bool * visited)
10.  {
11.      visited[u] =true;
12.      std::cout <<AdjList[u].info().data <<" ->";
13.      LNode<VNode<T>> * p =AdjList[u].head();
14.      while (p !=NULL)
15.      {
16.          int v =p->data.adjvex;
17.          //对每一个未访问结点进行深度优先遍历
18.          if (!visited[v])    DFS(v, visited);
19.          p =p->next;
20.      }
21.  }
22.
23.  //深度优先遍历
24.  template <typename T>
25.  void LGraph<T>::DFS()
```

```
26.    {
27.         //记录结点是否被访问
28.         bool * visited = new bool[this->n]();
29.         std::cout << "深度优先遍历该图的结果:\n";
30.         for (int i = 0; i < this->n; i++)
31.             if (!visited[i])    DFS(i, visited);
32.         std::cout << "完成\n";
33.         delete[] visited;
34.    }
```

在邻接表表示的图中进行深度优先遍历时，定义文件中的主程序如下。

```
1.    #include "LGraph.h"
2.    #include "LGraph_algorithm.h"
3.    #include <iostream>
4.    using namespace std;
5.
6.    int main()
7.    {
8.         //通过父类指针指向不同的子类来实现图的多态
9.         Graph<char> * G = new LGraph<char>();
10.        create_Graph(G, true);                      //有向图
11.        print_Graph(G);
12.        //以邻接表为例实现深度优先与广度优先遍历
13.        LGraph<char> * LG = dynamic_cast<LGraph<char> * >(G);
14.        if (LG) LG->DFS();
15.        return 0;
16.   }
```

5. 运行结果

输入有向图的顶点数为 7，边数为 9，然后依次输入每条弧的弧尾和弧头顶点，最后打印建立的有向图的邻接表和深度优先遍历的结果，如图 7.31 所示。

6. 算法分析

对于有 n 个顶点，e 条边的图，如果用邻接表作为图的存储结构，找邻接顶点所需时间为 $O(e)$，而且对所有顶点递归访问一次，所以，以邻接表作存储结构时，深度优先遍历图的时间复杂度为 $O(n+e)$。

如果用邻接矩阵作为图的存储结构，查找一个顶点的邻接点，所需时间为 $O(n)$，则遍历图中所有顶点所需的时间为 $O(n^2)$。

7.3.2 广度优先遍历算法

1. 算法功能

图的广度优先遍历(breadth first search, BFS)算法，即从图的第一个顶点出发，按照广度方向搜索，对图中的所有顶点访问且只访问一次。若此时图中尚有顶点未被访问，则另选图中一个未曾被访问的顶点作起始点，重复上述过程，直至图中所有顶点都被访

```
请输入图的顶点，以Ctrl+Z结束：
A B C D E F G
第1个点为：A
第2个点为：B
第3个点为：C
第4个点为：D
第5个点为：E
第6个点为：F
第7个点为：G
^Z
请输入图中的边(从u到v，权值为w)，以Ctrl+Z结束：
A B 1
B C 1
B D 1
C D 1
E G 1
E F 1
F B 1
F G 1
G D 1
^Z
图共有7个点，9条边(无向图计数两次)：
------------------------------------------------
编号    顶点    相邻点编号
  0      A        1
  1      B        3  2
  2      C        3
  3      D
  4      E        5  6
  5      F        6  1
  6      G        3
------------------------------------------------
深度优先遍历该图的结果：
A -> B -> D -> C -> E -> F -> G -> 完成
```

图 7.31　图的深度优先遍历算法演示

问到为止。

2. 算法思路

图的广度优先遍历算法的基本思想如下。

（1）从图的第一个顶点 v_0 出发，首先访问 v_0。

（2）依次访问 v_0 的各个未被访问的邻接点。

（3）分别把已访问过的顶点放入一个辅助队列中，从这些邻接点出发，依次访问它们的各个未被访问的邻接点。

（4）如果图中还有顶点未被访问，则选中另一个起始顶点，也标记为 v_0，转向（2）。

（5）所有的顶点都被访问到，则广度优先遍历结束。

广度优先遍历是一种分层的搜索过程，每向前走一步可能访问一批顶点，不像深度优先遍历那样有回退的情况。遍历过程为了实现逐层访问，算法中要使用一个队列，记忆正在访问的这一层和上一层的顶点，以便向下一层访问。

与深度优先遍历过程一样，为避免重复访问，需要辅助数组 visited［］给被访问过的顶点加标记，当该顶点没有被访问为 false，已被访问之后为 true。

顶点的邻接顶点的次序是任意的，因此广度优先搜索的序列可能有多种。

3. 实例描述

例如，图 7.32(a)中无向图 G 的广度优先遍历结果如图 7.32(b)所示。

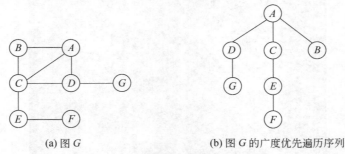

(a) 图 G　　　　　　　　　(b) 图 G 的广度优先遍历序列

图 7.32　无向图的广度优先遍历示例

遍历过程如下。

（1）从顶点 A 出发，访问顶点 A，访问 A 的邻接点 B、C、D，并依次入队，队列中元素为 B、C 和 D。

（2）B 的邻接点均已被访问，B 出队，队列中元素为 C 和 D。

（3）C 的邻接点中 B、A、D 已经被访问，E 未被访问，则访问 E 并入队，C 出队，队列中元素为 D 和 E。

（4）D 的邻接点中 C、A 已经被访问，G 未被访问，则访问 G 并入队，D 出队，队列中元素为 E 和 G。

（5）E 的邻接点中 C 已经被访问，F 未被访问，则访问 F 并入队，E 出队，队列中元素为 G 和 F。

（6）G 的邻接点 D 已经被访问，G 出队，队列中元素为 F。

（7）F 的邻接点 E 已经被访问，F 出队，队列为空。

（8）最后该无向图的广度优先遍历结果为 A、B、C、D、E、G、F。

对图进行广度优先遍历可得到该图的广度优先生成树。如图 7.32(b)是对图 G 广度优先遍历得到的一棵广度优先生成树。使用不同的遍历图的方法，可以得到不同的生成树；从不同的顶点出发进行广度优先遍历，也可能得到不同的广度优先生成树。

4. 参考程序

在 Lgraph_algorithm.h 头文件中，定义广度优先遍历相关的函数。

Lgraph_algorithm.h 头文件中相关函数定义如下。

```
1.    //广度优先遍历
2.    template <typename T>
3.    void LGraph<T>::BFS()
4.    {
5.        bool * visited =new bool[this->n]();
6.        std::cout <<"广度优先遍历该图的结果:\n";
7.        //使用队列记录广度优先遍历次序
8.        Queue<int>Q;
9.        for (int i =0; i <this->n; i++)
```

```
10.          if (!visited[i])
11.          {
12.              Q.enqueue(i);
13.              visited[i] =true;
14.              while (!Q.empty())
15.              {
16.                  //取队列中队头顶点
17.                  int u =Q.dequeue();
18.                  std::cout <<AdjList[u].info().data <<" ->";
19.                  //遍历队头顶点相邻的顶点
20.                  LNode<VNode<T>> * p =AdjList[u].head();
21.                  while (p !=NULL)
22.                  {
23.                      int v =p->data.adjvex;
24.                      //若未访问则将其入队
25.                      if (!visited[v])
26.                      {
27.                          Q.enqueue(v);
28.                          visited[v] =true;
29.                      }
30.                      p =p->next;
31.                  }
32.              }
33.          }
34.      std::cout <<"完成\n";
35.      delete[] visited;
36. }
```

在邻接表表示的图中进行广度优先遍历时,定义文件中的主程序如下。

```
1.   #include "LGraph.h"
2.   #include "LGraph_algorithm.h"
3.   #include <iostream>
4.   using namespace std;
5.
6.   int main()
7.   {
8.       //通过父类指针指向不同的子类来实现图的多态
9.       Graph<char> * G =new LGraph<char>();
10.      create_Graph(G);                          //无向图
11.      print_Graph(G);
12.      //以邻接表为例实现深度优先与广度优先遍历
13.      LGraph<char> * LG =dynamic_cast<LGraph<char> * >(G);
14.      if (LG)       LG->BFS();
15.      return 0;
16. }
```

5. 运行结果

输入无向图的顶点数为 7，边数为 8，然后依次输入每条边依附的顶点，最后打印建立的无向图的邻接表和广度优先遍历的结果，如图 7.33 所示。

```
请输入图的顶点，以Ctrl+Z结束：
A B C D E F G
第1个点为: A
第2个点为: B
第3个点为: C
第4个点为: D
第5个点为: E
第6个点为: F
第7个点为: G
^Z
请输入图中的边(从u到v，权值为w)，以Ctrl+Z结束：
A D 1
A C 1
A B 1
B C 1
C E 1
C D 1
D G 1
F E 1
^Z
图共有7个点，16条边(无向图计数两次)：
-------------------------------------------------
编号      顶点      相邻点编号
  0        A          1  2  3
  1        B          2  0
  2        C          3  4  1  0
  3        D          6  2  0
  4        E          5  2
  5        F          4
  6        G          3
-------------------------------------------------
广度优先遍历该图的结果：
A -> B -> C -> D -> E -> G -> F -> 完成
Press any key to continue . . . _
```

图 7.33　图的广度优先遍历算法演示

6. 算法分析

广度优先遍历图和深度优先遍历图的实质都是通过边（或弧）找邻接点的过程，两种算法的时间复杂度相同，但对顶点的访问顺序不同。

7.4　最小生成树算法实现

假设在 n 个城市之间建立通信网络，要求使得任意两个城市之间可以连通，且建设费用最少。可以用连通网来表示 n 个城市间通信网，其中顶点表示城市，边表示线路，边的权值表示线路的经济代价。这其实是构造连通图的最小代价生成树（minimum cost spanning tree，MST）的问题。

在网 G 的各生成树中，各边权之和最小的生成树称为网 G 的最小代价生成树，简称最小生成树。

最小生成树的性质：假设 $N=(V,E)$ 是一个连通网，U 是顶点集 V 的一个非空子集，若

(u,v)是一条具有最小权值的边,其中$u \in U, v \in V-U$;则(u,v)必在一棵最小生成树上。

证明(反证法):设G的任何MST都不包含(u,v),又设T是G的一个MST,将(u,v)加入T,形成回路。去掉(u',v')得到T',因(u,v)的代价不高于(u',v'),所以T'的边权之和不高于T的边权之和,与假设矛盾。

构造最小生成树的准则如下。

(1)必须只使用该网络中的边来构造最小生成树。

(2)必须使用且仅使用$n-1$条边来联结网络中的n个顶点。

(3)不能使用产生回路的边。

构造最小生成树的方法有许多种,典型的构造方法有两种:一种称为普里姆(Prim)算法,另一种称为克鲁斯卡尔(Kruskal)算法。

7.4.1 普里姆算法

1. 算法功能

采用邻接矩阵存储无向图,采用普里姆算法构造其最小生成树。

2. 算法思路

假设$G=(V,E)$是一个网络,其中V为网中顶点的集合,E为网中带权边的集合。设置两个新的集合U和T,其中U用于存放网G的最小生成树的顶点的集合,T用于存放网G的最小生成树的带权边的集合。具体的算法思想可以归纳如下。

(1)首先将初始顶点u_0加入U中,即集合U的初值为$U=\{u_0\}$(假设构造最小生成树时均从顶点u_0开始)。

(2)重复执行以下操作:在所有$u \in U, v \in V-U$的边$(u,v) \in E$中找一条代价最小的边(u_0,v_0)并入集合T,同时v_0并入U,直至$U=V$为止。此时T中必有$n-1$条边,求得G的最小生成树。

可以看出,普里姆算法逐步增加U中的顶点,直到网络中的所有顶点都加入到生成树顶点集合U中为止,普里姆算法又称为"加点法"。

3. 实例描述

在构造最小生成树过程中,需要附设一个辅助数组closedge,以记录从U到$V-U$具有最小代价的边。对每个顶点$v \in V-U$,closedge[v]记录所有与U中v邻接的边的顶点和边权值信息。它包括两个域:adjvex和lowcost,其中lowcost存储边的权值,adjvex存储边依附在U中的顶点。显然有

$$\text{closedge}[i-1].\text{lowcost} = \text{Min}\{\text{cost}(u,v_i) | u \in U\}$$

例如,以图7.34(a)中的无向图为例,构造其最小生成树。若选择从顶点A出发,即$u_0=A$,则辅助数组closedge的初始状态如图7.34(a)所示。

选择其中的最小权12对应的边为closedge[1],将顶点B加入生成树顶点集合U,输出最小生成树的第1条边(A,B),并修改数组closedge的相关信息,如图7.34(b)所示。

按照上述操作,将顶点E加入生成树顶点集合U,输出最小生成树的第2条边(B,E),并修改数组closedge的相关信息,如图7.34(c)所示。

将顶点D加入生成树顶点集合U,输出最小生成树的第3条边(E,D),并修改数组closedge的相关信息,如图7.34(d)所示。

　　将顶点 F 加入生成树顶点集合 U，输出最小生成树的第 4 条边 (E,F)，并修改数组 closedge 的相关信息，如图 7.34(e)所示。

　　将顶点 C 加入生成树顶点集合 U，输出最小生成树的第 5 条边 (D,C)，并修改数组 closedge 的相关信息，如图 7.34(f)所示。

　　将顶点 G 加入生成树顶点集合 U，输出最小生成树的第 6 条边 (A,G)，并修改数组 closedge 的相关信息，如图 7.34(g)所示。

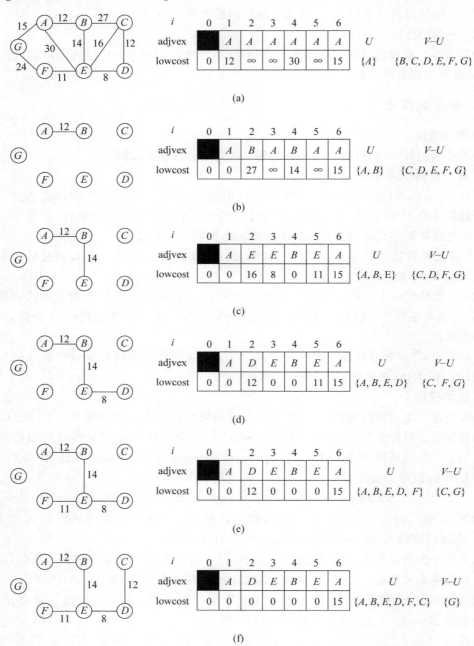

图 7.34　普里姆算法构造最小生成树的过程示例

图 7.34 （续）

4. 参考程序

在 Mgraph_algorithm.h 头文件中,定义上述结构体以及普里姆算法所需的函数。
Mgraph_algorithm.h 头文件中结构体与相关函数定义如下。

```
1.   #ifndef _MGRAPH_ALGORITHM_H_
2.   #define _MGRAPH_ALGORITHM_H_
3.
4.   #include ".../Sort/Heap.h"              //Kruskal
5.   #include ".../Tree/DisjSets.h"          //Kruskal
6.   #include "MGraph.h"
7.
8.   //Prim算法从 u 点开始 (默认为编号 0 的点) 构造最小生成树
9.   template <typename T>
10.  void MGraph<T>::Prim(int u)
11.  {
12.      //Prim算法辅助结构体
13.      struct closedge
14.      {
15.          int adjvex;
16.          int lowcost;
17.
18.          closedge() {}
19.          closedge(int a, int l =INT_MAX)
20.              : adjvex(a), lowcost(l) {}
21.      };
22.
23.      if (u <0 || u >=this->n)
24.      {
25.          std::cout <<"起始点错误!\n";
26.          return;
27.      }
28.
29.      //初始化辅助数组
30.      closedge closedges[this->n];
31.      for (int i =0; i <this->n; i++)
32.          if (i !=u) closedges[i] =closedge(u, E[u][i]);
33.          else      closedges[i].lowcost =0;
```

```
34.
35.        std::cout <<"该图的最小生成树上的边为:\n";
36.        //Prim算法
37.        for (int i =1; i <this->n; i++)
38.        {
39.            //求辅助数组中边权值最小的边所对应的序号
40.            int k, min = INT_MAX;
41.            for (int j =0; j <this->n; j++)
42.                if (closedges[j].lowcost !=0 &&
43.                    closedges[j].lowcost <min)
44.                {
45.                    min =closedges[j].lowcost;
46.                    k =j;
47.                }
48.            if (min == INT_MAX)
49.            {
50.                std::cout <<"此图不连通!\n";
51.                return;
52.            }
53.            std::cout <<'(' <<V[closedges[k].adjvex]
54.                    <<',' <<V[k] <<')';
55.            closedges[k].lowcost =0;
56.            //更新辅助数组
57.            for (int j =0; j <this->n; j++)
58.                if (E[k][j] <closedges[j].lowcost)
59.                    closedges[j] =closedge(k, E[k][j]);
60.        }
61.        std::cout <<'\n';
62. }
```

使用普里姆算法对邻接矩阵表示的图构造最小生成树时,定义文件中的主程序如下。

```
1.    # include "MGraph.h"
2.    # include "MGraph_algorithm.h"
3.    # include <iostream>
4.    using namespace std;
5.
6.    int main()
7.    {
8.        //通过父类指针指向不同的子类来实现图的多态
9.        Graph<char> * G =new MGraph<char>();
10.       create_Graph(G);                              //无向图
11.       print_Graph(G);
12.       MGraph<char> * MG =dynamic_cast<MGraph<char> * >(G);
13.       if (MG) MG->Prim();
14.       return 0;
```

```
15. }
```

5. 运行结果

输入无向图的顶点数为 7,边数为 10,然后依次输入每条边依附的两个顶点及该边的权值信息,最后打印建立的无向图的邻接矩阵和最小生成树上的每条边,如图 7.35 所示。

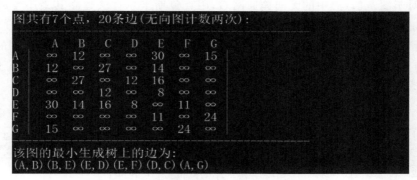

图 7.35　普里姆算法构造最小生成树算法演示

6. 算法分析

设连通网中有 n 个顶点,则该算法的时间复杂度为 $O(n^2)$,与网中的边数无关,因此适用于边稠密的网络。

7.4.2　克鲁斯卡尔算法

1. 算法功能

采用邻接矩阵存储无向图,采用克鲁斯卡尔算法建立最小生成树。

2. 算法思路

与普里姆算法不同,克鲁斯卡尔算法是一种按照网中边权递增顺序构造最小生成树的方法。克鲁斯卡尔算法的思想如下。

(1) 设有一个有 n 个顶点的连通网 $G=(V,E)$,最初先构造一个只有 n 个顶点、没有边的非连通图 $T=(V,\varnothing)$,图中每个顶点自成一个连通分量。

(2) 当在 E 中选到一条具有最小权值的边时,若该边的两个顶点落在不同的连通分量上,则将此边加入到 T 中;否则,将此边舍去,重新选择下一条权值最小的边。

(3) 如此重复下去,直到所有顶点在同一个连通分量上为止。

3. 实例描述

利用最小堆(min heap)和并查集(disjoint sets)来实现克鲁斯卡尔算法。最小堆中存放剩余的边,堆的结点结构如图 7.36 所示。

图 7.36 中,tail 和 head 为边的两个顶点的位置,cost 为边的权。利用并查集的运算检查依附于一条边的两个顶点 tail、head 是否在同一个连通分量(即并查集的同一个子集合)上,如

tail	head	cost

图 7.36　堆的结点结构

果是则舍去这条边;否则,将此边加入 T,同时将这两个顶点放在同一个连通分量上。随着各边逐步加入到最小生成树的边集合中,各连通分量也在逐步合并,直到形成一个连通分量为止。

　　而并查集是一种树状数据结构，主要用于处理不相交集合的合并与查询，在不相交集合森林中，每个成员仅指向它的父结点，该数据结构主要有以下操作：FIND 操作，通过沿着指向父结点的指针找到树的根；UNION 操作，使得一棵树的根指向另一棵，即将两个集合进行合并。

　　例如，对于图 7.37(a) 中的无向连通网 G，用克鲁斯卡尔算法建立其最小生成树的过程如图 7.37(b)～图 7.37(i) 所示。

　　克鲁斯卡尔算法本身的思想并不复杂，但是想要通过程序实现它，需要使用的最小堆和并查集是稍显复杂的数据结构。下面提供的参考程序供有兴趣的读者研究。至于堆排序的具体介绍，读者可以先行查看本书第 9 章排序中对数据结构堆的讲解。

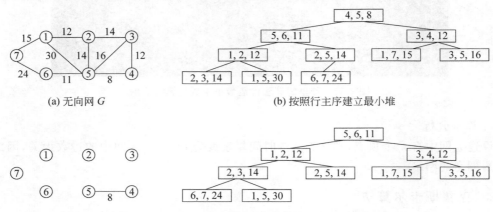

(a) 无向网 G　　　　　　　　　　　　　　(b) 按照行主序建立最小堆

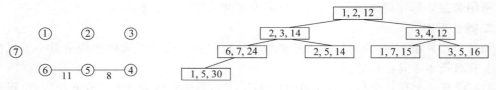

(c) 加入边(4,5,8)，选中的边数 k=1，并把剩余边调整为最小堆

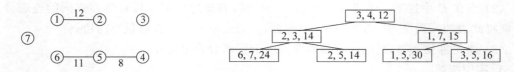

(d) 加入边(5,6,11)，选中的边数 k=2，并把剩余边调整为最小堆

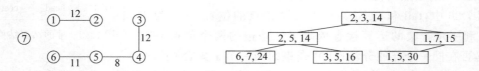

(e) 加入边(1,2,12)，选中的边数 k=3，并把剩余边调整为最小堆

(f) 加入边(3,4,12)，选中的边数 k=4，并把剩余边调整为最小堆

图 7.37　克鲁斯卡尔算法构造最小生成树的过程示例

(g) 加入边(2,3,14), 选中的边数 k=5, 并把剩余边调整为最小堆

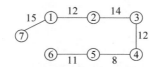

(h) 加入边(2,5,14) 会构成回路, 该边被舍去, 并把剩余边调整为最小堆

(i) 加入边(1,7,15), 选中的边数 k=6, 求出了最小生成树

图 7.37　（续）

4. 参考程序

克鲁斯卡尔算法所需的并查集类 DisjSets.h 定义如下。

```
1.   #ifndef _DISJSETS_H_
2.   #define _DISJSETS_H_
3.
4.   class DisjSets
5.   {
6.   private:
7.       int * parent;                        //父结点数组
8.
9.   public:
10.      DisjSets(int num)
11.      {
12.          //并查集初始化,每个结点都是根结点
13.          parent = new int[num];
14.          for (int i = 0; i < num; i++)    parent[i] = -1;
15.      }
16.
17.      ~DisjSets() { delete[] parent; }
18.
19.      //递归进行并查集查询并进行路径压缩
20.      int find(int x)
21.      {
22.          //父结点大于 0 表示 x 不为根结点
```

```
23.        return parent[x] < 0 ? x : parent[x] = find(parent[x]);
24.    }
25.
26.    //根据根结点数量(负数的绝对值)合并两个根结点
27.    void unionSets(int x, int y)
28.    {
29.        if (inSame(x, y))    return;
30.        int root1 = find(x), root2 = find(y);
31.        if (parent[root2] < parent[root1])
32.        {
33.            parent[root2] += parent[root1];
34.            parent[root1] = root2;
35.        }
36.        else
37.        {
38.            parent[root1] += parent[root2];
39.            parent[root2] = root1;
40.        }
41.    }
42.
43.    //判断 x 和 y 结点是否在一个集合内
44.    bool inSame(int x, int y) { return find(x) == find(y); }
45. };
46.
47. #endif
```

堆的数据结构类 Heap.h 定义如下。

```
1.  #ifndef _HEAP_H_
2.  #define _HEAP_H_
3.
4.  #include "../Vector/Vector.h"
5.
6.  //堆的数据结构的抽象类
7.  template <typename T>
8.  class Heap : public Vector<T>
9.  {
10. protected:
11.     //指定比较函数,用于大顶堆和小顶堆的继承重载
12.     //逻辑为父结点与子结点的比较要求
13.     virtual bool compare(T x, T y) = 0;
14.
15.     //返回第 i 个元素的父结点序号
16.     int parent(int i) { return (i - 1) >> 1; }
17.     //返回第 i 个元素的左孩子结点序号
```

```
18.        int lchild(int i) { return (i <<1) +1; }
19.        //返回第 i 个元素的右孩子结点序号
20.        int rchild(int i) { return (i +1) <<1; }
21.
22.        //对顺序表中的第 i 个元素进行上浮操作
23.        void shiftUp(int i)
24.        {
25.            T tmp =this->elem[i];
26.            //上浮到根结点结束
27.            while (i)
28.            {
29.                //若当前结点与父亲结点比较失败,上浮结束
30.                if (!compare(tmp, this->elem[parent(i)]))       break;
31.                //否则进行交换
32.                this->elem[i] =this->elem[parent(i)];
33.                i =parent(i);
34.            }
35.            this->elem[i] =tmp;
36.        }
37.
38.        //对顺序表中的第 i 个元素进行下沉操作
39.        void shiftDown(int i)
40.        {
41.            T tmp =this->elem[i];
42.            //下沉到最后的结点
43.            while (lchild(i) <=this->length)
44.            {
45.                int child =lchild(i);
46.                //child 指向结果成功的孩子结点
47.                if (rchild(i) <this->length &&
48.                    compare(this->elem[rchild(i)],
49.                            this->elem[lchild(i)]))
50.                    child++;
51.                if (compare(tmp, this->elem[child])) break;
52.                this->elem[i] =this->elem[child];
53.                i =child;
54.            }
55.            this->elem[i] =tmp;
56.        }
57.
58.        //根据数组 array 建立长度为 n 的堆
59.        void heapify(T * array, int n)
60.        {
61.            //插入所有元素
```

```
62.         for (int i = 0; i < n; i++)  this->insert(array[i]);
63.         //只用对所有孩子结点不为空的父结点进行下沉
64.         for (int i = parent(this->length); i >= 0; i--)
65.             shiftDown(i);
66.     }
67.
68. public:
69.     Heap() {}
70.
71.     //返回堆顶元素
72.     T top() { return this->elem[0]; }
73.
74.     //将元素 e 插入堆中
75.     void push(T e)
76.     {
77.         this->insert(e);
78.         shiftUp(this->length - 1);
79.     }
80.
81.     //删除堆顶元素并返回其值
82.     T pop()
83.     {
84.         T max = this->elem[0];
85.         //将堆顶元素与最后元素交换
86.         this->elem[0] = this->elem[--this->length];
87.         //将新的堆顶元素下沉
88.         shiftDown(0);
89.         return max;
90.     }
91. };
92.
93. //小顶堆实现
94. template <typename T>
95. class MinHeap : public Heap<T>
96. {
97. protected:
98.     //指定比较函数,父结点比子结点小
99.     bool compare(T x, T y) { return x < y; }
100.
101. public:
102.     MinHeap() : Heap<T>() {}
103.     MinHeap(T * array, int n) { this->heapify(array, n); }
104. };
105.
```

106. #endif

在 MGraph_algorithm.h 头文件中,定义相关结构体以及克鲁斯卡尔算法所需的函数。
MGraph_algorithm.h 头文件中结构体与相关函数定义如下。

```cpp
1.  //按照 Kruskal 算法构造无向图的最小生成树,并输出各边
2.  template <typename T>
3.  void MGraph<T>::Kruskal()
4.  {
5.      //边的结构体,在 Kruskal 中应用
6.      struct Edge
7.      {
8.          int weight;
9.          int ivex, jvex;                    //该边依附的两个顶点的位置
10.
11.         Edge() {}
12.         Edge(int i, int j, int w = INT_MAX)
13.             : weight(w), ivex(i), jvex(j) {}
14.
15.         //重载'<'运算符
16.         bool operator<(Edge edge) const
17.         {
18.             return this->weight < edge.weight;
19.         }
20.     };
21.
22.     //使用并查集
23.     DisjSets S(this->n);
24.     MinHeap<Edge>H;
25.     //将无向图的所有边构造成最小堆
26.     for (int i = 0; i < this->n; i++)
27.         for (int j = i + 1; j < this->n; j++)
28.             if (exist(i, j))    H.push(Edge(i, j, E[i][j]));
29.
30.     //通过 n-1 趟选择,构造最小生成树
31.     std::cout << "最小生成树上的边为:\n";
32.     for (int i = 1; i < this->n; i++)
33.     {
34.         Edge edge = H.pop();
35.         while (S.inSame(edge.ivex, edge.jvex))    edge = H.pop();
36.         std::cout << "(" << V[edge.ivex]
37.                 << ',' << V[edge.jvex] << ") ";
38.         S.unionSets(edge.ivex, edge.jvex);
39.     }
40. }
```

使用 Kruskal 算法对邻接矩阵表示的图构造最小生成树时，定义文件中的主程序如下。

```
1.   #include "MGraph.h"
2.   #include "MGraph_algorithm.h"
3.   #include <iostream>
4.   using namespace std;
5.
6.   int main()
7.   {
8.       //通过父类指针指向不同的子类来实现图的多态
9.       Graph<char> * G = new MGraph<char>();
10.      create_Graph(G);                            //无向图
11.      print_Graph(G);
12.      MGraph<char> * MG = dynamic_cast<MGraph<char> * >(G);
13.      if (MG)    MG->Kruskal();
14.      return 0;
15.  }
```

5. 运行结果

输入无向图的顶点数为 7，边数为 10，然后输入每条边依附的两个顶点及该边的权值信息，打印该无向图的邻接矩阵和最小生成树上的边，如图 7.38 所示。

图 7.38　克鲁斯卡尔算法演示

6. 算法分析

在建立最小堆时需要检测邻接矩阵，计算的时间代价为 $O(n^2)$，并且做了 e 次堆插入操作，每次插入调用了一个堆调整算法 HeapAdjust()，即堆插入需要的时间代价为 $O(e\log_2 e)$。因此，克鲁斯卡尔算法的时间复杂度为 $O(e\log_2 e + e\log_2 n + n)$。

7.5　图 的 应 用

7.5.1　拓扑排序

1. 算法功能

计划、施工过程、生产流程、程序流程等都是"工程"。除了很小的工程外，一般都把工程分为若干个称为"活动"的子工程。例如，盖新房子包含很多活动：买地、买砖、打桩、砌砖、粉刷和放家具等。活动之间是有一定顺序的，例如不可能砖没砌好就开始粉刷，盖房必须在买地、买砖都完成后才能开始。所以,对于一件工程要确定活动之间的顺序,确定这个顺序的过程就是拓扑排序(topological order)。

拓扑排序的思想是把整个工程看成一个有向无环图,用顶点表示活动,用弧$<v_i, v_j>$表示活动v_i必须先于活动v_j进行。这种有向图称为用顶点表示活动的 AOV(activity on vertices)网络。

AOV 网中不允许有有向环。在 AOV 网络中如果出现了有向环,则意味着某项活动应以自己作为先决条件。因此,对给定的 AOV 网络,必须先判断它是否存在有向环。

检测 AOV 网中是否存在有向环的方法,是对有向图构造其顶点的拓扑有序序列,即把 AOV 网络中各顶点按照它们相互之间的优先关系排列成一个线性序列。

若网中所有顶点都在它的拓扑有序序列中,则该 AOV 网必定不存在有向环。相反,如果得不到满足要求的拓扑有序序列,则说明该 AOV 网络中存在有向环,此 AOV 网络所代表的工程是不可行的。

2. 算法思路

算法思路如下。

(1) 在 AOV 网络中选一个没有直接前趋的顶点,并将其输出。

(2) 从图中删去该顶点,同时删去所有以它为尾的弧。

重复以上两步,直到全部顶点均已输出,拓扑有序序列形成,拓扑排序完成;或者图中还有未输出的顶点,但已跳出处理循环,则说明图中还剩下一些顶点,它们都有直接前趋,再也找不到没有直接前趋的顶点了。这时 AOV 网络中必定存在有向环。

3. 实例描述

没有前趋的顶点即入度为零的顶点;删除顶点及以它为尾的弧,即把弧头顶点的入度减1;使用一个存放入度为 0 的顶点的链式栈,供选择和输出无前趋的顶点,只要出现入度为零的顶点,就将它加入栈中。

有向图拓扑排序的步骤如下。

(1) 以邻接表作存储结构。

(2) 建立入度为 0 的顶点栈,把邻接表中所有入度为 0 的顶点进栈。

(3) 栈非空时,输出栈顶元素 v_j 并退栈;在邻接表中查找 v_j 的直接后继 v_k,把 v_k 的入度减 1;若 v_k 的入度为 0,则进栈。

(4) 重复上述操作直至栈空为止。若栈空时输出的顶点个数少于 AOV 网络的顶点个数,则有向图有环。

图 7.39 描述了有向图 G 的拓扑排序过程中栈和顶点入度数组的变化情况。

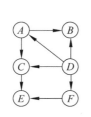

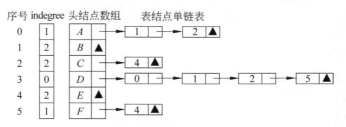

(a) 有向无环图 G (b) 有向无环图 G 的邻接表及 indegree 数组

图 7.39 有向图的拓扑排序过程示例

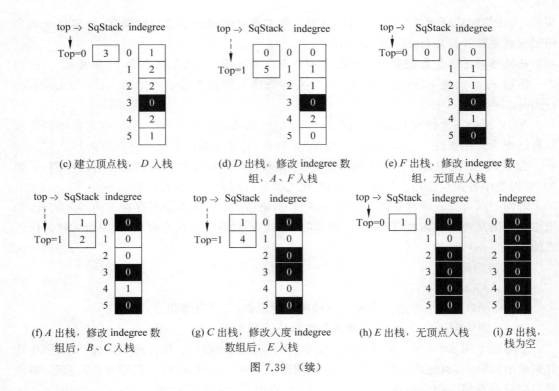

(c) 建立顶点栈，D 入栈

(d) D 出栈，修改 indegree 数组，A、F 入栈

(e) F 出栈，修改 indegree 数组，无顶点入栈

(f) A 出栈，修改 indegree 数组后，B、C 入栈

(g) C 出栈，修改入度 indegree 数组后，E 入栈

(h) E 出栈，无顶点入栈

(i) B 出栈，栈为空

图 7.39 （续）

4. 参考程序

在 LGraph_algorithm.h 头文件中，定义拓扑排序算法所需的函数。

LGraph_algorithm.h 头文件中相关函数定义如下。

```cpp
1.    //计算各结点的入度
2.    template <typename T>
3.    int * LGraph<T>::getIndegree()
4.    {
5.        int * indegree =new int[this->n]();
6.        for (int i =0; i <this->n; i++)
7.        {
8.            LNode<VNode<T>> * p =AdjList[i].head();
9.            while (p !=NULL)
10.           {
11.               indegree[p->data.adjvex]++;
12.               p =p->next;
13.           }
14.       }
15.       return indegree;
16.   }
17.
18.   //拓扑排序
19.   template <typename T>
```

```
20.   bool LGraph<T>::TopologicalSort()
21.   {
22.       int count = 0;
23.       int * indegree = getIndegree();
24.       Stack<int> S;
25.       for (int i = 0; i < this->n; i++)
26.           if (!indegree[i])   S.push(i);
27.
28.       std::cout << "该图拓扑序列为:\n";
29.       while (!S.empty())
30.       {
31.           int u = S.pop();
32.           std::cout << '\t' << vertex(u);
33.           count++;
34.           LNode<VNode<T>> * p = AdjList[u].head();
35.           while (p != NULL)
36.           {
37.               int v = p->data.adjvex;
38.               if (--indegree[v] == 0)     S.push(v);
39.               p = p->next;
40.           }
41.       }
42.       return count == this->n;
43.   }
```

对邻接表表示的图使用拓扑排序算法时,定义文件中的主程序如下。

```
1.    #include "LGraph.h"
2.    #include "LGraph_algorithm.h"
3.    #include <iostream>
4.    using namespace std;
5.
6.    int main()
7.    {
8.        //通过父类指针指向不同的子类来实现图的多态
9.        Graph<char> * G = new LGraph<char>();
10.       create_Graph(G, true);                    //有向图
11.       print_Graph(G);
12.       //以邻接表为例实现深度优先与广度优先遍历
13.       LGraph<char> * LG = dynamic_cast<LGraph<char> * >(G);
14.       if (LG)
15.           if (!LG->TopologicalSort())
16.               cout << "\n 该图中存在回路!\n";
17.       return 0;
18.   }
```

5. 运行结果

输入有向图的顶点数为 6，边数为 8，然后依次输入每条弧的弧尾和弧头顶点，最后打印建立的有向图的邻接表和拓扑排序序列，如图 7.40 所示。

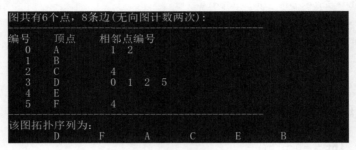

图 7.40　拓扑排序算法演示

6. 算法分析

如果 AOV 网络有 n 个顶点，e 条边，在拓扑排序的过程中，搜索入度为 0 的顶点，建立链式栈所需要的时间是 $O(n)$。在正常的情况下，每个顶点进一次栈，出一次栈，共输出 n 次。顶点入度减 1 的运算共执行了 e 次。所以，拓扑排序算法的时间复杂度为 $O(n+e)$。

7.5.2　关键路径

1. 算法功能

一项建筑工程是由许多具体的活动组成的（假设网络中没有环），有的活动可以并行施工，有的活动则有先后顺序。如何估算完成整个工程至少需要多少时间？为了缩短完成工程所需要的时间，应当加快哪些活动？这些问题的求解将用到图中关键路径算法。

在无环有向网中，用有向边表示工程中的各项活动（activity），用边权表示活动的持续时间（duration），用顶点表示事件（event），这样的有向网称为用边表示活动的 AOE（activity on edges）网。在 AOE 网中，源点表示整个工程的开始点，也称为起点；汇点表示整个工程的结束点，也称为终点。

例如，图 7.41 中的 AOE 网表示一个工程，该工程有 11 项活动，9 个事件。其中，事件 A 为起点，表示整个工程开始，事件 I 为终点，表示整个工程结束。

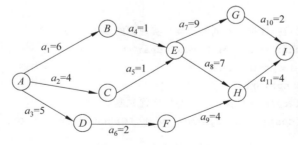

图 7.41　AOE 网示例

一般情况下，工程从开工到完工的有向路径可能不止一条，这些路径的长度也可能不同。完成不同路径的活动所需的时间虽然不同，但只有各路径上所有活动都完成了，整个工程才算完成。因此,完成整个工程所需的时间取决于从开工到完工的最长路径的长度,即在这条路径上所有活动的持续时间之和。路径长度最长的路径就叫做关键路径(critical path)。

2. 算法思路

要找出关键路径,必须找出关键活动,即不按期完成就会影响整个工程完成的活动。设活动 $a_k(k=1,2,\cdots,e)$ 在带权有向边 $<v_i,v_j>$ 上,它的持续时间用 $dut(<v_i,v_j>)$ 表示,则有

(1) 事件的最早发生时间 $ve(i)$:从起点到 v_i 的最长路径长度,意味着事件 v_i 最早能够发生的时刻。

(2) 事件的最迟发生时间 $vl(j)$:不影响工程的如期完工,事件 v_j 最迟必须发生的时刻。

(3) 活动的最早开始时间:$ee(k)=ve(i)$。

(4) 活动的最迟开始时间:$el(k)=vl(j)-dut(<v_i,v_j>)$。

(5) 关键活动:$el(k)=ee(k)$ 的活动。

关键路径上的所有活动都是关键活动。因此,只要找到了关键活动,就可以找到关键路径。

3. 实例描述

例如,图 7.41 中 AOE 网的关键路径求解过程如图 7.42 所示。

首先通过拓扑排序算法找出该 AOE 网中所有存在的顺序路径,并通过计算各路径上各活动的最早开始时间和最迟开始时间,从而找出所有关键活动。

图 7.41 中,a_1、a_4、a_7、a_8、a_{10} 和 a_{11} 是关键活动,组成两条从起点到终点的关键路径是 (A,B,E,G,I) 和 (A,B,E,H,I)。若 a_7 的持续时间改为 8,整个工程的工期并不会缩短。

由此可见,当网络中有几条关键路径时,仅提高一条关键路径上的关键活动的速度还不能导致整个工程缩短工期,而必须同时提高在几条关键路径上的活动的速度。

事件	$ve(i)$	$vl(i)$
A	0	0
B	6	6
C	4	6
D	5	8
E	7	7
F	7	10
G	16	16
H	14	14
I	18	18

(a) 事件发生时间

活动	$ee(k)$	$el(k)$	$el(k)-ee(k)$	关键活动
a_1	0	0	0	是
a_2	0	2	2	否
a_3	0	3	3	否
a_4	6	6	0	是
a_5	4	6	2	否
a_6	5	8	3	否
a_7	7	7	0	是
a_8	7	7	0	是
a_9	7	10	3	否
a_{10}	16	16	0	是
a_{11}	14	14	0	是

(b) 活动的时间余量及关键活动

图 7.42 AOE 网的关键路径求解过程示例

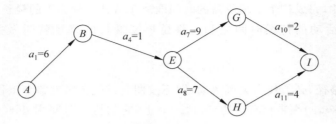

(c) 关键路径

图 7.42 （续）

4. 参考程序

在 LGraph_algorithm.h 头文件中，定义该算法所需的拓扑排序函数以及关键路径函数。

LGraph_algorithm.h 头文件中相关函数定义如下。

```
1.    //拓扑排序,关键路径时使用
2.    //执行后产生最早发生时间数组和拓扑序列的栈
3.    template <typename T>
4.    bool LGraph<T>::TopologicalOrder(int * &ve, Stack<int>&S)
5.    {
6.        int count = 0;
7.        int * indegree = getIndegree();
8.        ve = new int[this->n]();
9.        Stack<int>SS;
10.       for (int i = 0; i < this->n; i++)
11.           if (!indegree[i])    SS.push(i);
12.       while (!SS.empty())
13.       {
14.           int u = SS.pop();
15.           S.push(u);
16.           count++;
17.           LNode<VNode<T>> * p = AdjList[u].head();
18.           while (p != NULL)
19.           {
20.               int v = p->data.adjvex;
21.               if (--indegree[v] == 0)    SS.push(v);
22.               //更新最早发生时间
23.               if (ve[u] + p->data.weight > ve[v])
24.                   ve[v] = ve[u] + p->data.weight;
25.               p = p->next;
26.           }
27.       }
28.       return count == this->n;
29.   }
```

```
30.
31.   //关键路径
32.   template <typename T>
33.   bool LGraph<T>::CriticalPath()
34.   {
35.       int * ve;
36.       Stack<int>S;
37.       if (!TopologicalOrder(ve, S))    return false;
38.       int * vl =new int[this->n];
39.       for (int i =0; i <this->n; i++) vl[i] =ve[S.top()];
40.       while (!S.empty())                    //按拓扑排序逆序求各顶点的 vl 值
41.       {
42.           int u =S.pop();
43.           LNode<VNode<T>> * p =AdjList[u].head();
44.           while (p !=NULL)
45.           {
46.               int v =p->data.adjvex, dut =p->data.weight;
47.               if (vl[u] >vl[v] -dut) vl[u] =vl[v] -dut;
48.               p =p->next;
49.           }
50.       }
51.       std::cout <<"标 * 的活动为图关键路径上的活动\n";
52.       std::cout <<"<Vi,Vj>\t"
53.                 <<"dut\t"
54.                 <<"ee\t"
55.                 <<"el\t"
56.                 <<"( * )\n";
57.       for (int i =0; i <this->n; i++)
58.       {
59.           LNode<VNode<T>> * p =AdjList[i].head();
60.           while (p !=NULL)
61.           {
62.               int j =p->data.adjvex, dut =p->data.weight;
63.               std::cout <<'<' <<vertex(i)
64.                         <<',' <<vertex(j) <<">\t";
65.               std::cout <<dut <<'\t' <<ve[i]
66.                         <<'\t' <<vl[j] -dut <<'\t';
67.               if (ve[i] ==vl[j] -dut)    std::cout <<" * ";
68.               std::cout <<'\n';
69.               p =p->next;
70.           }
71.       }
72.       delete[] ve;
73.       delete[] vl;
74.       return true;
75.   }
```

需要注意的是，上面的拓扑排序函数和之前介绍的略有不同，是为求关键路径时产生最早发生时间数组和拓扑序列的栈，请读者使用时留意。

对邻接表表示的图求关键路径时，定义文件中的主程序如下。

```
1.    #include "LGraph.h"
2.    #include "LGraph_algorithm.h"
3.    #include <iostream>
4.    using namespace std;
5.
6.    int main()
7.    {
8.        //通过父类指针指向不同的子类来实现图的多态
9.        Graph<char> * G = new LGraph<char>();
10.       create_Graph(G, true);                    //有向图
11.       print_Graph(G);
12.       //以邻接表为例实现深度优先与广度优先遍历
13.       LGraph<char> * LG = dynamic_cast<LGraph<char> * >(G);
14.       if (LG)
15.           if (!LG->CriticalPath())
16.               cout << "\n 该图中存在回路!\n";
17.       return 0;
18.   }
```

5. 运行结果

输入有向图的顶点数为 9，边数为 11，然后依次输入每条弧的弧尾和弧头顶点，最后打印建立的有向图的邻接表和关键路径上的活动和各个参数数据，如图 7.43 所示。

图 7.43 关键路径算法演示

6. 算法分析

拓扑排序求 $ve(i)$ 和逆拓扑有序求 $vl(i)$ 所需时间为 $O(n+e)$，求各活动的 $ee(k)$ 和 $el(k)$ 所需时间为 $O(e)$。因此，关键路径算法的时间复杂度是 $O(n+e)$。

7.5.3　最短路径——迪杰斯克拉算法

例如，图 7.44 所示的有向网是一个配送网络，图中的顶点表示可供选择的配送中心；边表示配送中心间的联系；权表示物流费用。考虑到交通的有向性（如单行道等限制），本实例表示为有向网，并称路径上的第一个顶点为源点（source），最后一个顶点为终点（destination）。如何实现以最少物流费用为最优目标的配送中心选址？

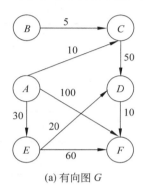

	0	1	2	3	4	5
0	0	∞	10	∞	30	100
1	∞	0	5	∞	∞	∞
2	∞	∞	0	50	∞	∞
3	∞	∞	∞	0	∞	10
4	∞	∞	∞	20	0	60
5	∞	∞	∞	∞	∞	0

(a) 有向图 G 　　　　　　　(b) 有向图 G 的邻接矩阵存储形式

图 7.44　物流配送网络示例

这类问题的求解要用到图的最短路径算法。最短路径包括指定顶点对之间的最短路径（单源最短路径）和所有顶点间的最短路径。最短路径在运输路线的选择和配送中心选址中有广泛的应用。

1. 算法功能

给定一个带权有向图 G 与源点 v，求从 v 到 G 中其他顶点的最短路径，即解决单源最短路径问题。

2. 算法思路

限定各边上的权值大于或等于 0。迪杰斯克拉（Dijkstra）提出了一个按路径长度递增的次序求得最短路径的算法。首先设置两个顶点的集合 S 和 T，集合 S 中存放已找到最短路径的顶点，集合 T 中存放当前还未找到最短路径的顶点。初始状态时，集合 S 中只包含源点，设为 v_0。然后，不断从集合 T 中选择到源点 v_0 路径长度最短的顶点 u 加入集合 S 中。

集合 S 中每加入一个新的顶点 u，都要修改源点 v_0 到集合 T 中剩余顶点的当前最短路径长度值；集合 T 中各顶点的新的当前最短路径长度值，为原来的当前最短路径长度值与顶点 u 的最短路径长度值加上顶点 u 到该顶点的路径长度值（即为从源点过顶点 u 到达该顶点的路径长度）中的较小者。此过程不断重复，直到集合 T 中的顶点全部加入集合 S 中为止。

3. 实例描述

初始时令 $S=\{v_0\}$，$T=\{$其余顶点$\}$。引入一个辅助数组 D，它的每一个分量 $D[i]$ 表示当前找到的从源点 v_0 到终点 v_i 的最短路径的长度。辅助数组 D 的初始状态如下。

（1）若从源点 v_0 到顶点 v_i 有边，则 $D[i]$ 为该边上的权值。

（2）若从源点 v_0 到顶点 v_i 没有边，则 $D[i]$ 为 ∞。

例如，对于图 7.44 中有向网 G，以顶点 A 为源点，用迪杰斯克拉算法求顶点 A 到网中其他各个顶点的最短路径，如图 7.45 所示。

终点	从 A 到各终点的最短路径和最短路径长度				
	$i=1$	$i=2$	$i=3$	$i=4$	$i=5$
B	∞	∞	∞	∞	∞ 无
C	10 {A,C}				
D	∞	60 {A,C,D}	50 {A,E,D}		
E	30 {A,E}	30 {A,E}			
F	100 {A,F}	100 {A,F}	90 {A,E,F}	60 {A,E,D,F}	
v_j	C	E	D	F	
S	{A,C}	{A,C,E}	{A,C,D,E}	{A,C,D,E,F}	{A,C,D,E,F}

图 7.45　迪杰斯克拉算法求解有向网的最短路径示例

4. 参考程序

在 MGraph_algorithm.h 头文件中，定义迪杰斯克拉算法求最短路径所需函数。
MGraph_algorithm.h 头文件中相关函数定义如下。

```
1.    //Dijkstra算法
2.    template <typename T>
3.    void MGraph<T>::ShortestPath_DIJ(int v0)
4.    {
5.        if (v0 < 0 || v0 >= this->n)    return;
6.        //最短路径长度
7.        int * ShortPathTable = new int[this->n];
8.        //若 PathMatrix[v][w]为 TRUE
9.        //则 w 是从v0 到 v 当前求的最短路径上的顶点
10.       bool **PathMatrix = new bool * [this->n];
11.       for (int i = 0; i < this->n; i++)
12.           PathMatrix[i] = new bool[this->n]();
13.       //final[v]为 TRUE,当且仅当 v∈ V-S,即已经求得 v0 到 v 的最短路径
14.       //final[v]为 TRUE,即将 v 加入 S
15.       bool * final = new bool[this->n]();
16.       for (int i = 0; i < this->n; i++)
17.       {
18.           ShortPathTable[i] = E[v0][i];
```

```
19.        if (ShortPathTable[i] < INT_MAX)
20.        {
21.             PathMatrix[i][v0] = true;
22.             PathMatrix[i][i] = true;
23.        }
24.   }
25.   //开始主循环 n-1 次
26.   //每次求得 v0 到某个 v 顶点的最短路径,并加 v 到 S 集
27.   for (int i = 1; i < this->n; i++)
28.   {
29.        int min = INT_MAX, pos;
30.        for (int v = 0; v < this->n; v++)
31.             if (!final[v])
32.                  if (ShortPathTable[v] < min)
33.                  {
34.                       pos = v;
35.                       min = ShortPathTable[v];
36.                  }
37.        final[pos] = true;
38.        //更新当前最短路径及距离
39.        for (int v = 0; v < this->n; v++)
40.             if (v == v0 || !exist(pos, v))  continue;
41.             else if (!final[v] &&
42.                       (min + E[pos][v] < ShortPathTable[v]))
43.             {
44.                  ShortPathTable[v] = min + E[pos][v];
45.                  for (int j = 0; j < this->n; j++)
46.                       PathMatrix[v][j] = PathMatrix[pos][j];
47.                  PathMatrix[v][v] = true;
48.             }
49.   }
50.
51.   //输出结果
52.   for (int i = 0; i < this->n; i++)
53.   {
54.        if (i == v0)     continue;
55.        std::cout << V[v0] << "->" << V[i] << '\t';
56.        if (ShortPathTable[i] < INT_MAX)
57.             std::cout << "最短路径长度=" << ShortPathTable[i]
58.                       << "经过的顶点有:";
59.        else    std::cout << "无路径";
60.        for (int j = 0; j < this->n; j++)
61.             if (PathMatrix[i][j])   std::cout << V[j] << ',';
62.        std::cout << '\n';
63.   }
```

```
64.     //释放数组空间,避免内存泄漏
65.     for (int i = 0; i < this->n; i++) delete[] PathMatrix[i];
66.     delete[] PathMatrix;
67.     delete[] ShortPathTable;
68. }
```

对邻接矩阵表示的图用迪杰斯克拉算法求最短路径时,定义文件中的主程序如下:

```
1.  # include "MGraph.h"
2.  # include "MGraph_algorithm.h"
3.  # include <iostream>
4.  using namespace std;
5.
6.  int main()
7.  {
8.      //通过父类指针指向不同的子类来实现图的多态
9.      Graph<char> * G = new MGraph<char>();
10.     create_Graph(G, true);                  //有向图
11.     print_Graph(G);
12.     MGraph<char> * MG = dynamic_cast<MGraph<char> * >(G);
13.     if (MG)
14.     {
15.         cout << "请输入起始顶点:";
16.         char c;
17.         cin >> c;
18.         MG->ShortestPath_DIJ(MG->locate(c));
19.     }
20.     return 0;
21. }
```

5. 运行结果

输入有向网的顶点数为 6,边数为 8,然后依次输入每条弧的弧尾和弧头顶点,打印建立的有向网的邻接矩阵,输入要求的最短路径的起始顶点 A,打印出 A 到网中其他各个顶点的最短路径长度和经过的顶点,如图 7.46 所示。

图 7.46　迪杰斯克拉算法演示

6. 算法分析

对于有 n 个顶点、e 条边的图,若使用邻接表存储图,迪杰斯克拉算法的时间复杂度为 $O(n\log_2 n + e)$;若使用邻接矩阵表示图,迪杰斯克拉算法的时间复杂度为 $O(n^2)$。

7.5.4　最短路径——弗洛伊德算法

求每一对顶点之间的最短路径,具有代表性的是 1962 年由弗洛伊德(Floyd)提出的算法。Floyd 算法是一个经典的动态规划算法,又称为插点法。该算法名称以创始人之一、1978 年图灵奖获得者、斯坦福大学计算机科学系教授罗伯特·弗洛伊德命名。

1. 算法功能

给定一个带权有向图 G,求从任意顶点 i 到图中其他顶点 j 的最短路径,即解决多源最短路径问题。

2. 算法思路

Floyd 算法运用了动态规划的思想,所以此处对动态规划算法思想作简单介绍,详细内容感兴趣的读者可以自行查阅相关资料。

动态规划(dynamic programming)是运筹学的一个分支,是求解决策过程(decision process)最优化的数学方法,常用来求解最优化问题。通常按照以下 4 个步骤来设计一个动态规划算法。

(1)刻画一个最优解的结构特征。

(2)递归地定义最优解的值。

(3)计算最优解的值,通常采用自底向上的方法。

(4)利用计算出的信息构造一个最优解。

动态规划的本质,是对问题状态的定义和状态转移方程的定义。动态规划是通过拆分问题,定义问题状态和状态之间的关系,使得问题能够以递推(或分治)的方式去解决。如何拆分问题,是动态规划的核心,此时就依靠状态的定义和状态转移方程的定义。

Floyd 算法对状态的定义为,设 $d_{ij}^{(k)}$ 为从结点 i 到结点 j 的所有中间结点全部取自于集合 $\{1,2,\cdots,k\}$ 的一条最短路径的权重。当 $k=0$ 时,从结点 i 到结点 j 的一条不包括编号大于 0 的中间结点的路径将没有任何中间结点。这样的路径最多只有一条边,因此,$d_{ij}^{(k)} = w_{ij}$。其规定的状态转移方程如下。

$$d_{ij}^{(k)} = \begin{cases} w_{ij}, & k=0 \\ \min(d_{ij}^{(k-1)}, d_{ik}^{(k-1)} + d_{kj}^{(k-1)}), & k \geqslant 1 \end{cases}$$

由于任何路径的中间结点都属于顶点集合,所以当 $k=n$ 时给出的就是最后的答案。

3. 实例描述

从代表两个顶点的距离的权矩阵开始,引入一个辅助的二维数组 D 保存各顶点间的最短路矩阵。$D[i][j]$ 代表顶点 i 到顶点 j 的最短路长度,同时还需要一个辅助的二维数组 P 来记录顶点间最短路的路径。辅助数组 P 的初始状态即为源点 v_i 到顶点 v_j 的路径(经过的点)为 j,即 $P[i][j]$ 为 j,而辅助数组 D 的初始状态如下。

(1)若从源点 v_i 到顶点 v_j 有边,则 $D[i][j]$ 为该边上的权值。

(2)若从源点 v_i 到顶点 v_j 没有边,则 $D[i][j]$ 为 ∞。

(3)源点 v_i 到自己的距离为 0,即 $D[i][i]$ 为 0。

接下来建立 3 层循环，每次插入一个顶点作为中转点，比较任意两点间的已知最短路径和插入顶点作为中间顶点时可能产生的路径距离，然后取较小值以得到新的距离权矩阵 D，并更新路径矩阵 P。当所有的顶点均作为中间顶点时得到的最后的权矩阵就反映了所有顶点间的最短距离信息。

例如，对于图 7.44 中有向网 G，用 Floyd 算法求各个顶点到网中其他各个顶点的最短路径，更新过程如下。

$k=2$ 时，中转点为 C，更新 $D[0][3]=\infty$ 为 $D[0][2]+D[2][3]=10+50=60$，更新 $P[0][3]=3$ 为 2。

$k=2$ 时，中转点为 C，更新 $D[1][3]=\infty$ 为 $D[1][2]+D[2][3]=5+50=55$，更新 $P[1][3]=3$ 为 2。

$k=3$ 时，中转点为 D，更新 $D[0][5]=100$ 为 $D[0][3]+D[3][5]=60+10=70$，更新 $P[0][5]=5$ 为 3。

$k=3$ 时，中转点为 D，更新 $D[1][5]=\infty$ 为 $D[1][3]+D[3][5]=55+10=65$，更新 $P[1][5]=5$ 为 3。

$k=3$ 时，中转点为 D，更新 $D[2][5]=\infty$ 为 $D[2][3]+D[3][5]=50+10=60$，更新 $P[2][5]=5$ 为 3。

$k=3$ 时，中转点为 D，更新 $D[4][5]=60$ 为 $D[4][3]+D[3][5]=20+10=30$，更新 $P[4][5]=5$ 为 3。

$k=4$ 时，中转点为 E，更新 $D[0][3]=60$ 为 $D[0][4]+D[4][3]=30+20=50$，更新 $P[0][3]=2$ 为 4。

$k=4$ 时，中转点为 E，更新 $D[0][5]=70$ 为 $D[0][4]+D[4][5]=30+30=60$，更新 $P[0][5]=3$ 为 4。

4. 参考程序

在 MGraph_algorithm.h 头文件中，定义弗洛伊德算法求最短路径所需函数。

MGraph_algorithm.h 头文件中相关函数定义如下。

```
1.    //FLoyd算法
2.    template <typename T>
3.    void MGraph<T>::ShortestPath_Floyd()
4.    {
5.        //定义最短路矩阵与路径矩阵
6.        int **ShortPathTable =new int * [this->n];
7.        int **PathMatrix =new int * [this->n];
8.        for (int i =0; i <this->n; i++)
9.        {
10.           //初始化数组
11.           ShortPathTable[i] =new int[this->n]();
12.           PathMatrix[i] =new int[this->n];
13.           for (int j =0; j <this->n; j++)
14.           {
15.               ShortPathTable[i][j] =(i ==j)? 0 : E[i][j];
16.               PathMatrix[i][j] =j;
```

```
17.                }
18.            }
19.        //Floyd算法核心,3层循环
20.        for (int k = 0; k < this->n; k++)
21.            for (int i = 0; i < this->n; i++)
22.                for (int j = 0; j < this->n; j++)
23.                {
24.                        if (ShortPathTable[i][k] == INT_MAX ||
25.                            ShortPathTable[k][j] == INT_MAX)
26.                            continue;
27.                        //发现由 k 中转更短时进行更新
28.                        if(ShortPathTable[i][j] >
29.                            ShortPathTable[i][k] + ShortPathTable[k][j])
30.                        {
31.                            ShortPathTable[i][j] =
32.                             ShortPathTable[i][k]+ShortPathTable[k][j];
33.                            PathMatrix[i][j] = PathMatrix[i][k];
34.                        }
35.                }
36.
37.        //输出最短路矩阵
38.        std::cout <<"最短路矩阵:\n";
39.        std::cout <<"-------------------------------------------\n";
40.        std::cout <<"    ";
41.        for (int i = 0; i < this->n; i++)
42.            std::cout <<"   " <<vertex(i);
43.        std::cout <<std::endl;
44.        for (int i = 0; i < this->n; i++)
45.        {
46.            std::cout <<vertex(i) <<" |";
47.            for (int j = 0; j < this->n; j++)
48.                if (ShortPathTable[i][j] == INT_MAX)
49.                    std::cout <<"   ∞";
50.                else    printf("%4d", ShortPathTable[i][j]);
51.            std::cout <<" |\n";
52.        }
53.        std::cout <<"-------------------------------------------\n";
54.
55.        //输出多源最短路路径
56.        std::cout <<"各结点间最短路路径为:\n";
57.        for (int i = 0; i < this->n; i++)
58.            for (int j = 0; j < this->n; j++)
59.            {
60.                if (i == j) continue;
61.                if (ShortPathTable[i][j] < INT_MAX)
62.                {
63.                    std::cout <<V[i] <<"->" <<V[j] <<':'
```

```
64.                        <<"最短路径长度="
65.                        <<ShortPathTable[i][j]
66.                        <<",路径为:";
67.                 }
68.             else    continue;
69.             for (int k =i; k !=j; k =PathMatrix[k][j])
70.                 std::cout <<V[k] <<"->";
71.             std::cout <<V[j] <<std::endl;
72.         }
73.     //释放数组空间,避免内存泄漏
74.     for (int i =0; i <this->n; i++)
75.     {
76.         delete[] ShortPathTable[i];
77.         delete[] PathMatrix[i];
78.     }
79.     delete[] ShortPathTable;
80.     delete[] PathMatrix;
81. }
```

对邻接矩阵表示的图用弗洛伊德算法求最短路径时,定义文件中的主程序如下。

```
1.   #include "MGraph.h"
2.   #include "MGraph_algorithm.h"
3.   #include <iostream>
4.   using namespace std;
5.
6.   int main()
7.   {
8.       //通过父类指针指向不同的子类来实现图的多态
9.       Graph<char> * G =new MGraph<char>();
10.      create_Graph(G, true);                      //有向图
11.      print_Graph(G);
12.      MGraph<char> * MG =dynamic_cast<MGraph<char> * >(G);
13.      if (MG)    MG->ShortestPath_Floyd();
14.      return 0;
15.  }
```

5. 运行结果

输入有向网的顶点数为 6,边数为 8,然后依次输入每条弧的弧尾和弧头顶点,打印建立的有向网的邻接矩阵,输出各个顶点的最短路径长度和经过的顶点,如图 7.47 所示。

6. 算法分析

对于有 n 个顶点,e 条边的图,若使用邻接表存储图,Floyd 算法的时间复杂度很容易看出来,3 层嵌套循环对应复杂度为 $O(n^3)$。但是,注意 Floyd 算法是多源点、最短路径,将所有顶点的最短路径一次算出,与迪杰斯克拉算法单源点、最短路径有所不同。

MGraph_algorithm.h 与 LGraph_algorithm.h 头文件的总体定义文件结构如图 7.48 和图 7.49 所示。

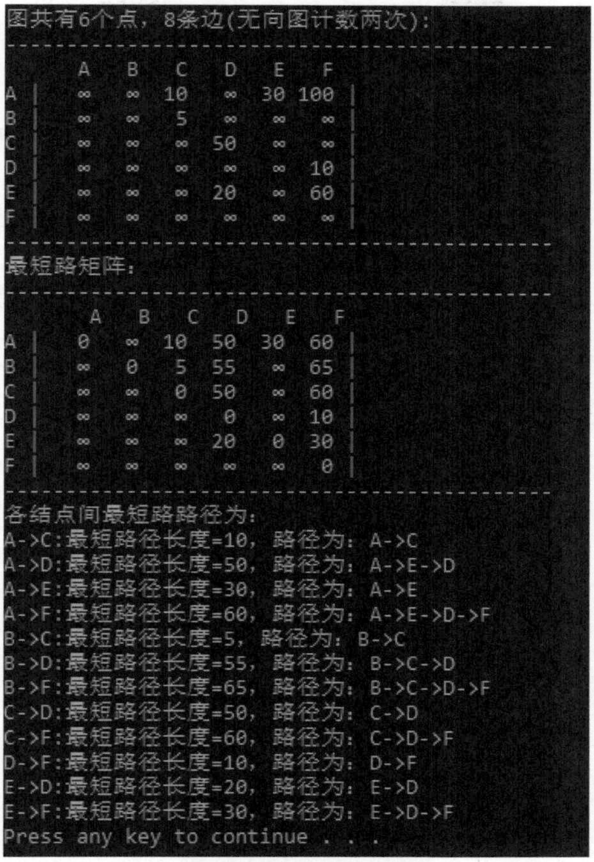

图 7.47　弗洛伊德算法演示

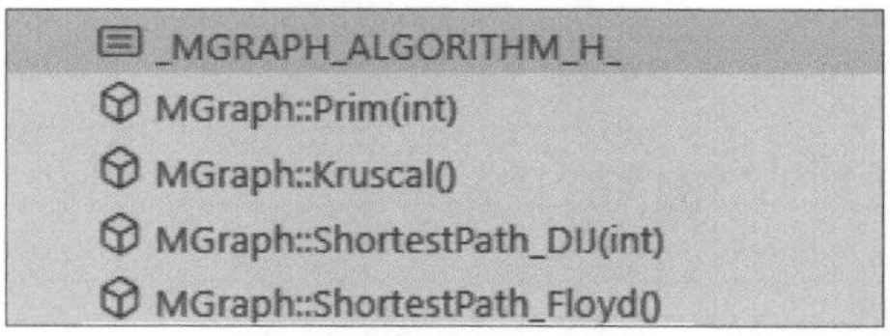

图 7.48　MGraph_algorithm.h 头文件的总体定义文件结构

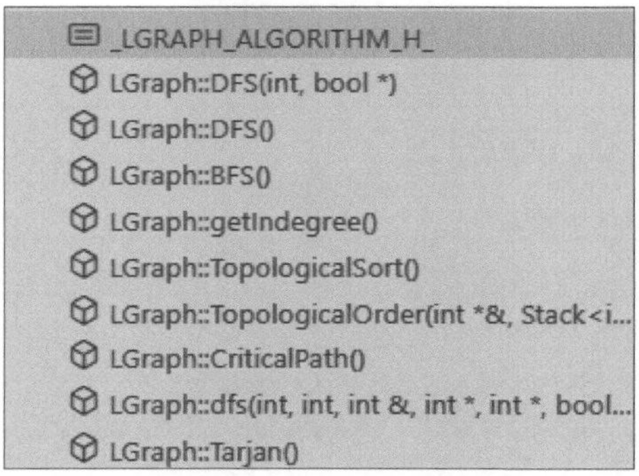

图 7.49　LGraph_algorithm.h 头文件的总体定义文件结构

本 章 小 结

本章介绍了图的存储结构，图的遍历方法，无向图的最小生成树，有向无环图的拓扑排序、关键路径和最短路径问题。

掌握图的 4 种存储结构：数组表示法、邻接表、十字链表和邻接多重表。

掌握图的两种遍历方法：深度优先遍历和广度优先遍历。

掌握构造无向图的最小生成树的算法：普里姆算法和克鲁斯卡尔算法。

掌握图的关键路径算法和求最短路径的迪杰斯克拉算法与弗洛伊德算法。

习题 7   习题 7 参考答案

第8章 查　　找

本章介绍查找的基本概念,静态查找表、动态查找表及哈希表等查找表表示方法,顺序查找、折半查找、分块查找、二叉排序树、二叉平衡树、B-树、哈希表等查找方法及其算法实现与算法分析。

8.1　查找的基本概念

8.1.1　查找的相关术语

1. 查找

查找(searching)又称检索,是根据给定的某个值,在查找表中确定一个其关键字等于给定值的记录或数据元素。查找在日常生活中有着广泛应用,例如,使用搜索引擎查找相关内容,快递公司按照地址寄送包裹,等等。在计算机系统中使用查找的地方也很多,例如,向操作系统申请使用某种资源时系统对资源分配表的查找,在学生信息系统中按照学号查找学生的学习成绩,等等。

2. 关键字

关键字(key)是数据元素(或记录)中某个数据项的值,用它可以标识一个数据元素(或记录)。关键字有主关键字和次关键字之分。主关键字(primary key)是能够唯一地标识一个记录的关键字;次关键字(secondary key)通常不能唯一地标识一个记录,而是识别若干记录。以主关键字进行的查找是最常用、最重要的查找。本章介绍的查找算法都是用主关键字进行的查找。

3. 静态查找与动态查找

按查找过程中进行的操作不同,可以把查找分为静态查找和动态查找两种类型。静态查找是指判断查找表中是否存在关键字等于给定值的数据元素(或记录)。动态查找是指在查找过程中同时插入查找表中不存在的数据元素(或记录),或者从查找表中删除已存在的某个数据元素(或记录)。

4. 查找成功与查找不成功

查找的结果有成功和不成功两种。查找成功时,将返回查找到的对象在查找表中的位置;在静态查找中,查找不成功时则返回失败标志;在动态查找中,查找不成功时则把给定关键字的对象插入对象集合中。

5. 查找算法效率

衡量查找算法效率的标准是平均查找长度(average search length, ASL)。平均查找长度是指为确定待查记录在查找表中的位置,需要与给定值进行比较的关键字个数的期望值。对于含有 n 个记录的表,查找成功时的平均查找长度为

$$ASL = \sum_{i=1}^{n} p_i c_i$$

其中，p_i 是查找表中第 i 个记录的概率，且 $\sum_{i=1}^{n} p_i = 1$；c_i 是找到表中其关键字与给定值相等的第 i 个记录时，和给定值已进行过比较的关键字个数。查找成功和查找不成功的平均查找长度通常是不同的。

8.1.2　查找表结构

线性表和索引顺序表的存储结构适合于静态查找问题。树状存储结构适合于动态查找问题。哈希表存储结构对静态查找问题和动态查找问题均适合。

8.2　顺序表查找算法实现

1. 算法功能

线性表的存储结构有顺序表、单链表、双向链表、循环链表等。与二叉链表、三叉链表不同的是，单链表、双向链表、循环链表这类线性链表在大数据量查找时效率很低，并且不便于进一步重新构造新的存储结构。所以，本算法仅以顺序表结构存储静态查找表，用非递归算法和递归算法分别实现顺序查找。

2. 算法思路

从表中最后一个记录开始，逐个进行记录的关键字与给定值的比较，若某个记录的关键字和给定值比较相等，则查找成功；反之，若直到第一个记录，其关键字与给定值比较仍不相等，则表明表中没有所查找的记录，查找不成功。

该思路还有一种递归的表达方式：将给定值与表中最后一个记录进行比较，若相等，则查找成功；否则，向表中前一个记录重复这一操作。如果直到表中第一个记录的关键值与给定值比较仍不相等，则表明表中没有所查找的记录，查找不成功。

3. 实例描述

例如，在一个顺序表中存储学生成绩，如图 8.1 所示。

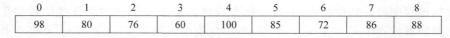

0	1	2	3	4	5	6	7	8
98	80	76	60	100	85	72	86	88

图 8.1　存储学生成绩的顺序表示例

如果要查找是否存在成绩为 100 分的学生，可以从表的最后一条记录开始，逐个与 100 比较，直到找到数组下标为 4 的记录为止，则查找成功。如果要查找 59 分的学生，从表中最后一条记录开始，直到第一条记录，没有关键字与给定值相等的记录，则查找不成功。

4. 参考程序

在 Vector_Search.h 头文件中，实现在顺序表即第 2 章实现的 Vector 类中进行非递归和递归顺序查找所需函数。因此，需要在 Vector.h 头文件中，添加 Vector 类的相关函数定义。

Vector.h 头文件中，Vector 类下添加顺序查找函数定义。

```
1.    public:
2.        //顺序查找[low,high]区间,非递归实现
```

```
3.     int seqSearch(ElemType key, int low, int high);
4.     //顺序查找非递归实现,默认全局查找
5.     int seqSearch(ElemType key)
6.     {
7.         return seqSearch(key, 0, length - 1);
8.     }
9.
10.    //顺序查找[low,high]区间,递归实现
11.    int seqSearch_rec(ElemType key, int low, int high);
12.    //顺序查找默认全局查找,递归实现
13.    int seqSearch_rec(ElemType key)
14.    {
15.        return seqSearch_rec(key, 0, length - 1);
16.    }
```

Vector_Search.h 头文件,对 Vector 类新增的 seqSearch 和 seqSearch_rec 函数定义进行实现。

```
1.    #ifndef _VECTOR_SEARCH_H_
2.    #define _VECTOR_SEARCH_H_
3.
4.    #include "Vector.h"
5.
6.    //顺序查找[low,high]区间,非递归实现
7.    template<typename T>
8.    int Vector<T>::seqSearch(T key , int low , int high)
9.    {
10.        //数据合法性检查
11.        if(low < 0 || high >= length || low > high) return ERROR ;
12.        while (high >= low && elem[high] != key) high--;
13.        if( high < low ) return ERROR ;
14.        else return high ;
15.    }
16.
17.    //顺序查找[low,high]区间,递归实现
18.    template<typename T>
19.    int Vector<T>::seqSearch_rec( T key , int low , int high )
20.    {
21.        int k = 0;
22.        if (low < 0 || high >= length || low > high ) k = -1;
23.        else if (elem[high] == key) k = high;
24.        else k = seqSearch_rec(key , low , high-1 );
25.        return k;
26.    }
27.
28.    #endif
```

定义文件中的主程序如下。

```
1.   # include "../Vector/Vector.h"
2.   # include "../Vector/Vector_search.h"
3.   # include <iostream>
4.   using namespace std;
5.
6.   void CreateVector(Vector<int> &L)
7.   {
8.       int Sqlen;
9.       cout <<"输入顺序表元素个数:";
10.      cin >>Sqlen;
11.      cout <<"请输入顺序表元素:\n";
12.      for (int i =0; i <Sqlen; i++)
13.      {
14.          int e;
15.          cin >>e;
16.          L.insert(e);
17.      }
18.  }
19.
20.  void PrintVector(Vector<int> &L)
21.  {
22.      cout <<"顺序表一共" <<L.size() <<"个元素:\n";
23.      for (int i =0; i <L.size(); i++)    cout <<L[i] <<' ';
24.      cout <<endl;
25.  }
26.
27.  void SearchVector(Vector<int> &L)
28.  {
29.      do
30.      {
31.          int key, pos;
32.          cout <<"请输入待查找的关键字(-1 退出):";
33.          cin >>key;
34.          rewind(stdin);
35.          if (key ==-1)    break;
36.
37.          if ((pos =L.seqSearch_rec(key)) !=-1)
38.              cout <<"递归查找发现," <<key
39.                  <<"在线性表的第" <<pos <<"个位置。\n";
40.          else    cout <<"未找到指定元素。\n";
41.
42.          if ((pos =L.seqSearch(key)) !=-1)
43.              cout <<"非递归查找发现," <<key
44.                  <<"在线性表的第" <<pos <<"个位置。\n";
```

```
45.        else    cout <<"未找到指定元素。\n";
46.     } while (true);
47.  }
48.
49.  int main()
50.  {
51.     Vector<int>L;
52.     CreateVector(L);
53.     PrintVector(L);
54.     SearchVector(L);
55.     return 0;
56.  }
```

5. 运行结果

建立图 8.1 中的顺序表后，输入要查找的关键字，分别用递归顺序查找方法和非递归顺序查找方法进行查找，如图 8.2 所示。

```
输入顺序表元素个数：9
请输入顺序表元素：
98 80 76 60 100 85 72 86 88
顺序表一共9个元素：
98 80 76 60 100 85 72 86 88
请输入待查找的关键字(-1退出):100
递归查找发现，100在线性表的第4个位置。
非递归查找发现，100在线性表的第4个位置。
请输入待查找的关键字(-1退出):59
未找到指定元素。
未找到指定元素。
请输入待查找的关键字(-1退出):-1
```

图 8.2 顺序查找算法演示

6. 算法分析

顺序查找的查找速度取决于记录在表中的位置。查找成功时，平均查找长度 ASL $= np_1+(n-1)p_2+\cdots+2p_{n-1}+p_n$。其中，$n$ 为表长，p_i 为查找表中第 i 个记录的查找概率。

如果要查找的记录在表中出现的概率均相等，则有 $p_i=1/n,\sum_{i=1}^{n}p_i=1,c_i$ 为找到该记录时比较过的关键字的个数，$c_i=n-i+1$。顺序查找算法查找成功时的平均查找长度 ASL 为

$$ASL = \sum_{i=1}^{n}p_ic_i = \sum_{i=1}^{n}\frac{1}{n}i = \frac{n+1}{2}$$

顺序查找算法查找不成功时的平均查找长度 ASL 为

$$ASL = \sum_{i=1}^{n}p_ic_i = \sum_{i=1}^{n}\frac{1}{n}n = n$$

顺序查找算法的平均查找长度应是查找成功与查找不成功时的平均查找长度之和。若表中各个记录的查找概率相等，且查找成功与不成功的可能性相同，则 $p_i=1/2n$，此时顺序查找的平均查找长度为

$$ASL_{平均} = \frac{3(n+1)}{4}$$

8.3 有序顺序表的折半查找算法实现

1. 算法功能

可以用折半查找方法实现有序顺序表的静态查找。有序顺序表的折半查找，又称为二分查找。对于有序顺序表进行顺序查找时，不需要比较完所有对象就可以知道要查找的数据元素（或记录）是否在查找表中。例如，对于非递减有序的顺序表$\{a,d,f,j,n\}$（关键字即为数据元素的值），要查找关键字为 e 的数据元素，从表中第一个数据元素开始比较，当与值为 f 的数据元素比较之后就可判定查找不成功。

2. 算法思路

设 n 个数据元素存放在一个有序顺序表中，并按其关键字从小到大排好了顺序。先求位于查找区间正中的数据元素的下标 mid，用其关键字 $L.\text{elem}[\text{mid}]$ 与给定值 key 比较：

如果 $L.\text{elem}[\text{mid}]=\text{key}$，则查找成功。

如果 $L.\text{elem}[\text{mid}]<\text{key}$，把查找区间缩小到表的前半部分，再继续进行折半查找；

如果 $L.\text{elem}[\text{mid}]>\text{key}$，把查找区间缩小到表的后半部分，再继续进行折半查找。

每比较一次，查找区间缩小一半。如果查找区间已缩小到一个对象，仍未找到想要查找的对象，则查找不成功。

3. 实例描述

以存储在有序顺序表中的学生成绩$\{60,72,76,80,85,86,88,98,100\}$为例，现要查找成绩为 86 的数据元素。假设指针 low 和 high 分别指示待查元素所在范围的下界和上界，指针 mid 指示区间的中间位置，即 $\text{mid}=\lfloor(\text{low}+\text{high})/2\rfloor$。low 和 high 的初值分别为 low＝0，high＝8，$\text{mid}=\lfloor(0+8)/2\rfloor=4$。

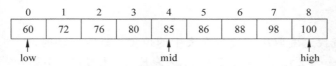

(a) 初始各指针指向待查位置

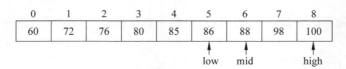

(b) 在高半区间查找 low 指向 5，mid 指向 6

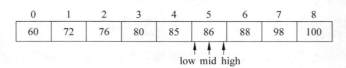

(c) low、mid 和 high 均指向 5，比较相等，查找成功

图 8.3　折半查找过程示例

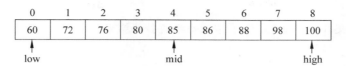

(d) 初始各指针指向待查位置

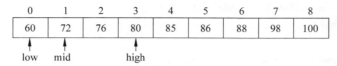

(e) 在低半区间查找，high 指向 3，mid 指向 1

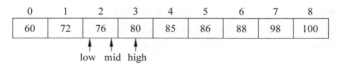

(f) 再折半查找，low、mid 指向 2

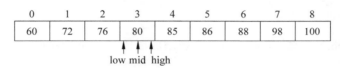

(g) low、mid 和 high 均指向 3，但比较不相等，继续查找

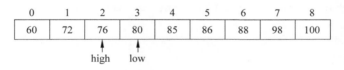

(h) low>high，查找不成功

图 8.3 （续）

首先令查找范围中间位置的数据元素 $L.elem[mid] = 85$ 与给定值 key $=86$ 进行比较，如图 8.3(a)所示。

因为 $L.elem[mid] <$ key，说明待查元素如果存在，必在区间[mid+1,high]的范围内，则令指针 low 指向第 mid+1 个元素，high 不变，求得 mid 的新值为 mid $=\lfloor (5+8)/2 \rfloor = 6$，如图 8.3(b)所示。

仍以 $L.elem[mid] = 88$ 与给定值 key=86 相比较，因为 $L.elem[mid] >$ key，说明待查元素如果存在，必在区间[low,mid-1]的范围内，则令指针 high 指向第 mid-1 个元素，low 不变，求得 mid 的新值为 mid$=\lfloor (5+5)/2 \rfloor = 5$，如图 8.3(c)所示。

仍以 $L.elem[mid] = 86$ 与给定值 key=86 相比较，因为 l.data[mid]=key，则查找成功。所查元素在表中序号等于指针 mid 的值。

查找成绩为 78 的数据元素，其查找过程如图 8.3(d)至图 8.3(h)所示。当下界 low>上界 high 时，在查找表中仍没查找到关键字等于 78 的元素，则查找不成功。

4. 参考程序

Vector.h 头文件中，Vector 类下添加折半查找函数定义。

```
1.  public:
2.      //折半查找[low,high]区间,非递归实现(要求有序)
3.      int binSearch(ElemType key, int low, int high);
4.      //折半查找默认全局,非递归实现(要求有序)
5.      int binSearch(ElemType key)
6.      {
7.          return binSearch(key, 0, length -1);
8.      }
9.
10.     //折半查找[low,high]区间,递归实现(要求有序)
11.     int binSearch_rec(ElemType key, int low, int high);
12.     //折半查找默认全局,递归实现(要求有序)
13.     int binSearch_rec(ElemType key)
14.     {
15.         return binSearch_rec(key, 0, length -1);
16.     }
```

Vector_Search.h 头文件，对 Vector 类新增的函数定义进行实现。

```
1.  //折半查找[low,high]区间,非递归实现(要求有序)
2.  template <typename T>
3.  int Vector<T>::binSearch(T key, int low, int high)
4.  {
5.      if (low <0 || high >=length || low >high) return ERROR;
6.      while (low <=high)
7.      {
8.          int mid = (low +high) / 2;
9.          if (elem[mid] ==key)   return mid;       //检索成功返回
10.         //继续在前半部分进行折半检索
11.         if (elem[mid] >key) high =mid -1;
12.         //继续在后半部分进行折半检索
13.         else    low =mid +1;
14.     }
15.     return ERROR;                                //当 low>high 时表示查找区间为空,检索失败
16. }
17.
18. //折半查找[low,high]区间,递归实现(要求有序)
19. template <typename T>
20. int Vector<T>::binSearch_rec(T key, int low, int high)
21. {
22.     if (low <0 || high >=length || low >high) return ERROR;
23.     int mid = (low +high) / 2;                   //折半
24.     if (elem[mid] ==key)   return mid;           //检索成功返回
```

```
25.     //递归地在前半部分检索
26.     if (elem[mid] > key)   return binSearch(key, low, mid -1);
27.     //递归地在后半部分检索
28.     else    return binSearch(key, mid +1, high);
29.   }
```

定义文件中的主程序如下。

```
1.    # include "../Vector/Vector.h"
2.    # include "../Vector/Vector_search.h"
3.    # include <iostream>
4.    using namespace std;
5.
6.    void CreateVector(Vector<int>&L)
7.    {
8.        int Sqlen;
9.        cout <<"输入顺序表元素个数:";
10.       cin >> Sqlen;
11.       cout <<"请输入顺序表元素:\n";
12.       for (int i =0; i < Sqlen; i++)
13.       {
14.           int e;
15.           cin >> e;
16.           L.insert(e);
17.       }
18.   }
19.
20.   void PrintVector(Vector<int>&L)
21.   {
22.       cout <<"顺序表一共" <<L.size() <<"个元素:\n";
23.       for (int i =0; i < L.size(); i++)   cout <<L[i] <<' ';
24.       cout <<endl;
25.   }
26.
27.   void SearchVector(Vector<int>&L)
28.   {
29.       do
30.       {
31.           int key, pos;
32.           cout <<"请输入待查找的关键字(-1 退出):";
33.           cin >> key;
34.           rewind(stdin);
35.           if (key == -1)   break;
36.           if ((pos =L.binSearch(key)) !=-1)
37.               cout <<"非递归查找发现," <<key
38.                   <<"在线性表的第" <<pos <<"个位置。\n";
```

```
39.        else    cout <<"未找到指定元素。\n";
40.
41.        if ((pos =L.binSearch_rec(key)) !=-1)
42.            cout <<"递归查找发现," <<key
43.                <<"在线性表的第" <<pos <<"个位置。\n";
44.        else    cout <<"未找到指定元素。\n";
45.      } while (true);
46.  }
47.
48.  int main()
49.  {
50.      Vector<int>L;
51.      CreateVector(L);
52.      PrintVector(L);
53.      SearchVector(L);
54.      return 0;
55.  }
```

5. 运行结果

依次输入学生成绩，建立有序表，并在该有序表中查找成绩为 86 和 78 的记录，如图 8.4 所示。

```
输入顺序表元素个数: 9
请输入顺序表元素:
60 72 76 80 85 86 88 98 100
顺序表一共9个元素:
60 72 76 80 85 86 88 98 100
请输入待查找的关键字(-1退出):86
非递归查找发现, 86在线性表的第5个位置。
递归查找发现, 86在线性表的第5个位置。
请输入待查找的关键字(-1退出):78
未找到指定元素。
未找到指定元素。
请输入待查找的关键字(-1退出):-1
```

图 8.4　折半查找算法演示

6. 算法分析

对于一个有 n 个记录的有序表，显然，折半查找算法构造了一棵完全二叉树，其根结点数值为 n，每一个二叉分支结点数值为双亲结点数值除 2，所有叶结点是数值为 1 的结点。

假设有序表中的记录数 n 恰好是满二叉树时的结点个数，即有 $n=2^0+2^1+\cdots+2^{k-1}=2^k-1$，则相应的二叉树深度为 $k=\log_2(n+1)$。在满二叉树的第 i 层上总共有 2^{i-1} 个结点，查找该层上的每个结点需要进行的比较次数和该结点所在层的深度（值为 i）相同。因此，当假设有序表中每个对象的查找概率相等时，查找成功的平均查找长度为

$$\text{ASL} = \sum_{i=1}^{n} p_i c_i = \sum_{i=1}^{n} \frac{1}{n} 2^{l-1} = \frac{n+1}{n}\log_2(n+1) - 1$$

对任意的 n，当 n 较大（$n>50$）时，可有下列近似结果。

$$\text{ASL} = \log_2(n+1) - 1$$

8.4 索引顺序表的分块查找算法实现

8.4.1 索引表

分块查找又称索引顺序查找,是顺序查找的一种改进方法。在分块查找中,除了查找表外,尚需建立一个索引表。例如,图 8.5(a)是一个主表和一个按关键字 key 建立的索引表结构。作为示意,只给出了主表中的关键字 key 值,其他的域名和域值均未给出。索引表中的对象由 key 和 link 两个域构成。其中,key 域为被索引的若干个对象中关键字的最大值,link 域为被索引的若干个记录中第一个记录的下标序号。

索引顺序表是有序表,后一个子表中的所有关键字均大于前一个子表中的最大关键字,但在一个子表内部,关键字的顺序没有要求。

主表上只建立一个索引表时,满足上述建立索引表的要求是很容易的。但是,当还要对主表建立若干个次关键字的索引表时,要按所有索引表的要求对主表排序是不可能的,因为不同的关键字排序结果会完全不相同。因此,建立索引表的一般方法是,先在主表上建立一个和主表完全相同,但只包含索引关键字和该记录在主表中位置信息的表,这种表称为完全索引表,再在完全索引表上建立索引表。主表通常存放在外存,此处的位置即为记录在外存中的地址。例如,图 8.5(b)给出了一个带完全索引表的索引结构。图中完全索引表 link 域到主表位置的索引关系只象征性地画出了前面几条,其余的未画出。

当主表中的记录个数非常庞大时,索引表本身可能也很庞大,此时可按照建立索引表的方法对索引表再建立索引表,这样的索引表称为二级索引表。按照同样的方法,还可以在主表上建立三级索引表等。二级以上的索引结构称为多级索引结构。

索引表结构并不适合动态查找问题,因为每增加或删除一个记录都要重新构造索引表。

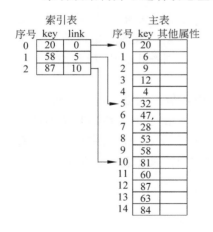

(a) 一个主表和一个按关键字
key 建立的索引表结构

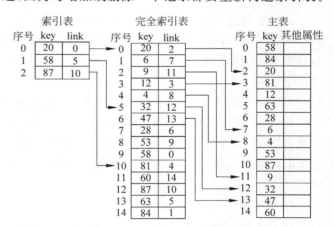

(b) 带安全索引表的索引表结构

图 8.5 索引表结构示例

8.4.2　分块查找算法实现

1. 算法功能

以索引表结构存储静态查找表，实现分块查找。

2. 算法思路

分块查找分为以下两步进行。

（1）索引表是一种有序顺序表结构，首先使用顺序查找或折半查找通过索引判断待查找记录所在的子表（或称块）。

（2）块内顺序查找指定的关键字。若块内记录有序，块内查找也可以使用折半查找以提高效率。

3. 实例描述

如图 8.6 所示的索引表结构中有 20 个记录，被分成 3 块：$(R_0, R_1, R_2, R_3, R_4, R_5, R_6)$、$(R_7, R_8, R_9, R_{10}, R_{11}, R_{12})$、$(R_{13}, R_{14}, R_{15}, R_{16}, R_{17}, R_{18}, R_{19})$，且"块间有序"，即一块中所有记录的关键字均大于前一块中的最大关键字，均小于后一块中的最小关键字。对每块建立一个索引项，其中包括该块最大关键字和该块的起始地址。

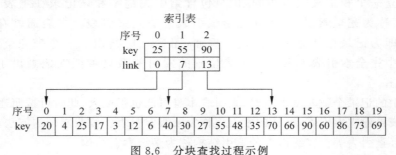

图 8.6　分块查找过程示例

若待查找的关键字 key=12，则先将 key 依次与索引表中各最大关键字进行比较，因为 12<25，所以关键字为 12 的记录若存在，必定在第一块中。由于第一块的起始地址是 0，则自序号为 0 的记录起进行顺序查找，直到 $L.\mathrm{elem}[5]=$key 为止，则查找成功，所查关键字在表中序号等于 5。

若待查找的关键字 key=31，则先将 key 依次与索引表中各最大关键字进行比较，因为 25<31<55，所以关键字为 31 的记录若存在，必定在第二块中。由于第二块的起始地址是 7，则自序号为 7 的记录进行顺序查找，直到该块最后一个记录 $L.\mathrm{elem}[12]$，表中仍然没有记录的关键字与给定的关键字 31 相等，则说明以 31 为关键字的记录在表中不存在，查找不成功。

4. 参考程序

在 IndexTable.h 头文件中，定义索引块结构体以及索引表类。

IndexTable.h 头文件中相关定义如下。

```
1.  #ifndef _INDEXTABLE_H_
2.  #define _INDEXTABLE_H_
3.
```

```
4.    #include "../Vector/Vector.h"
5.    #include "../Vector/Vector_search.h"
6.
7.    //索引块结构体
8.    template <typename T>
9.    struct IndexNode
10.   {
11.       T key;
12.       int address;
13.
14.       IndexNode() {}
15.       IndexNode(int a, T k) : address(a), key(k) {}
16.   };
17.
18.   template <typename T>
19.   class IndexTable
20.   {
21.   private:
22.       //引用的顺序表
23.       Vector<T> * L;
24.       //对应产生的索引表,也是顺序表结构
25.       Vector<IndexNode<T>>table;
26.
27.   public:
28.       //构造函数,绑定引用的顺序表
29.       IndexTable(Vector<T>&L) { this->L =&L; }
30.
31.       //索引查找
32.       int search(T key)
33.       {
34.           //定位索引快
35.           int pos =0;
36.           while (pos <table.size() && key >table[pos].key)
37.               pos++;
38.           if (pos >=table.size()) return -1;
39.
40.           //调用顺序表的顺序查找
41.           int high = (pos ==table.size() -1)
42.                         ? L->size() -1
43.                         : table[pos +1].address -1;
44.           return L->seqSearch(key, table[pos].address, high);
45.       }
46.
47.       //添加一个索引块
48.       void addIndex(int address, T key)
```

```
49.      {
50.          if (address < 0 || address >=L->size())    return;
51.          table.insert(IndexNode<T>(address, key));
52.      }
53. };
54. #endif
```

定义文件中的主程序如下。

```
1.   #include "../Vector/Vector.h"
2.   #include "IndexTable.h"
3.   #include <iostream>
4.   using namespace std;
5.
6.   void CreateVector(Vector<int> &L)
7.   {
8.       int Sqlen;
9.       cout <<"输入顺序表元素个数:";
10.      cin >>Sqlen;
11.      cout <<"请输入顺序表元素:\n";
12.      for (int i =0; i <Sqlen; i++)
13.      {
14.          int e;
15.          cin >>e;
16.          L.insert(e);
17.      }
18.  }
19.
20.  void PrintVector(Vector<int> &L)
21.  {
22.      cout <<"顺序表一共" <<L.size() <<"个元素:\n";
23.      for (int i =0; i <L.size(); i++)    cout <<L[i] <<' ';
24.      cout <<endl;
25.  }
26.
27.  void CreateIndexTable(IndexTable<int> &I)
28.  {
29.      int link, key;
30.      cout <<"输入索引表的内容(起始地址,最大关键字),"
31.          <<"以 Ctrl+Z 结束:\n";
32.      while (cin >>link >>key)   I.addIndex(link, key);
33.      cin.clear();                          //更改 cin 的状态标识符
34.      rewind(stdin);                        //清空输入缓存区
35.  }
36.
37.  void SearchByIndex(IndexTable<int> &I)
```

```
38.  {
39.      do
40.      {
41.          int key, pos;
42.          cout <<"请输入待查找的关键字(-1退出):";
43.          cin >>key;
44.          rewind(stdin);
45.          if (key ==-1)  break;
46.          if ((pos =I.search(key)) !=-1)
47.              cout <<"分块查找发现," <<key
48.                      <<"在线性表的第" <<pos <<"个位置。\n";
49.          else    cout <<"未找到指定元素。\n";
50.      } while (true);
51.  }
52.
53.  int main()
54.  {
55.      Vector<int>L;
56.      CreateVector(L);
57.      PrintVector(L);
58.
59.      IndexTable<int>I(L);
60.      CreateIndexTable(I);
61.      SearchByIndex(I);
62.
63.      return 0;
64.  }
```

5. 运行结果

建立如图 8.6 所示的顺序表及其索引表,并查找关键字为 12 和 31 的记录,如图 8.7 所示。

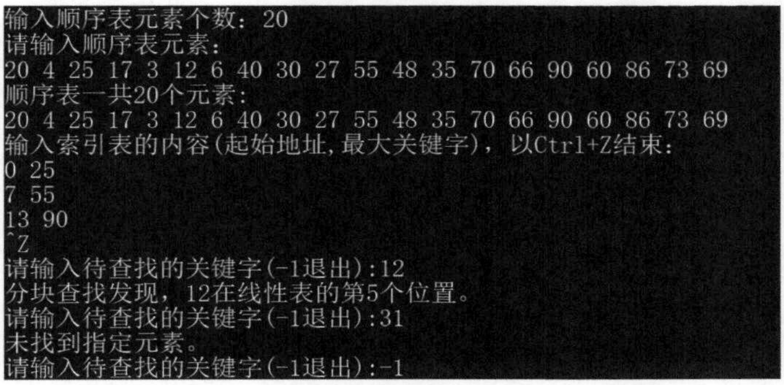

```
输入顺序表元素个数: 20
请输入顺序表元素:
20 4 25 17 3 12 6 40 30 27 55 48 35 70 66 90 60 86 73 69
顺序表一共20个元素:
20 4 25 17 3 12 6 40 30 27 55 48 35 70 66 90 60 86 73 69
输入索引表的内容(起始地址,最大关键字),以Ctrl+Z结束:
0 25
7 55
13 90
^Z
请输入待查找的关键字(-1退出):12
分块查找发现, 12在线性表的第5个位置。
请输入待查找的关键字(-1退出):31
未找到指定元素。
请输入待查找的关键字(-1退出):-1
```

图 8.7 分块查找算法演示

6. 算法分析

分块查找算法的关键字比较次数等于查找索引表的比较次数和查找相应子表的比较次

数之和。假设主表中记录数为 n，索引表的长度为 m，相应子表的长度为 s，假设在索引表上采用顺序查找算法，则分块查找算法的平均查找长度为

$$\text{ASL} = \frac{m+1}{2} + \frac{s+1}{2} = \frac{m+s}{2} + 1 = \frac{1}{2}\left(\frac{n}{s} + s\right) + 1$$

假设采用折半查找确定所在块，则分块查找算法的平均查找长度为

$$\text{ASL} = \log_2\left(\frac{n}{s} + 1\right) + \frac{s}{2}$$

分块查找算法适用于大量数据的查找，效率很高，该算法不足之处是需要建立索引表，并且需要随着数据的更新及时维护索引表。

8.5　二叉排序树及其算法实现

8.5.1　二叉排序树及其查找过程

二叉排序树又称二叉查找树，或者是一棵空树，或者是具有下列性质的二叉树。

（1）若它的左子树不空，则左子树上所有结点的值均小于它的根结点的值。

（2）若它的右子树不空，则右子树上所有结点的值均大于它的根结点的值。

（3）左、右子树本身也分别为二叉排序树。

例如，如图 8.8（a）所示是一棵二叉排序树，图 8.8（b）所示不是二叉排序树。

由定义可知，一棵二叉排序树一定是一棵二叉树。按中序遍历二叉排序树，所得到的中序遍历序列是一个递增有序序列。二叉排序树的查找是一个遍历比较的过程。

（1）p 指向根。

（2）p 的关键字与 key 比较，有以下 3 种情况。

① 若 $p->e.\text{key}=\text{key}$，则查找成功，返回 p 或 $p->e$，结束。

② 若 $p->e.\text{key}>\text{key}$，则到左子树中找，$p$ 指向它的左子女。

③ 若 $p->e.\text{key}<\text{key}$，则到右子树中找，$p$ 指向它的右子女。

（3）重复（2）直到 p 为空，查找不成功，返回空。

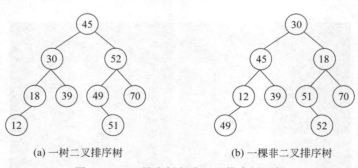

(a) 一树二叉排序树　　　　　　　　　(b) 一棵非二叉排序树

图 8.8　二叉排序树与非二叉排序树示例

例如，在图 8.9（a）所示的二叉排序树中查找关键字等于 7 的记录。

首先把 7 和根结点的关键字作比较，因为 7>3，则查找根结点的右子树。此时右子树非空，且 7<8，则继续查找以结点⑧为根的左子树，此时左子树非空，且 7>5，则查找以结点

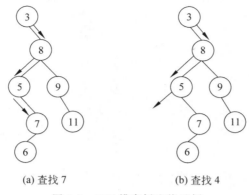

(a) 查找 7 　　　　　　　　 (b) 查找 4

图 8.9　二叉排序树查找示例

⑤为根的右子树。此时右子树非空,且 7 与结点⑤的右子树根结点的关键字相等,则查找成功,返回指向结点⑦的指针值。

　　又如,在图 8.9(b)所示的二叉排序树中查找关键字等于 4 的记录。在 4 与关键字 3、8、5 依次比较后,继续查找以结点⑤为根的左子树,此时左子树为空,则说明树中没有待查记录,查找不成功,返回指针值为空。

　　在查找过程中,若查找成功,则生成一条查找路径:从根结点出发,沿着左分支或右分支逐层向下直至关键字等于给定值的结点;若查找不成功,也生成一条查找路径:从根结点出发,沿着左分支或右分支逐层向下直至指针指向空树为止。

8.5.2　二叉排序树建立及插入结点的过程

　　二叉排序树通常不是一次生成的,而是在动态查找过程中,当树中不存在关键字等于给定值的结点时再进行插入的。因此,二叉排序树的建立和插入结点的过程首先是一个遍历查找过程。

　　(1)向二叉排序树 b 中插入元素 s 时,若 b 是空树,则将 s 所指结点作为根结点插入。

　　(2)否则,查找数据元素 s 是否已在二叉排序树 b 中存在。若已存在,则返回;若不存在,当 s 小于当前叶结点的数据域之值时,则在当前叶结点的左子树指针位置上插入存放数据元素 s 的新结点;当 s 大于当前叶结点的数据域之值时,则在当前叶结点的右子树指针位置上插入存放数据元素 s 的新结点。

　　从空树出发,经过一系列的查找插入操作可生成一棵二叉排序树。

　　例如,待查找的关键字序列为{3,8,5,7,9,6,11},则生成二叉排序树的过程如图 8.10 所示。

　　可见,新插入的结点一定是一个新插入的叶结点,并且是查找不成功时查找路径上访问的最后一个结点的左孩子或右孩子结点,不必移动其他结点,仅需改动某个结点的指针由空变为非空即可。而且,一个无序序列通过构造一棵二叉排序树而变成一个有序序列,构造树的过程即为对无序序列进行排序的过程。

8.5.3　二叉排序树删除结点的过程

　　删除二叉排序树的一个结点,相当于删除有序序列中的一个记录。删除某个结点之后

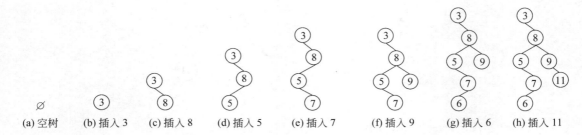

图 8.10　二叉排序树生成过程示例

依然要保持二叉排序树的特性。在做删除之前,先判断要删除的结点是否在二叉排序树中存在。若不存在,则返回;若存在,再按下列 3 种情况分别进行不同的删除操作。

（1）若被删除结点是叶结点,则只需将其双亲结点的相应指针域的值改为"空",直接删除该结点。例如,删除图 8.11（a）中二叉排序树的叶结点⑥,查找到待删除结点后直接删除即可,删除后的结果如图 8.11（b）所示。

（2）若被删结点只有左子树,或者只有右子树,则只需将其双亲结点的相应指针域的值改为"指向被删除结点的左子树或右子树"。例如,删除图 8.11（a）中二叉排序树的结点⑨,查找到待删除结点后,只需将其双亲结点⑧的右孩子指针直接指向被删结点⑨的右子树根结点⑪即可,删除后的结果如图 8.11（c）所示。

（3）若被删结点的左、右子树均非空,有以下两种处理方法。

① 用被删结点的左子树的根代替被删结点,被删结点的右子树作为其中序前趋结点的右子树。例如,删除图 8.11（a）中二叉排序树的结点⑧,首先查找到待删除结点,以结点⑧的左子树的根⑤替代其位置,然后将结点⑧的右子树连接到其中序前趋结点⑦的右链上,删除后的结果如图 8.11（d）所示。

也可以用被删结点的右子树的根代替被删结点,被删结点的左子树作为其中序后继结点的左子树。例如,删除图 8.11（a）中二叉排序树的结点⑧,首先查找到待删除结点,以结点⑧的右子树的根⑨替代其位置,然后将结点⑧的左子树连接到⑧的中序后继结点⑨的左链上,删除后的结果如图 8.11（e）所示。

② 找到被删结点的中序前趋结点,用它的值填补到被删结点中,然后处理前趋结点的删除问题。例如,删除图 8.11（a）中二叉排序树中的结点⑧,首先查找到待删除结点,以结点⑧的中序前趋结点⑦替代其位置,将结点⑦的左子树连接到其双亲的右链上,删除后的结果如图 8.11（f）所示。

也可以找到被删结点中序后继结点,用它的值填补到被删结点中,然后处理后继结点的删除问题。例如,删除图 8.11（a）中二叉排序树的结点⑧,首先查找到待删除结点,以结点⑧的中序后继结点⑨替代其位置,将结点⑨的右子树连接到其双亲的右链上,删除后的结果如图 8.11（g）所示。因为结点⑨是被删结点⑧的中序后继结点,又是其右子树的根,所以如图 8.11（e）和图 8.11（g）所示的删除结果相同。

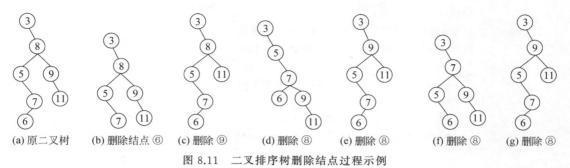

(a) 原二叉树　(b) 删除结点 ⑥　(c) 删除 ⑨　(d) 删除 ⑧　(e) 删除 ⑧　(f) 删除 ⑧　(g) 删除 ⑧

图 8.11　二叉排序树删除结点过程示例

之后给出的程序采取的是用被删结点的右子树的根代替的方法,有兴趣的读者可以在此基础上实现其他几种方法。

8.5.4　二叉排序树的算法实现

1. 算法功能

建立二叉排序树、实现在二叉排序树中插入结点、删除结点、查找和遍历等功能。

2. 参考程序

在 BSTree.h 头文件中,定义二叉排序树类,很明显二叉排序树是一种特殊的二叉树,所以此处继承第 6 章中的二叉树类。

BSTree.h 头文件中相关定义如下。

```
1.   #ifndef _BSTREE_H_
2.   #define _BSTREE_H_
3.
4.   #include "../Tree/BTree.h"
5.
6.   //二叉排序树显然具有二叉树的结构,故继承二叉树 BTree 类
7.   template <typename T>
8.   class BSTree : public BTree<T>
9.   {
10.  private:
11.      //二叉排序树的非递归查找
12.      BTNode<T> * search(T key, BTNode<T> * &fa)
13.      {
14.          BTNode<T> * p =this->root;
15.          while (p)
16.          {
17.              if (key ==p->data) break;
18.              fa =p;
19.              p = (key <p->data) ?p->lc : p->rc;
20.          }
21.          return p;
22.      }
23.
```

```
24.     //对一个结点 p 进行递归查找 key
25.     //p 返回查找结果地址，fa 保存父结点的地址
26.     BTNode<T> * search_rec(BTNode<T> * p, T key, BTNode<T> * &fa)
27.     {
28.         if (!p || key ==p->data) return p;
29.         fa =p;
30.         if (key <p->data) return search_rec(p->lc, key, fa);
31.         else   return search_rec(p->rc, key, fa);
32.     }
33.
34.     //删除 p 结点，其在父结点 fa 中的位置由 sub 代替
35.     void remove(BTNode<T> * &p, BTNode<T> * &fa, BTNode<T> * sub)
36.     {
37.         //被删结点无父结点则为根结点
38.         if (!fa)     this->root =sub;
39.         if (fa->rc ==p)          fa->rc =sub;
40.         else if (fa->lc ==p)   fa->lc =sub;
41.         delete p;
42.     }
43.
44. public:
45.     //插入操作(请不要调用父类的 create()来进行创建)
46.     void insert(T x)
47.     {
48.         BTNode<T> * fa, * p =search(x, fa);
49.         if (p)   return;                          //若已存在则跳过
50.
51.         //若不存在则新建结点
52.         p =new BTNode<T>(x);
53.         if (!this->root) this->root =p;
54.         else if (x <fa->data)     fa->lc =p;
55.         else     fa->rc =p;
56.     }
57.
58.     //二叉排序树的非递归查找
59.     BTNode<T> * search(T key)
60.     {
61.         BTNode<T> * fa =NULL;
62.         return search(key, fa);
63.     }
64.
65.     //二叉排序树的递归查找
66.     BTNode<T> * search_rec(T key)
67.     {
68.         BTNode<T> * fa =NULL;
```

```
69.            return search_rec(this->root, key, fa);
70.        }
71.
72.        //二叉排序树删除结点值为 x 的结点
73.        void remove(T x)
74.        {
75.            BTNode<T> * p, * fa =NULL;
76.            p =search(x, fa);                        //查找被删结点
77.            if (!p) return;                          //未找到待删除结点
78.
79.            //被删结点为叶结点
80.            if (!p->lc && !p->rc) remove(p, fa, NULL);
81.            //被删结点左子树为空,用其右子树替代
82.            else if (!p->lc) remove(p, fa, p->rc);
83.            //被删结点的右子树为空,用其左子树替代
84.            else if (!p->rc) remove(p, fa, p->lc);
85.            else
86.            {
87.                //若被删结点的左、右子树均不为空,则用其右子树
88.                //代替被删结点,同时将被删结点的左子树
89.                //收为其中序遍历后继结点的左孩子
90.                BTNode<T> * child =p->rc;
91.                //找被删结点右子树中序遍历的后继结点
92.                while (child->lc) child =child->lc;
93.                //把被删结点的左子树收为 child 的左孩子
94.                child->lc =p->lc;
95.                remove(p, fa, p->rc);
96.            }
97.        }
98. };
99.
100. #endif
```

定义文件中使用二叉排序树查找、插入、删除结点的主程序如下。

```
1.    #include "BSTree.h"
2.    #include <iostream>
3.    using namespace std;
4.
5.    void createBSTree(BSTree<int>&T)
6.    {
7.        cout <<"请输入二叉排序树的结点序列(Ctrl+Z 结束):\n";
8.        int x;
9.        while (cin >>x)  T.insert(x);
10.       cin.clear();                      //更改 cin 的状态标识符
11.       rewind(stdin);                    //清空输入缓存区
```

```
12.        cout <<"中序遍历结果:";
13.        T.inOrder();
14.        cout <<"\n---------------------------------\n";
15.    }
16.
17.    void searchBSTree(BSTree<int>&T)
18.    {
19.        int x;
20.        cout <<"请输入一个待查找的结点值:";
21.        cin >>x;
22.        if (T.search(x))        cout <<"非递归查找发现该点。\n";
23.        else    cout <<"非递归查找未找到该点\n";
24.        if (T.search_rec(x))    cout <<"递归查找发现该点。\n";
25.        else    cout <<"递归查找未找到该点\n";
26.        cout <<"---------------------------------\n";
27.    }
28.
29.    void insertBSTree(BSTree<int>&T)
30.    {
31.        int x;
32.        cout <<"请输入一个待插入的结点值:";
33.        cin >>x;
34.        T.insert(x);
35.        cout <<"中序遍历结果:";
36.        T.inOrder();                              //通过继承,可直接使用父类的中序遍历方法
37.        cout <<"\n---------------------------------\n";
38.    }
39.
40.    void deleteBSTree(BSTree<int>&T)
41.    {
42.        int x;
43.        cout <<"请输入一个待删除的结点值:";
44.        cin >>x;
45.        T.remove(x);
46.        cout <<"中序遍历结果:";
47.        T.inOrder();
48.        cout <<"\n---------------------------------\n";
49.    }
50.
51.    int main()
52.    {
53.        BSTree<int>T;
54.        createBSTree(T);
55.        searchBSTree(T);
```

```
56.        insertBSTree(T);
57.        deleteBSTree(T);
58.        return 0;
59.    }
```

3. 运行结果

根据输入的关键字序列{3,8,5,7,9,6,11}创建一棵二叉排序树,在该树中查找关键字为 7 的结点,插入关键字为 4 的结点,删除关键字为 8 的结点,如图 8.12 所示。

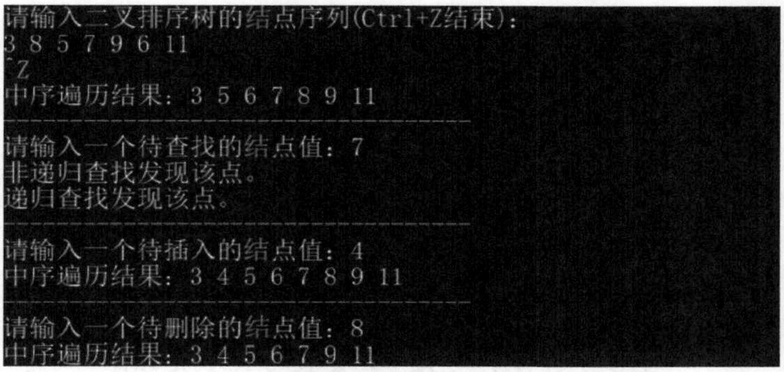

图 8.12 二叉排序树建立、查找、插入、删除算法演示

4. 算法分析

二叉排序树是动态查找表的一种适宜表示。不仅容易进行动态插入和动态删除,而且对二叉排序树进行中序遍历时还可以得到记录集合的有序排列。实现动态插入和动态删除算法的主体部分是查找,因此,二叉排序树的查找效率也就表示了二叉排序树的性能。

对有 n 个结点的二叉排序树来说,查找过程与折半查找类似,也是一个逐步缩小查找范围的过程。若查找成功,则是走了一条从根结点到待查结点的路径;若查找不成功,则是走了一条从根结点到某个叶结点的路径。因此,查找过程中和关键字比较的次数不超过树的深度。二叉排序树上的平均查找长度是二叉排序树深度的函数。

由于含有 n 个结点的二叉排序树不唯一,形态和深度可能不同,故含有 n 个结点的二叉排序树的平均查找长度和树的形态有关。最好的情况是二叉排序树的形态与折半查找的判断树相同。最坏的情况是二叉排序树为单支树,这时的平均查找长度和顺序查找相同。就平均性能而言,二叉排序树上的查找和折半查找相差不大。

例如,图 8.13 中两棵二叉排序树中记录的关键字都相同,但是由于构造二叉排序树时的记录输入次序不同,导致树的形态不同。其中,图 8.13(a)所示是一棵满二叉排序树,图 8.13(b)所示是一棵左单支二叉排序树。

图 8.13(a)中二叉排序树查找成功的平均查找长度 $ASL=(1+2+2+3+3+3+3)/7=17/7$,图 8.13(b)中单支树查找成功的平均查找长度 $ASL=(1+2+3+4+5+6+7)/7=28/7=4$。因此,在构造二叉排序树的过程中需要进行"平衡化"处理,使其成为平衡二叉树。

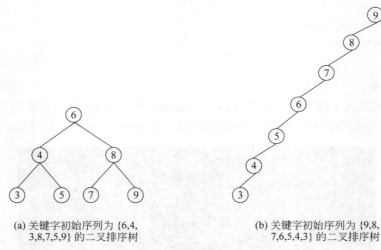

(a) 关键字初始序列为 {6,4,
　　3,8,7,5,9} 的二叉排序树

(b) 关键字初始序列为 {9,8,
　　7,6,5,4,3} 的二叉排序树

图 8.13　不同形态的二叉排序树

8.6　平衡二叉树及其算法实现

8.6.1　平衡二叉排序树及其构造

平衡二叉树（balanced binary tree），又称 AVL 树（由 G. M. Adelson-Velsky 和 E. M.
Landis 联合发表），是具有二叉排序树性能，却消除了二叉排序树的左、右子树深度相差太
大所造成的查找效率下降缺陷的二叉树。平衡二叉树或者是一棵空的二叉排序树，或者是
具有下列性质的二叉排序树：根结点的左子树和右子树的深度最多相差 1，且根结点的左子
树和右子树也都是平衡二叉树。

在算法中，通过平衡因子（balance factor，BF）来具体实现上述平衡二叉树的定义。平
衡因子的定义是：每个结点的平衡因子是该结点左子树的深度减去右子树的深度。平衡二
叉树上所有结点的平衡因子只可能是 −1、0 和 1。例如，图 8.14(a) 所示是两棵平衡二叉树，
而图 8.14(b) 所示是一棵非平衡二叉树。

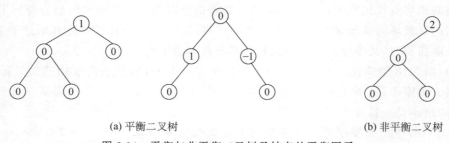

(a) 平衡二叉树

(b) 非平衡二叉树

图 8.14　平衡与非平衡二叉树及结点的平衡因子

如何使构造的二叉排序树是一棵平衡二叉树呢？关键是每当插入一个新结点时，首先
检查是否因插入新结点而破坏了二叉排序树的平衡性。若是，则进行调整，使之成为新的平
衡二叉树。

首先分析向平衡二叉树中插入新结点后,失去平衡的情况及对应的调整方法。为方便讨论,定义 H_L 为某结点左子树的深度,H_R 为某结点右子树的深度。

当向一棵平衡二叉树插入一个新结点时,若插入后某些结点左、右子树的深度不变就不会影响这些结点的平衡因子,因而也不会因为这些结点造成其他结点的不平衡;若插入新结点后,某些结点的子树深度增加 1,就可能影响这些结点的平衡因子,因而也可能会因为这些结点造成其他结点的不平衡。具体又分为左子树深度增加 1 和右子树深度增加 1 两种情况。

插入新结点后,使某些结点的左子树深度增加 1,又分为 3 种情况。

(1)若插入前部分结点的左子树深度 H_L 与右子树深度 H_R 相等,即平衡因子为 0,插入新结点后将使平衡因子变为 1,但仍满足平衡二叉树的要求,不需要对它们进行调整。

(2)若插入前部分结点的 $H_L < H_R$,即平衡因子为 -1,插入新结点后将使平衡因子变为 0,平衡情况更好,也不需要对它们进行调整。

(3)若插入前部分结点的 $H_L > H_R$,即平衡因子为 1,插入新结点后将使平衡因子变为 2,破坏了平衡二叉树的限制条件,需要对这些结点进行调整,使二叉树中的所有结点都重新满足平衡二叉树的要求。

若插入新结点后,某些结点的右子树深度增加 1,同样也分为类似的 3 种情况。

(1)若插入前结点的平衡因子为 0,插入新结点后将使平衡因子变为 -1,不需要进行调整。

(2)若插入前结点的平衡因子为 -1,插入新结点后将使平衡因子由 -1 变为 -2,需要进行调整。

(3)若插入前结点的平衡因子为 1,插入新结点后将使平衡因子由 1 变为 0,平衡情况更好,也不需要进行调整。

下面讨论如何进行调整。调整的原则有两点:一是要满足平衡二叉树的要求;二是要保持二叉排序树的性质。

假定向平衡二叉树中插入一个新结点后破坏了平衡二叉树的平衡性,首先要找出插入新结点后失去平衡的最小子树根结点的指针,然后再调整这个子树中有关结点之间的链接关系,使之成为新的平衡子树。失去平衡的最小子树是指以离插入结点最近,且平衡因子绝对值大于 1 的结点作为根的子树。

假设用 A 表示失去平衡的最小子树的根结点,则调整该子树的操作可归纳为下列 4 种情况。

(1)单向右旋平衡处理(LL 型):这是因为在 A 结点的左孩子(设为 B 结点)的左子树上插入新的结点,使得 A 结点的平衡因子由 1 变为 2 而引起的不平衡。LL 型调整的一般情况如图 8.15(a)所示。图中,用长方框表示子树,用长方框的深度(在长方框旁标有深度值 h、$h-1$ 或 $h+1$)表示子树的深度,用带阴影的小方框表示被插入的结点。

调整的方法是:单向右旋平衡,即将 A 的左孩子 B 向右上旋转代替 A 成为根结点,将 A 结点向右下旋转成为 B 的右子树的根结点,而 B 的原右子树则作为 A 结点的左子树。因调整前后对应的中序序列相同,所以调整后仍保持了二叉排序树的性质不变。

（2）单向左旋平衡处理（RR 型）：这是因为在 A 结点的右孩子（设为 B 结点）的右子树上插入结点，使得 A 结点的平衡因子由 -1 变为 -2 而引起的不平衡。RR 型调整的一般情况如图 8.15(b)所示。

调整的方法是：单向左旋平衡，即将 A 的右孩子 B 向左上旋转代替 A 成为根结点，将 A 结点向左下旋转成为 B 的左子树的根结点，而 B 的原左子树则作为 A 结点的右子树。因调整前后对应的中序序列相同，所以调整后仍保持了二叉排序树的性质不变。

（3）双向旋转（先左后右）平衡处理（LR 型）：这是因在 A 结点的左孩子（设为 B 结点）的右子树上插入结点，使得 A 结点的平衡因子由 1 变为 2 而引起的不平衡。LR 型调整的一般情况如图 8.15(c)所示。

调整的方法是：先左旋转后右旋转平衡，即先将 A 结点的左孩子（即 B 结点）的右子树的根结点（设为 C 结点）向左上旋转提升到 B 结点的位置，然后再把该 C 结点向右上旋转提升到 A 结点的位置。因调整前后对应的中序序列相同，所以调整后仍保持了二叉排序树的性质不变。

（4）双向旋转（先右后左）平衡处理（RL 型调整）：这是因为在 A 结点的右孩子（设为 B 结点）的左子树上插入结点，使得 A 结点的平衡因子由 -1 变为 -2 而引起的不平衡。RL 型调整的一般情况如图 8.15(d)所示。

调整的方法是：先右旋转后左旋转平衡，即先将 A 结点的右孩子（即 B 结点）的左子树的根结点（设为 C 结点）向右上旋转提升到 B 结点的位置，然后再把该 C 结点向左上旋转提升到 A 结点的位置。因调整前后对应的中序序列相同，所以调整后仍保持了二叉排序树的性质不变。

因此，当平衡二叉树因插入结点而失去平衡时，仅需对最小不平衡子树进行平衡旋转即可。因为经过旋转处理之后的子树深度和插入之前相同，因而不影响插入路径上所有祖先结点的平衡度。

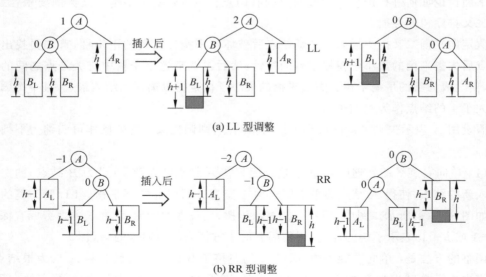

(a) LL 型调整

(b) RR 型调整

图 8.15　二叉排序树的平衡旋转过程示例

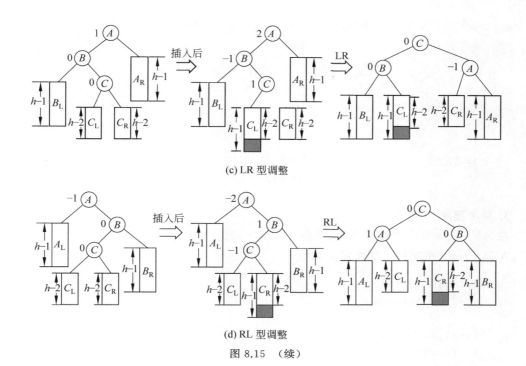

(c) LR 型调整

(d) RL 型调整

图 8.15 (续)

8.6.2 平衡二叉排序树算法实现

1. 算法功能

建立平衡二叉树,并实现平衡二叉树的遍历、记录的插入、查找和删除操作。

2. 实例描述

待输入的关键字序列依次为{20,35,40,15,30,25,38},平衡二叉树的创建过程如图 8.16
所示。

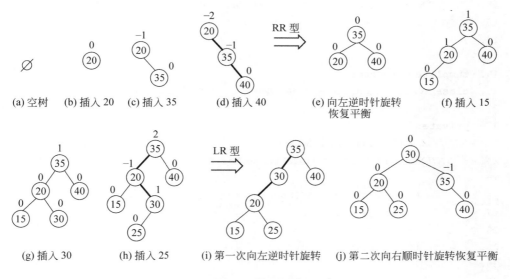

(a) 空树 (b) 插入 20 (c) 插入 35 (d) 插入 40 (e) 向左逆时针旋转 (f) 插入 15
恢复平衡

(g) 插入 30 (h) 插入 25 (i) 第一次向左逆时针旋转 (j) 第二次向右顺时针旋转恢复平衡

图 8.16 平衡二叉树的创建过程示例

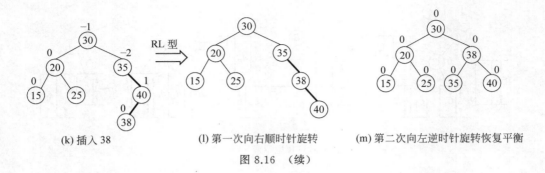

(k) 插入 38   (l) 第一次向右顺时针旋转   (m) 第二次向左逆时针旋转恢复平衡

图 8.16 （续）

3. 参考程序

在 AVLTree.h 头文件中，定义平衡二叉排序树类。

AVLTree.h 头文件中相关定义如下。

```
1.   #ifndef _AVLTREE_H_
2.   #define _AVLTREE_H_
3.
4.   #include "BSTree.h"
5.   #define LH 1
6.   #define EH 0
7.   #define RH -1
8.
9.   template <typename T>
10.  struct AVLNode : BTNode<T>              //平衡二叉树结点同样具有二叉树结点结构
11.  {
12.      int bal;                           //平衡因子
13.
14.      AVLNode() : BTNode<T>(), bal(0) {}
15.      AVLNode(T e, BTNode<T> * _lc =NULL, BTNode<T> * _rc =NULL)
16.          : BTNode<T>(e, _lc, _rc), bal(0) {}
17.  };
18.
19.  template <typename T>
20.  class AVLTree : public BSTree<T>        //继承二叉排序树
21.  {
22.  private:
23.      //LL 旋转,返回新的子树根结点
24.      AVLNode<T> * rotate_LL(AVLNode<T> * t)
25.      {
26.          AVLNode<T> * l = (AVLNode<T> * ) t->lc;
27.          t->lc =l->rc;
28.          l->rc =t;
29.          if (l->bal ==EH)
30.          {
31.              t->bal =LH;
```

```
32.              l->bal =RH;
33.          }
34.      else    t->bal =l->bal =EH;
35.      return l;
36.  }
37.
38.  //LR 旋转,返回新的子树根结点
39.  AVLNode<T> * rotate_LR(AVLNode<T> * t)
40.  {
41.      AVLNode<T> * l =(AVLNode<T> * )t->lc;
42.      AVLNode<T> * lr =(AVLNode<T> * )l->rc;
43.      l->rc =lr->lc;
44.      lr->lc =l;
45.      t->lc =lr->rc;
46.      lr->rc =t;
47.      t->bal =(lr->bal ==LH) ? RH : EH;
48.      l->bal =(lr->bal ==RH) ? LH : EH;
49.      lr->bal =EH;
50.      return lr;
51.  }
52.
53.  //RR 旋转,返回新的子树根结点
54.  AVLNode<T> * rotate_RR(AVLNode<T> * t)
55.  {
56.      AVLNode<T> * r =(AVLNode<T> * )t->rc;
57.      t->rc =r->lc;
58.      r->lc =t;
59.      if (r->bal ==EH)
60.      {
61.          t->bal =RH;
62.          r->bal =LH;
63.      }
64.      else    t->bal =r->bal =EH;
65.      return r;
66.  }
67.
68.  //RL 旋转,返回新的子树根结点
69.  AVLNode<T> * rotate_RL(AVLNode<T> * t)
70.  {
71.      AVLNode<T> * r =(AVLNode<T> * )t->rc;
72.      AVLNode<T> * rl =(AVLNode<T> * )r->lc;
73.      r->lc =rl->rc;
74.      rl->rc =r;
75.      t->rc =rl->lc;
76.      rl->lc =t;
```

```
77.            t->bal = (rl->bal ==RH) ? LH : EH;
78.            r->bal = (rl->bal ==LH) ? RH : EH;
79.            rl->bal =EH;
80.            return rl;
81.        }
82.
83.     //检查子树是否平衡并对其进行调整
84.     AVLNode<T> * adjust(AVLNode<T> * t)
85.     {
86.         if (t->bal >-2 && t->bal <2)   return t;
87.
88.         if (t->bal ==2)
89.         {
90.             if (((AVLNode<T> * )t->lc)->bal ==RH)
91.                 return rotate_LR(t);
92.             else
93.                 return rotate_LL(t);
94.         }
95.         else if (t->bal ==-2)
96.         {
97.             if (((AVLNode<T> * )t->rc)->bal ==LH)
98.                 return rotate_RL(t);
99.             else
100.                return rotate_RR(t);
101.        }
102.    }
103.
104.    //结点插入,返回平衡信息
105.    int insert(T x, AVLNode<T> * &t)
106.    {
107.        if (!t)
108.        {
109.            t =new AVLNode<T>(x);
110.            return 1;
111.        }
112.        if (x <t->data)              //在左子树中插入新结点
113.        {
114.            int result =insert(x, (AVLNode<T> * &)t->lc);
115.            if (!result)    return 0;
116.
117.            t->bal +=result;
118.            t =adjust(t);
119.            return (t->bal ==LH) ?1 : 0;
120.        }
121.        else if (x >t->data)               //在右子树中插入新结点
```

```
122.          {
123.              int result =insert(x, (AVLNode<T> * &)t->rc);
124.              if (!result)      return 0;
125.              t->bal -=result;
126.              t =adjust(t);
127.              return (t->bal ==RH) ? 1 : 0;
128.          }
129.      else    return 0;                        //已存在该结点则返回
130.  }
131.
132.  //结点删除,返回平衡信息
133.  int remove(T x, AVLNode<T> * &t)
134.  {
135.      if (!t) return 0;
136.      if (x <t->data)               //在左子树中删除结点
137.      {
138.          int result =remove(x, (AVLNode<T> * &)t->lc);
139.          if (!result)      return 0;
140.          t->bal -=result;
141.          t =adjust(t);
142.          return (t->bal ==EH) ? 1 : 0;
143.      }
144.      else if (x >t->data)          //在右子树中删除结点
145.      {
146.          int result =remove(x, (AVLNode<T> * &)t->rc);
147.          if (!result)      return 0;
148.          t->bal +=result;
149.          t =adjust(t);
150.          return (t->bal ==EH) ? 1 : 0;
151.      }
152.      else                          //找到删除结点
153.      {
154.          if (t->lc && t->rc)          //左孩子、右孩子都存在
155.          {
156.              //以右子树的最小结点代替当前结点
157.              AVLNode<T> * rmin = (AVLNode<T> * )t->rc;
158.              while (rmin->lc)
159.                  rmin = (AVLNode<T> * )rmin->lc;
160.              t->data =rmin->data;
161.              int result;
162.              result =remove(rmin->data, (AVLNode<T> * &)t->rc);
163.
164.              if (!result)      return 0;
165.              t->bal +=result;
166.              t =adjust(t);
```

```
167.                  return (t->bal ==EH) ? 1 : 0;
168.              }
169.          else //否则用左孩子或右孩子代替
170.          {
171.              AVLNode<T> * tmp =t;
172.              if (t->lc)   t = (AVLNode<T> * )t->lc;
173.              else if (t->rc)   t = (AVLNode<T> * )t->rc;
174.              else     t =NULL;
175.              delete tmp;
176.              return 1;
177.          }
178.      }
179.  }
180.
181. public:
182.      //重写插入操作
183.      void insert(T x) { insert(x, (AVLNode<T> * &)this->root); }
184.      //重写删除操作
185.      void remove(T x) { remove(x, (AVLNode<T> * &)this->root); }
186.      //重写访问结点操作,将标记一起输出
187.      void visit(BTNode<T> * t)
188.      {
189.          AVLNode<T> * p = (AVLNode<T> * )t;
190.          std::cout <<p->data <<'(' <<p->bal <<") ";
191.      }
192. };
193.
194. #endif
```

定义文件中使用平衡二叉排序树查找、插入、删除结点的主程序如下。

```
1.    #include "AVLTree.h"
2.    #include <iostream>
3.    using namespace std;
4.
5.    void createAVLTree(AVLTree<int>&T)
6.    {
7.        cout <<"请输入平衡二叉树的结点序列:(Ctrl+Z 结束) \n";
8.        int x;
9.        while (cin >>x)   T.insert(x);
10.       cin.clear();                               //更改 cin 的状态标识符
11.       rewind(stdin);                             //清空输入缓存区
12.       cout <<"中序遍历结果:";
13.       T.inOrder();
14.       cout <<"\n---------------------------------\n";
15.   }
```

```
16.
17.  void searchAVLTree(AVLTree<int>&T)
18.  {
19.      int x;
20.      cout <<"请输入一个待查找的结点值:";
21.      cin >>x;
22.      if (T.search(x))        cout <<"非递归查找发现该点。\n";
23.      else    cout <<"非递归查找未找到该点\n";
24.      if (T.search_rec(x))     cout <<"递归查找发现该点。\n";
25.      else    cout <<"递归查找未找到该点\n";
26.      cout <<"---------------------------------\n";
27.  }
28.
29.  void insertAVLTree(AVLTree<int>&T)
30.  {
31.      int x;
32.      cout <<"请输入一个待插入的结点值:";
33.      cin >>x;
34.      T.insert(x);
35.      cout <<"中序遍历结果:";
36.      T.inOrder();
37.      cout <<"\n---------------------------------\n";
38.  }
39.
40.  void deleteAVLTree(AVLTree<int>&T)
41.  {
42.      int x;
43.      cout <<"请输入一个待删除的结点值:";
44.      cin >>x;
45.      T.remove(x);
46.      cout <<"中序遍历结果:";
47.      T.inOrder();
48.      cout <<"\n---------------------------------\n";
49.  }
50.
51.  int main()
52.  {
53.      AVLTree<int>T;
54.      createAVLTree(T);
55.      searchAVLTree(T);
56.      insertAVLTree(T);
57.      deleteAVLTree(T);
58.
59.      system("pause");
60.      return 0;
61.  }
```

4. 运行结果

输入关键字个数为 7，然后依次输入关键字序列 {20,35,40,15,30,25,38}，通过逐个插入结点和动态调整，建立一棵平衡二叉树，并对其进行中序遍历，遍历结果中括号里表示的是各结点的平衡因子。在建立的平衡二叉树中分别通过递归和非递归的方式查找是否存在关键字为 35 的结点，接着插入关键字为 27 的结点，然后在不破坏平衡二叉树特性的前提下删除关键字为 30 的结点，如图 8.17 所示。

```
请输入平衡二叉树的结点序列(Ctrl+Z结束):
20 35 40 15 30 25 38
^Z
中序遍历结果: 15(0) 20(0) 25(0) 30(0) 35(0) 38(0) 40(0)
------------------------------------
请输入一个待查找的结点值: 35
非递归查找发现该点。
递归查找发现该点。
------------------------------------
请输入一个待插入的结点值: 27
中序遍历结果: 15(0) 20(-1) 25(-1) 27(0) 30(1) 35(0) 38(0) 40(0)
------------------------------------
请输入一个待删除的结点值: 30
中序遍历结果: 15(0) 20(-1) 25(0) 27(0) 35(1) 38(-1) 40(0)
Press any key to continue . . .
```

图 8.17　平衡二叉排序树的创建、遍历、查找、插入、删除算法演示

5. 算法分析

在平衡二叉树上进行查找的过程与二叉排序树相同，因此，在查找过程中和给定关键字进行比较的次数不超过树的深度。利用数学归纳法可以证明，平衡二叉树的查找时间复杂度为 $O(\log_2 n)$。

8.7　B-树及其算法实现

8.7.1　B-树

B-树又称为多路平衡查找树，是一种组织和维护外存文件系统非常有效的数据结构。一棵度为 m 的 B-树称为 m 阶 B-树。选取较大的结点度数可降低树的高度，以及减少查找任意关键字所需的访问次数。从查找效率考虑，要求 $m \geqslant 3$。

一棵 m 阶的 B-树或者是一棵空树，或者是满足下列要求的 m 叉树。

（1）树中每个结点至多有 m 棵子树。

（2）除根结点之外的所有非终端结点至少有 $\lceil m/2 \rceil$ 棵子树。

（3）若根不是叶结点，则至少有两棵子树。

（4）所有叶结点在同一层上。

（5）所有的非终端结点的结构如图 8.18 所示。

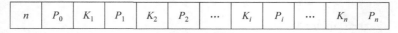

| n | P_0 | K_1 | P_1 | K_2 | P_2 | $\cdots$ | K_i | P_i | $\cdots$ | K_n | P_n |

图 8.18　B-树非终端结点的结构示意

其中：

① $K_1, K_2, \cdots, K_n$ 为 n 个按从小到大顺序排列的关键字。

② $P_0, P_1, P_2, \cdots, P_n$ 为 $n+1$ 个指针，用于指向该结点的 $n+1$ 棵子树。P_0 所指向子树中的所有关键字的值均小于 K_1，P_n 所指向子树中的所有关键字的值均大于 K_n，$P_i (1 \leqslant i \leqslant n-1)$ 所指向子树中的所有关键字的值均大于 K_i 且小于 K_{i+1}。

③ $n(\lceil m/2 \rceil - 1 \leqslant n \leqslant m-1)$ 为结点中的关键字数目，即子树棵数为 $n+1$。

为简化讨论且不失一般性，本章讨论的 B-树中的数据元素只考虑关键字，不考虑其他属性域。

如图 8.19 所示是一棵 4 阶 B-树的示例。

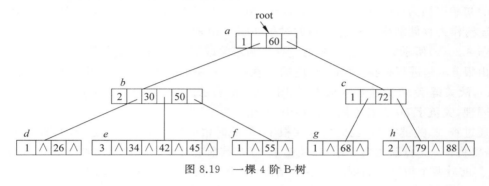

图 8.19　一棵 4 阶 B-树

8.7.2　B-树的查找

由 B-树的定义可知，在 B-树上进行查找的过程与二叉排序树的查找类似。根据给定的关键字 key，先在根结点的关键字的集合中采用顺序（当 m 较小时）或折半（当 m 较大时）查找方法进行查找。若有 key = K_i，则查找成功，根据相应的指针即可取得记录；否则，若 key < K_i，则沿着指针 P_0 所指的子树继续查找；若 $K_i <$ key $< K_{i+1}$ 则沿着指针 P_i 所指的子树继续查找；若 key > K_n 则沿着指针 P_n 所指的子树继续查找。重复这个查找过程，直到在某结点中查找成功，或者在某结点处出现 P_i 为空，则查找不成功。

例如，图 8.19 所示的 B-树中查找关键字 55 的过程如下：由根 $*a$ 起进行查找，根中只有一个关键字 60，因为 55 < 60，则查找根结点的子树 $*b$。该子树非空，且 55 > 50，则继续查找 $*b$ 的子树 $*f$，该子树非空，且 key 与 $*f$ 中的关键字相等，则查找成功，返回指向结点 $*f$ 的指针值。

又如，在图 8.19 的 B-树中查找关键字 43。在 43 与结点 $*a$、结点 $*b$ 和结点 $*e$ 中的关键字依次比较后，继续查找结点 $*e$ 中关键字 42 和 45 之间的指针所指的子树时，出现指针为空，则说明树中没有待查记录，查找不成功，返回指针值为空。

8.7.3　B-树的插入

向 B-树中插入关键字，首先要经过一个从树根到叶结点的查找过程，如果关键字已在树中，则不用插入；否则，利用 B-树的查找算法找出该关键字的插入结点（注意 B-树的插入结点一定是叶结点）。

找到关键字的插入结点后，要判断该结点是否还有空位置，即判断该结点是否满足 $n <$

$m-1$，若该结点满足 $n<m-1$，说明该结点还有空位置，直接把关键字 key 插入到该结点的合适位置上（即满足插入后结点上的关键字仍保持有序）。

若该结点满足 $n=m-1$，说明该结点已没有空位置，要插入就要分裂该结点。结点分裂的方法是：以中间关键字为界把结点分为两个结点，并把中间关键字向上插入到双亲结点上；若双亲结点未满，则把它插入到双亲结点的合适位置上；若双亲结点已满，则按同样的方法继续向上分裂。这个向上的分裂过程可一直进行到根的分裂，此时，B-树的深度将增 1。

由于 B-树的插入过程或者是直接在叶结点上插入，或者是从叶结点向上的分裂过程，所以新的关键字插入后仍将保持所有叶结点都在同一层上的特点。

B-树的构造与二叉排序树类似，也是从空树开始，逐个插入关键字而得。例如，已知关键字的初始序列为{50,80,90,20,150,120,30,10,40,130,110,140,25,15,180,138,60}，用 3 阶 B-树作为存储结构。构造 B-树的过程如图 8.20 所示。

图 8.20(a)所示为空树。首先通过查找确定关键字 50 应插入的位置。

由根 ∗a 起进行查找，确定 50 应插入在根 ∗a 中，由于根的关键字数目不超过 2（即 $m-1$），故关键字 50 直接插入根中，如图 8.20(b)所示。

同理，关键字 80 也直接插入在根中，如图 8.20(c)所示。

通过查找，关键字 90 也应插入在根中，但此时根的关键字数目超过 2，如图 8.20(d)所示，需要将根 ∗a 分裂为两个结点，关键字 50 及其前后两个指针仍保留在 ∗a 中，而关键字 90 及其前后两个指针存储到新产生的结点 ∗b 中。同时，生成一个新的根结点 ∗c 存放关键字 80 和指示结点 ∗a 与结点 ∗b 的指针，同时树的深度增 1，如图 8.20(e)所示。

类似地依次插入剩余记录，过程如图 8.20(f)～图 8.20(n)所示。

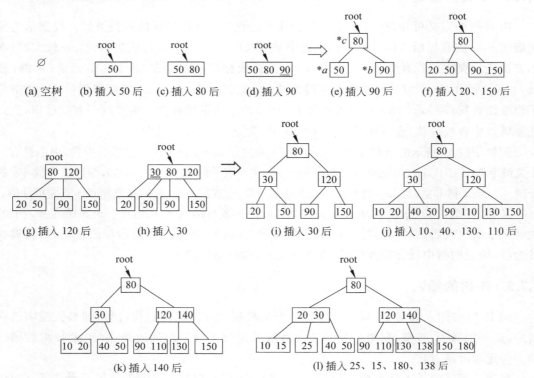

图 8.20 一棵 3 阶 B-树的构造过程示例

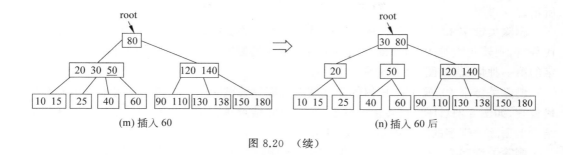

(m) 插入60　　　　　　　　　　　　　(n) 插入60后

图 8.20 （续）

8.7.4　B-树的删除

在 B-树上删除关键字的过程分为以下两步完成。

（1）利用前述的 B-树的查找算法找出该关键字所在的结点。

（2）在结点上删除关键字 key 分为两种情况：一种是在叶结点上删除关键字；另一种是在非叶结点上删除关键字。在非叶结点上删除关键字时，假设要删除关键字 $K_i(1 \leqslant i \leqslant n)$，则可以指针 P_i 所指子树中的最小关键字 $K_{\min}$ 来代替 K_i（注意：P_i 所指子树中的最小关键字 $K_{\min}$ 一定是在叶结点上），然后再以指针 P_i 所指结点为根查找并删除 $K_{\min}$，这样就把在非叶结点上删除关键字的问题转化成了在叶结点上删除关键字的问题。

在 B-树的叶结点上删除关键字共有以下 3 种情况。

（1）假如要删除关键字所在结点的关键字数目 n 大于 $\lceil m/2 \rceil - 1$，说明删去该关键字后该结点仍满足 B-树的定义，则可直接删去该关键字。

（2）假如要删除关键字结点的关键字数目 n 等于 $\lceil m/2 \rceil - 1$，说明删去该关键字后该结点将不满足 B-树的定义，此时若该结点的左（或右）兄弟结点中关键字数目 n 大于 $\lceil m/2 \rceil - 1$，则把该结点的左（或右）兄弟结点中最大（或最小）的关键字上移到双亲结点中，同时把双亲结点中大于（或小于）且紧靠该上移关键字的关键字下移到要删除关键字所在的结点中，这样删去关键字 key 后该结点及它的左（或右）兄弟结点后都仍旧满足 B-树的定义。

（3）假如要删除关键字结点的关键字数目 n 等于 $\lceil m/2 \rceil - 1$，并且该结点的左兄弟和右兄弟结点（如果存在的话）中关键字数目 n 均等于 $\lceil m/2 \rceil - 1$，这时需把要删除关键字的结点与其左（或右）兄弟结点及双亲结点中分割二者的关键字合并成一个结点。

例如，要在图 8.21(a)构造的一棵 3 阶 B-树中，依次删除关键字为 15、90、110、120、25、60、30、40、20 的结点。

删除关键字 15、90 属于在 B-树的叶结点上删除关键字的第一种情况，如图 8.21(b)所示。

删除关键字 110，属于在 B-树的叶结点上删除关键字的第二种情况，如图 8.21(c)所示。

删除关键字 120，属于在 B-树的叶结点上删除关键字的第三种情况，如图 8.21(d)所示。

同理，删除关键字 25，也属于在 B-树的叶结点上删除关键字的第三种情况，如图 8.21(e)所示；但其双亲结点的关键字数目也等于 $\lceil m/2 \rceil - 1$，故双亲结点中的关键字 20 与其左兄弟结点中的关键字 10 合并后，双亲结点中剩余信息应和其双亲结点中的关键字 30 一起合并到右兄弟结点中，删除后的 B-树如图 8.21(f)所示。

删除关键字 60，也属于在 B-树的叶结点上删除关键字的第三种情况，如图 8.21(g)

所示。

删除关键字 30，属于在 B-树的非叶结点上删除关键字，以 30 的右子树中最小关键字 40 代替它，则转化为对 40 所在的叶结点进行关键字的删除，属于在 B-树的叶结点上删除关键字的第一种情况，如图 8.21(h)所示。

删除关键字 40，属于在 B-树的非叶结点上删除关键字，以 40 的右子树中最小关键字 50 代替它，如图 8.21(i)所示，转化为对 50 所在的叶结点进行关键字的删除，属于在 B-树的叶结点上删除关键字的第二种情况，如图 8.21(j)所示。

删除关键字 20 属于在 B-树的非叶结点上删除关键字，以 20 的右子树中最小关键字 50 代替它，如图 8.21(k)所示，转化为对 50 所在的叶结点进行删除，如图 8.21(l)所示，最终波及到根的合并，树的深度减 1，删除关键字 20 后的 B-树如图 8.21(m)所示。

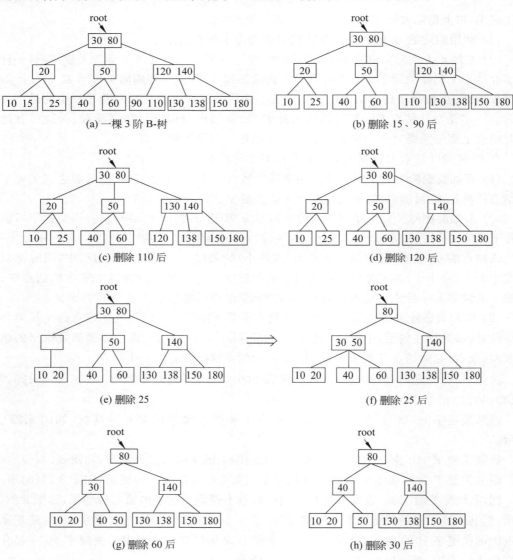

图 8.21　一棵 3 阶 B-树中删除关键字的过程示例

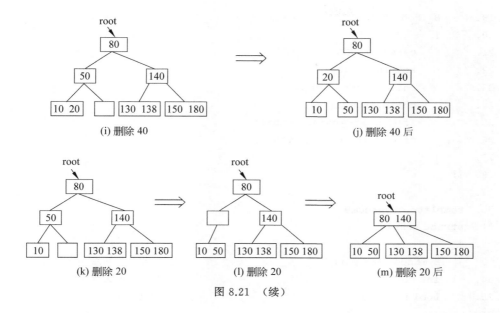

(i) 删除 40   (j) 删除 40 后

(k) 删除 20   (l) 删除 20   (m) 删除 20 后

图 8.21 （续）

8.7.5 B-树的算法实现

1. 算法功能

由空树开始,通过逐个插入关键字,生成 m 阶 B-树。在建立 B-树的基础上,实现 B-树的中序遍历以及记录的插入、查找和删除。

2. 参考程序

在 B_Tree.h 头文件中,定义 B-树类。

B_Tree.h 头文件中相关定义如下。

```
1.   #ifndef _B_TREE_H_
2.   #define _B_TREE_H_
3.
4.   #include "../Vector/Vector.h"
5.   #include <iostream>
6.
7.   template <typename T>
8.   struct B_TNode
9.   {
10.      B_TNode * parent;                     //指向双亲指针
11.      Vector<T>key;                         //关键字向量
12.      Vector<B_TNode * >child;              //子树指针向量
13.      //开始有 0 个关键字和 1 个空子树指针
14.      B_TNode()
15.      {
16.          parent =NULL;
17.          child.insert(NULL);
18.      }
```

```
19.        B_TNode(T e, B_TNode<T> * lc =NULL, B_TNode<T> * rc =NULL)
20.        {
21.            parent =NULL;
22.            key.insert(e);
23.            child.insert(lc);
24.            child.insert(rc);
25.            if (lc) lc->parent =this;
26.            if (rc) rc->parent =this;
27.        }
28.    };
29.
30.    template <typename T>
31.    struct Result
32.    {
33.        B_TNode<T> * ptr;                       //指向找到的结点
34.        int pos;                                //在结点中的关键字序号
35.        bool tag;                               //是否查找成功
36.
37.        Result(B_TNode<T> * p, int i, bool t)
38.            : ptr(p), pos(i), tag(t) {}
39.    };
40.
41.    template <typename T>
42.    class B_Tree
43.    {
44.    private:
45.        B_TNode<T> * root;                      //B-树树根
46.        int size;                               //插入的关键码总数
47.        int order;                              //B-树的阶数,默认至少为 3
48.
49.        //递归释放空间(析构函数用)
50.        void release(B_TNode<T> * p)
51.        {
52.            if (p ==NULL)  return;
53.            for (int i =0; i <p->child.size(); i++)
54.                release(p->child[i]);
55.            delete p;
56.        }
57.
58.        //中序遍历递归实现
59.        void print(B_TNode<T> * p)
60.        {
61.            if (p ==NULL)  return;
62.            print(p->child[0]);
63.            for (int i =0; i <p->key.size(); i++)
```

```
64.            {
65.                std::cout <<"   " <<p->key[i];
66.                print(p->child[i +1]);
67.            }
68.        }
69.
70.    //在 t 指向的结点中,寻找小于或等于 key 的最大关键字序号
71.    int search(B_TNode<T> * t, T key)
72.    {
73.        int i;
74.        for(i =0; i <t->key.size() && t->key[i] <=key; i++);
75.        return i -1;
76.    }
77.
78.    //通过分裂修复 B-树的 q 结点
79.    void split(B_TNode<T> * q)
80.    {
81.        //结点阶数大于或等于 M,则进行结点的分裂调整
82.        if (q->key.size() <order)        return;
83.        //阶数除以 2 向上取整(注意,这里是下标 1 计数)
84.        int mid =(order -1) / 2 +1;
85.        int n =order -mid;
86.        //p 为分裂后的右孩子
87.        B_TNode<T> * p =new B_TNode<T>();
88.        for (int i =0; i <n; i++)
89.        {
90.            //(删除是 0 下标计数)
91.            p->key.insert(i, q->key.remove(mid));
92.            p->child.insert(i, q->child.remove(mid));
93.        }
94.        p->child[order -mid] =q->child.remove(mid);
95.        //若子结点非空则将其父结点统一指向 p
96.        if (p->child[0])
97.            for (int i =0; i <p->child.size(); i++)
98.                p->child[i]->parent =p;
99.
100.       //fa 指向新的父结点
101.       B_TNode<T> * fa =q->parent;
102.       if (!fa) //不存在即为根结点
103.           this->root =fa =
104.               new B_TNode<T>(q->key.remove(mid -1), q, p);
105.       else
106.       {
107.           //找到 mid 结点在父结点的位置
108.           int pos =search(fa, q->key[0]) +1;
```

```
109.              fa->key.insert(pos, q->key.remove(mid -1));
110.              fa->child.insert(pos +1, p);
111.              p->parent =fa;
112.              //递归地分裂父结点
113.              split(fa);
114.          }
115.      }
116.
117.      //通过合并修复 B-树的 q 结点
118.      void merge(B_TNode<T> * q)
119.      {
120.          //当结点的关键字数量小于阶数除以2向上取整-1时
121.          //需要进行修复
122.          if (q->key.size() >=(order -1) / 2) return;
123.          B_TNode<T> * fa =q->parent;
124.          if (!fa)                        //若当前结点为根结点,则关键字数至少为1
125.          {
126.              //若关键字已删除完,但还有(唯一的)孩子结点
127.              if (q->key.empty() && q->child[0])
128.              {
129.                  root =q->child[0];          //用其代替根结点
130.                  root->parent =NULL;
131.                  delete q;
132.              }
133.              return;
134.          }
135.          int pos =0;                        //确定 q 在 fa 结点中的位置
136.          while (fa->child[pos] !=q)  pos++;
137.          //向左兄弟借用关键字
138.          if (pos >0) //q 有左兄弟
139.          {
140.              B_TNode<T> * lb =fa->child[pos -1];
141.              //左兄弟有足够的关键字借出
142.              if (lb->key.size() >(order -1) / 2)
143.              {
144.                  //q 向 fa 借关键字
145.                  q->key.insert(0, fa->key[pos -1]);
146.                  q->child.insert(0, lb->child.remove(
147.                                     lb->child.size() - 1));
148.                  if (q->child[0])
149.                      q->child[0]->parent =q;
150.                  //fa 借出的地方向 lb 借最后一个关键字
151.                  fa->key[pos -1] =
152.                      lb->key.remove(lb->key.size() -1);
153.                  return;
```

```
154.                    }
155.                }
156.            //向右兄弟借关键字
157.            if (pos <fa->child.size() -1)          //q有右兄弟
158.            {
159.                B_TNode<T> * rb =fa->child[pos +1];
160.                //右兄弟有足够的关键字借出
161.                if (rb->key.size() >(order -1) / 2)
162.                {
163.                    //q向 fa 借关键字
164.                    q->key.insert(fa->key[pos]);
165.                    if (rb->child[0])    rb->child[0]->parent =q;
166.                    q->child.insert(rb->child.remove(0));
167.                    //fa 借出的地方向 rb 借第一个关键字
168.                    fa->key[pos] =rb->key.remove(0);
169.                    return;
170.                }
171.            }
172.            //不能向左、右兄弟借关键字时,进行合并操作
173.            B_TNode<T> * l, * r;                    //以 l 和 r 表示 q 和兄弟的相对位置
174.            if (pos >0)                             //存在左兄弟,与其合并
175.            {
176.                r =q;
177.                l =fa->child[pos -1];
178.                //移除 fa 与 q 的关系
179.                fa->child.remove(pos);
180.                //lb 向 fa 中借一个关键字
181.                l->key.insert(fa->key.remove(pos -1));
182.            }
183.            else //存在右兄弟,与其合并
184.            {
185.                r =fa->child[pos +1];
186.                l =q;
187.                //移除 fa 与右兄弟的关系
188.                fa->child.remove(pos +1);
189.                q->key.insert(fa->key.remove(pos));
190.            }
191.            //将 r 结点合并到 l 结点
192.            if (r->child[0]) r->child[0]->parent =l;
193.            l->child.insert(r->child.remove(0));
194.            while (!r->key.empty())
195.            {
196.                l->key.insert(r->key.remove(0));
197.                if (r->child[0]) r->child[0]->parent =l;
198.                l->child.insert(r->child.remove(0));
```

```
199.            }
200.            delete r;
201.            merge(fa);                              //递归地修复父结点
202.        }
203.
204. public:
205.     B_Tree(int m = 3) : root(NULL), size(0), order(m) {}
206.     ~B_Tree() { release(root); }
207.
208.     int Size() const { return size; }
209.     int Order() const { return order; }
210.     void print() { print(root); }
211.
212.     /*
213.         查找关键字 k,返回结果。
214.         若查找成功,则指针 ptr 所指结点中第 pos 个关键字等于 k;
215.         否则,关键字 k 应插入 ptr 所指结点中
216.         第 pos 个和第 pos+1 个关键字之间
217.     */
218.     Result<T> search(T k)
219.     {
220.         int pos;
221.         B_TNode<T> * p = root, * q = NULL;
222.         while (p)
223.         {
224.             //查找最大不大于 k 的序号
225.             pos = search(p, k);
226.             //找到关键字
227.             if (pos >= 0 && p->key[pos] == k)
228.                 return Result<T>(p, pos, true);
229.             else                            //未找到
230.             {
231.                 q = p;                      //定位当前结点
232.                 p = p->child[pos + 1];      //在子结点中继续寻找
233.             }
234.         }
235.         //退出循环则未找到关键字
236.         return Result<T>(q, pos, false);
237.     }
238.
239.     //插入关键字 k,若已存在关键字则返回 false;
240.     //否则,插入成功返回 true
241.     bool insert(T k)
242.     {
243.         if (root == NULL)
```

```
244.          {
245.              root = new B_TNode<T>(k);
246.              size++;
247.              return true;
248.          }
249.          Result<T> r = search(k);
250.          if (r.tag)   return false;            //查找成功,已存在关键字
251.          r.ptr->key.insert(r.pos +1, k);
252.          r.ptr->child.insert(r.pos +2, NULL);
253.          size++;
254.          split(r.ptr);                         //向上分裂
255.          return true;
256.      }
257.
258.      //删除关键字 k,若不存在关键字则返回 false;
259.      //否则,删除成功返回 true
260.      bool remove(T k)
261.      {
262.          Result<T> r = search(k);
263.          if (!r.tag) return false;             //查找失败,不存在关键字
264.
265.          if (r.ptr->child[0])                  //若不是叶结点
266.          {
267.              //用其后一个子树的最左侧结点代替
268.              B_TNode<T> * t = r.ptr->child[r.pos +1];
269.              while (t->child[0])   t = t->child[0];
270.              r.ptr->key[r.pos] = t->key[0];
271.              r.ptr = t;
272.              r.pos = 0;
273.          }
274.          r.ptr->key.remove(r.pos);
275.          r.ptr->child.remove(r.pos +1);
276.          size--;
277.          merge(r.ptr);
278.          return true;
279.      }
280. };
281.
282. #endif
```

定义文件中使用 B-树查找、插入、删除结点的主程序如下。

```
1.    #include "B_Tree.h"
2.    #include <iostream>
3.    using namespace std;
4.
```

```
5.    void createB_Tree(B_Tree<int>&T)
6.    {
7.        int key;
8.        cout <<"请输入 B-树的关键字 (以 Ctrl+Z 结束):\n";
9.        while (cin >>key)    T.insert(key);
10.       cin.clear();                                    //更改 cin 的状态标识符
11.       rewind(stdin);                                  //清空输入缓存区
12.       cout <<T.Order() <<"阶 B-树有"
13.           <<T.Size() <<"个结点:\n";
14.       T.print();
15.       cout <<endl;
16.   }
17.
18.   void searchB_Tree(B_Tree<int>&T)
19.   {
20.       int key;
21.       cout <<"输入要查找的关键字:";
22.       cin >>key;
23.       Result<int>result =T.search(key);
24.       if (result.tag)
25.           cout <<"该关键字在 B-树中首关键字为"
26.               <<result.ptr->key[0] <<"对应结点的第"
27.               <<result.pos +1 <<"个位置上.\n";
28.       else    cout <<"B-树中没有这个关键字!\n";
29.   }
30.
31.   void insertB_Tree(B_Tree<int>&T)
32.   {
33.       int key;
34.       cout <<"输入要插入 B-树的关键字:";
35.       cin >>key;
36.       if (T.insert(key))
37.       {
38.           cout <<"插入后的" <<T.Order()
39.               <<"阶 B-树有" <<T.Size() <<"个结点:\n";
40.           T.print();
41.           cout <<endl;
42.       }
43.       else    cout <<"B-树中已存在该关键字!\n";
44.   }
45.
46.   void removeB_Tree(B_Tree<int>&T)
47.   {
48.       int key;
49.       cout <<"输入要删除 B-树的关键字:";
```

```
50.          cin >>key;
51.          if (T.remove(key))
52.          {
53.              cout <<"删除后的 " <<T.Order()
54.                  <<"阶 B-树有 " <<T.Size() <<"个结点:\n";
55.              T.print();
56.              cout <<endl;
57.          }
58.          else    cout <<"B-树中不存在该关键字!\n";
59.      }
60.
61. int main()
62. {
63.      B_Tree<int>T(3);
64.      createB_Tree(T);
65.      searchB_Tree(T);
66.      insertB_Tree(T);
67.      removeB_Tree(T);
68.
69.      system("pause");
70.      return 0;
71. }
```

3. 运行结果

输入关键字数为 17,然后依次输入关键字序列{50,80,90,20,150,120,30,10,40,130,110,140,25,15,180,138,60},通过逐个插入结点建立一棵 3 阶 B-树,并对其进行中序遍历。在建立的 B-树中查找是否存在关键字为 138 的记录,若存在则输出其在树中的位置。在该 B-树上插入关键字 170,并中序输出插入后的 B-树,如图 8.22 所示。

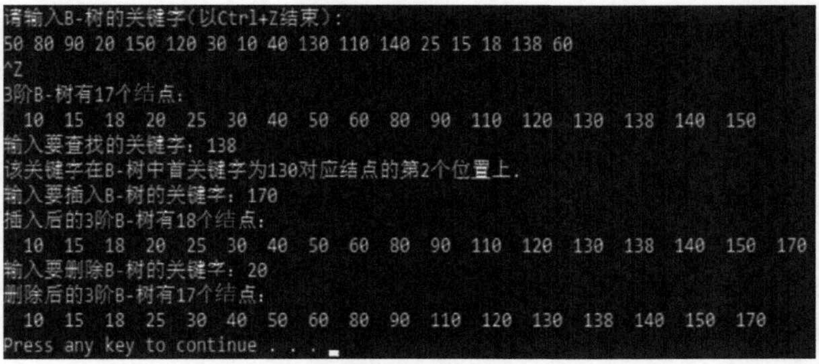

图 8.22 B-树的创建、遍历、查找、插入、删除算法演示

4. 算法分析

在有 n 个关键字的 B-树上进行查找时,从根到待查找关键字所在结点的路径上涉及的结点数不超过 $\log_{\lceil m/2 \rceil}(n+1)/2+1$。

8.8 哈希查找的算法实现

8.8.1 哈希表

哈希表（又称散列表）是除顺序表存储结构、链表存储结构和索引表存储结构之外的又一种线性表存储结构。哈希表存储的基本思想是：设要存储的记录个数为 n，设置一个长度为 $m(m \geq n)$ 的连续内存单元，以线性表中每个记录的关键字 $key_i(0 \leq i \leq n-1)$ 为自变量，通过一个称为哈希（Hash）函数的函数 $H(key_i)$ 把 key_i 映射为内存单元的地址（或称下标）。$H(key_i)$ 也称为哈希地址（又称散列地址），按这个思想建立的表称为哈希表。

例如，建立如下关键字集合 $\{12, 15, 85, 97, 43, 26, 90, 77\}$ 的哈希表。哈希函数为 $H(key) = key \% 10$，有

$H(12) = 2$	$H(15) = 5$	$H(85) = 5$	$H(97) = 7$
$H(43) = 3$	$H(26) = 6$	$H(90) = 0$	$H(77) = 7$

从定义和例子中可以看出，哈希函数实际上是关键字到内存单元地址的映射。只要使得任何关键字由此哈希函数所得的函数值都落在表长允许范围之内即可。对于不同的关键字可能得到相同的哈希地址，即 $key_1 \neq key_2$，而 $H(key_1) = H(key_2)$，这种现象称为冲突（collision）。具有相同哈希函数值的关键字对该哈希函数来说称为同义词（synonym）。

冲突现象给创建表造成困难。如何尽量避免冲突以及冲突发生后如何解决冲突（即为发生冲突的待插入记录找到一个空闲单元）就成了建立哈希表的两个关键问题。在哈希表中，一般情况下，冲突只能尽可能地减少，而不能完全避免。虽然冲突很难避免，但发生冲突的可能性却有大、有小。

8.8.2 哈希函数的构造方法

构造哈希函数的目标是使得到的哈希地址尽可能均匀地分布在 m 个连续内存单元地址上；同时使得计算过程尽可能地简单，以达到尽可能高的时间效率。因此，设计哈希函数一般应遵循的原则是：①计算简单，否则会降低查找效率；②函数值要尽量均匀散布在地址空间，这样才能保证存储空间的有效利用，并减少冲突。

根据关键字的结构和分布的不同，可构造出许多不同的哈希函数。这里主要讨论两种常用的整数类型关键字的哈希函数构造方法。

1. 直接定址法

直接定址法是以关键字本身或关键字的某个线性函数值作为哈希地址，即

$$H(key) = key$$

或

$$H(key) = a \times key + b$$

其中，a 和 b 为常数。

例如，一组关键字 $\{2006, 2007, 2002, 2001, 2003, 2000, 1999\}$ 按哈希函数 $H(key) = 2009 - key$ 所得的哈希表如图 8.23 所示。

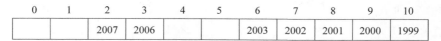

0	1	2	3	4	5	6	7	8	9	10
		2007	2006			2003	2002	2001	2000	1999

图 8.23 用直接定址法构造的哈希表

这种哈希函数计算简单。当关键字的分布基本连续时,可用直接定址法的哈希函数;否则,若关键字分布不连续将造成内存单元的大量浪费。由于直接定址法所得地址集合和关键字集合的大小相同,因此,对于不同的关键字不会发生冲突。但是,实际中能使用这种哈希函数的情况很少。

2. 除留余数法

除留余数法是最常用的构造哈希函数的方法。除留余数法是用关键字除以某个不大于哈希表表长 m 的数 p 后所得的余数作为哈希地址。除留余数法的哈希函数 $H(\text{key})$ 为

$$H(\text{key}) = \text{key} \bmod p, \qquad p \leqslant m$$

在使用除留余数法时,对 p 的选择很重要。一般情况下,可以选 p 为质数或不包含小于 20 的质因数的合数。例如,已知一组关键字为 $\{14, 21, 28, 35, 42, 49, 56\}$,按哈希函数为 $H(\text{key}) = \text{key} \bmod 13$ 所得的哈希地址如图 8.24 所示。

关键字	14	21	28	35	42	49	56
哈希地址	1	8	2	9	3	10	4

图 8.24 除留余数法求哈希地址示例

8.8.3 哈希冲突的处理方法

处理哈希冲突的方法可分为开放定址法和链地址法两大类。

1. 开放定址法

所谓开放定址(open addressing)法,就是当冲突发生时,使用某种探测方法在哈希表中形成一个探测序列。沿此序列逐个单元地查找,直到找到给定的关键字或者碰到一个空的地址单元为止。在开放定址法中,哈希表中的空闲单元(假设其下标为 d)不仅允许哈希地址为 d 的同义词关键字使用,而且也允许发生冲突的其他关键字使用,因为这些关键字的哈希地址不为 d,所以称为非同义词关键字。

$$H_i = (H(\text{key}) + d_i) \bmod m, \qquad i = 1, 2, \cdots, k(k \leqslant m-1)$$

其中,$H(\text{key})$ 为哈希函数;m 为哈希表表长;d_i 为增量序列,若 $d_i = 1, 2, \cdots, m-1$,则称为线性探测再散列;若 $d_i = 1^2, -1^2, 2^2, -2^2, \cdots, k^2, -k^2, (k \leqslant m/2)$,则称为二次探测再散列。

图 8.25(a)所示,长度为 11 的哈希表中已填有关键字分别为 11、47、28、7、29 的记录,若哈希函数为 $H(\text{key}) = \text{key} \bmod 11$,分别用线性探测法和二次探测法处理冲突,向哈希表中插入关键字为 51 的记录。

由哈希函数得到哈希地址为 $H(\text{key}) = 51 \bmod 11 = 7$,产生冲突。若用线性探测再散列的方法处理冲突,得到下一个地址 $H_1 = (7+1) \bmod 11 = 8$,仍冲突;再求下一个地址 $H_2 = (7+2) \bmod 11 = 9$,该位置为"空",处理冲突的过程结束,记录填入哈希表中序号为 9

(a) 插入前

(b) 线性探测再散列

(c) 二次探测再散列

图 8.25　开放定址法处理冲突示例

的位置,插入结果如图 8.25(b)所示。发生冲突时,若用二次探测再散列处理,得到的下一个地址 $H_1=(7+1)\bmod 11=8$,仍冲突;再求下一个地址 $H_2=(7-1)\bmod 11=6$,仍冲突;再求下一个地址 $H_3=(7+4)\bmod 11=0$,仍冲突;再求下一个地址 $H_4=(7-4)\bmod 11=3$,仍冲突;再求下一个地址 $H_5=(7+9)\bmod 11=5$,该位置为"空",处理冲突的过程结束,记录填入哈希表中序号为 5 的位置,插入结果如图 8.25(c)所示。

此外,开放定址法的探测方法还有伪随机序列法、再哈希法等。用开放定址法处理冲突的哈希表删除一个记录时,需在该记录的位置上做删除标记,或在这个位置上放一个不可能存在的关键字,以免找不到在它之后填入的"同义词"记录。对于删除标记的处理方法是:查找时遇到删除标记,认为是冲突;插入时遇到删除标记,认为是空,可以插入。

2. 链地址法

链地址(chaining)法是把所有的同义词链接在同一个单链表中。在这种方法中,哈希表每个单元中存放的不再是对象,而是相应同义词单链表的头指针。

例如,一组记录的关键字为 $\{3,47,27,9,101,26,72,33,69,8,53,29\}$,按哈希函数为 $H(\text{key})=\text{key}\bmod 11$ 和链地址法处理冲突,所得的哈希表如图 8.26 所示。

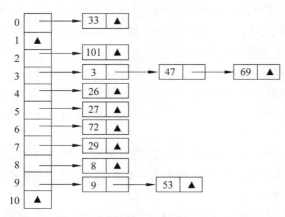

图 8.26　链地址法处理冲突示例

8.8.4 哈希表的算法实现

1. 算法功能

根据给定的关键字集合,按照设定的哈希函数和处理冲突的方法,构建哈希表,并在哈希表上进行查找。

2. 算法思想

在哈希表上进行查找的过程和构造哈希表的过程基本一致。对于给定值 key,根据设定的哈希函数计算其哈希地址 $H(\text{key})$,若表中此位置上没有记录,则查找不成功;否则,比较关键字,若和给定值相等,则查找成功;否则根据设定的处理冲突的方法,找"下一地址",直至哈希表中某个地址单元为"空"或者地址单元中所存记录的关键字等于给定值时为止。

3. 实例描述

已知一组记录的关键字为 $\{47,27,9,101,26,72,3,33,69,8,53,29\}$,按哈希函数为 $H(\text{key})=\text{key mod } 11$ 和链地址法处理冲突,构造如图 8.26 所示的哈希表,并在表中查找给定值 47 和 75。

查找 47 时,先计算其哈希地址 $H(47)=47 \text{ mod } 11=3$,与该位置上的关键字 $p->\text{key}=3$ 进行比较,由于 $47\neq3$,则令 $p=p->\text{next}$,与该链表的下一个关键字比较,$p->\text{key}=47$,则查找成功。

查找 75 时,先计算其哈希地址 $H(75)=75 \text{ mod } 11=9$,与该位置的关键字 $p->\text{key}=9$ 进行比较,由于 $75\neq9$,则令 $p=p->\text{next}$,与该链表的下一个关键字比较,$p->\text{key}=53$,由于 $75\neq53$,继续找下一个要比较的关键字,令 $p=p->\text{next}$,此时 $p=\text{NULL}$,则查找不成功,说明这个哈希表中没有关键字等于 75 的记录。

4. 参考程序

在 HashTable.h 头文件中,定义哈希表类。

HashTable.h 头文件中相关定义如下。

```
1.   #ifndef _HASHTABLE_H_
2.   #define _HASHTABLE_H_
3.
4.   #include "../List/List.h"
5.   #include <iostream>
6.
7.   #define HASH_MAX 11
8.
9.   template <typename T>
10.  class HashTable
11.  {
12.  protected:
13.      int capacity;
14.      List<T> * chainHash;
15.
16.  public:
17.      HashTable(int c =HASH_MAX)
```

```
18.         : capacity(c) { chainHash = new List<T>[capacity]; }
19.
20.      ~HashTable() { delete[] chainHash; }
21.
22.      int size() const                        //返回规模大小
23.      {
24.          int count = 0;
25.          for (int i = 0; i < capacity; i++)
26.              count += chainHash[i].size();
27.          return count;
28.      }
29.
30.      bool empty() const { return !size(); }      //判断是否为空
31.
32.      //哈希函数，除留余数法
33.      int hashCode(T key) const { return key % capacity; }
34.
35.      void insert(T key)
36.      {
37.          int index = hashCode(key);
38.          chainHash[index].insert(key);
39.      }
40.
41.      LNode<T> * search(T key)
42.      {
43.          int index = hashCode(key);
44.          for (LNode<T> * p = chainHash[index].head();
45.               p; p = p->next)
46.              if (p->data == key)        return p;
47.          return NULL;
48.      }
49.
50.      void remove(T key)
51.      {
52.          LNode<T> * p = search(key);
53.          if (!p) return;
54.          else    chainHash[hashCode(key)].remove(p);
55.      }
56.
57.      void print()
58.      {
59.          for (int i = 0; i < capacity; i++)
60.              for (LNode<T> * p = chainHash[i].head();
61.                   p; p = p->next)
62.                  std::cout << p->data << ' ';
```

```
63.              std::cout <<'\n';
64.          }
65.    };
66.
67.    #endif
```

定义文件中使用哈希表创建、查找、删除结点的主程序如下。

```
1.     #include "HashTable.h"
2.     #include <iostream>
3.     using namespace std;
4.
5.     void createHashTable(HashTable<int>&H)
6.     {
7.         int key;
8.         cout <<"请输入哈希表的关键字(以 Ctrl+Z 结束):\n";
9.         while (cin >>key)    H.insert(key);
10.        cin.clear();                              //更改 cin 的状态标识符
11.        rewind(stdin);                            //清空输入缓存区
12.        cout <<"建立的哈希表为:\n";
13.        H.print();
14.    }
15.
16.    void searchHashTable(HashTable<int>&H)
17.    {
18.        do
19.        {
20.            int key;
21.            cout <<"请输入待查的关键字(-1 退出):";
22.            cin >>key;
23.            rewind(stdin);
24.            if (key ==-1)   break;
25.            if (H.search(key))
26.                cout <<"哈希表中有" <<key
27.                        <<"这个关键字记录!\n";
28.            else    cout <<"哈希表中未找到指定元素。\n";
29.        } while (true);
30.    }
31.
32.    void deleteHashTable(HashTable<int>&H)
33.    {
34.        int key;
35.        cout <<"请输入要删除的关键字:";
36.        cin >>key;
37.        H.remove(key);
38.        cout <<"删除后的哈希表为:\n";
```

```
39.        H.print();
40.    }
41.
42.  int main()
43.  {
44.        HashTable<int>H;
45.        createHashTable(H);
46.        searchHashTable(H);
47.        deleteHashTable(H);
48.
49.        system("pause");
50.        return 0;
51.  }
```

5. 运行结果

已知哈希函数为 $H(\text{key}) = \text{key mod } 11$，采用链地址法处理冲突，依次输入关键字 47、27、9、101、26、72、3、33、69、8、53、29，创建哈希表，并且在哈希表中查找 47 和 75，删除 33，如图 8.27 所示。

图 8.27　哈希表的构造、查找和删除算法演示

6. 算法分析

虽然哈希表在关键字与记录的存储位置之间建立了直接映像，但由于"冲突"的产生，使得哈希表的查找过程仍然是一个给定值与关键字进行比较的过程。查找过程中需和给定值进行比较的关键字的个数与下面 3 个方面的因素有关。

（1）与装填因子 α 有关。所谓装填因子，是指哈希表中已存入的记录数 n 与哈希地址空间大小 m 的比值，即 $\alpha = n/m$。α 越小，冲突的可能性就越小；α 越大（最大可取 1），冲突的可能性就越大。另一方面，α 越小，存储空间的利用率就越低；α 越大，存储空间的利用率也就越高。为了减少冲突的发生，又兼顾提高存储空间的利用率，通常使最终的 α 控制在 0.6～0.9 的范围内。

（2）与所采用的哈希函数有关。若哈希函数选择得当，就可使哈希地址尽可能均匀地分布在地址空间上，从而减少冲突的发生；否则，就可能使哈希地址集中于某些区域，而加大冲突的发生。对于预先知道且规模不大的关键字集合，有时可以找到不发生冲突的哈希函

数。因此,对于频繁进行查找的关键字集合,还是应该尽力设计一个完美的哈希函数。

（3）与处理冲突的方法有关。处理冲突的方法选择得好或坏也将减少或增加发生冲突的可能性。

本 章 小 结

查找表是一种在实际应用中大量使用的数据结构,是由同一类型的数据元素构成的集合。对查找表经常进行的操作有查找、插入和删除。若对查找表只进行查找操作,则称此类查找表为静态查找表。若在查找过程中插入查找表中不存在的数据元素,或者从查找表中删除已存在的某个数据元素,则称此类查找表为动态查找表。

静态查找有不同的表示方法,在不同的表示方法中,实现查找操作的方法也不同。若以顺序表或线性链表表示静态查找表,可以用顺序查找来实现;若以有序表表示静态查找表,可以用折半查找来实现;若以索引顺序表表示静态查找表,可以用分块查找来实现。应该掌握顺序查找、折半查找、分块查找的过程、算法实现与算法分析。

动态查找也有不同的表示方法,二叉排序树、平衡二叉树、B-树等动态查找表可以方便地实现元素的查找、插入与删除。应该掌握二叉排序树、平衡二叉树、B-树的查找、插入、删除数据元素的过程、算法实现与算法分析。

哈希表既可以用于静态查找,也可以用于动态查找。应掌握哈希函数的构造方法、冲突的解决方法,以及哈希表的查找、插入、删除数据元素的过程、算法实现与算法分析。

习题 8   习题 8 参考答案

第9章 排 序

排序(sorting)在计算机数据处理中经常遇到,是计算机程序设计中的一种重要操作。本章介绍排序的概念、各种排序方法及其算法实现。

9.1 排序的基本概念

在讨论各种排序算法之前,先介绍有关术语。

9.1.1 排序相关术语介绍

1. 排序

所谓排序,就是将数据元素(或记录)的任意序列,重排成一个按排序码有序的序列。对于给定的一组记录 $r_1, r_2, \cdots, r_n$,其排序码分别为 $k_1, k_2, \cdots, k_n$,将这些记录排成顺序为 $r_{s1}, r_{s2}, \cdots, r_{sn}$ 的一个序列 S,使其相应的排序码满足非递减关系 $k_{s1} \leqslant k_{s2} \leqslant \cdots \leqslant k_{sn}$ 或者非递增关系 $k_{s1} \geqslant k_{s2} \geqslant \cdots \geqslant k_{sn}$。

2. 关键字

上述排序定义中的排序码可以是记录的主关键字,也可以是记录的次关键字,甚至是记录中若干属性的组合。

按照主关键字进行排序,排序的结果是唯一的。按照次关键字进行排序,排序的结果可能不是唯一的。

3. 排序算法的稳定性

若 K_i 是次关键字,则待排序的记录序列中可能存在两个或两个以上次关键字相等的记录。假设 $K_i = K_j (1 \leqslant i \leqslant n, 1 \leqslant j \leqslant n, i \neq j)$,且在排序前的序列中 R_i 领先于 R_j(即 $i < j$)。若在排序后的序列中 R_i 仍领先于 R_j,则称所用的排序方法是稳定的;反之,若可能使排序后的序列中 R_j 领先于 R_i,则称所用的排序方法是不稳定的。

对于不稳定的排序方法,只要举出一个关键字的实例说明它的不稳定性即可。

例如,在学生信息管理系统中,每个学生都拥有一个学号,而且不同学生的学号互不相同。学号是能够唯一标识一个学生的关键属性,即主关键字。按学号排序后得到的结果是唯一的。如果没有重名的学生,则姓名也是主关键字,按姓名排序后得到的结果也是唯一的。但是,当两个学生重名时,排序后可能会出现不稳定的情况,如图 9.1 所示,在排序前的序列中男生刘元在女生刘元之前,在按照姓名排序后的结果中,女生刘元排在了男生刘元的前面。

4. 算法的性能分析

排序算法的性能分析包含时间复杂度和空间复杂度两个方面。时间复杂度指排序的时间开销,空间复杂度指算法执行时所需的附加存储。其中,时间复杂度是衡量排序算法好坏的最重要的标志。排序的时间复杂度由排序算法执行中的数据比较次数与数据移动次数决定。各种排序算法的时间复杂度,一般按平均情况进行估算。对于那些待排序序列的初始排列及对象个数影响较大的算法,还要分析最好情况和最坏情况下的时间复杂度。

序号	学号	姓名	性别	年龄
1	2005050201	张义	男	22
2	2005050202	刘元	男	21
3	2005050203	何小荷	女	21
4	2005050204	程晓	女	22
5	2005050208	刘元	女	22

序号	学号	姓名	性别	年龄
1	2005050204	程晓	女	22
2	2005050203	何小荷	女	21
3	2005050208	刘元	女	22
4	2005050202	刘元	男	21
5	2005050201	张义	男	22

图 9.1　不稳定的排序方法示例

5. 内部排序和外部排序

由于待排序的记录数量不同,使得排序过程中涉及的存储器不同,可将排序方法分为两类:一类是内部排序,指的是待排序记录存放在计算机随机存储器中进行的排序过程;另一类是外部排序,指的是待排序记录的数量很大,以致内存一次不能容纳全部记录,在排序过程中尚需对外存进行访问的排序过程。

9.1.2　常用的内部排序算法类型简介

内部排序的方法很多,每一种方法都有各自的优缺点,适合在不同的环境(如记录的初始排列状态等)下使用。

按排序过程中依据的不同原则对内部排序方法进行分类,可以分为插入排序、交换排序、选择排序、归并排序和基数排序 5 种。每一种排序方法中又有不同的算法,如图 9.2 所示。

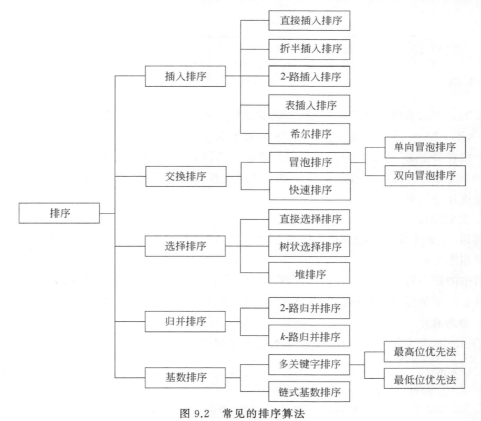

图 9.2　常见的排序算法

在本章的算法介绍中，统一设定待排序的一组记录采用顺序存储结构，记录之间的次序关系由存储位置决定，实现排序需要通过移动记录来实现。为方便起见，设记录的关键字均为整数，并且在算法实现中对记录的其他数据项省略录入。

在算法编写中使用第 2 章中定义的 Vector 类为待排序的顺序表，读者也可以根据排序算法改为对数组等顺序表进行自行编程排序。在之后的介绍中，排序算法需要先在 Vector.h 头文件的 Vector 类中添加排序函数定义，再在 Vector_sort.h 头文件进行相应的实现。

9.2　插入排序的算法实现

9.2.1　直接插入排序

1. 算法功能

直接插入排序（straight insertion sort）是将一个记录插入到已排好序的有序表中，从而得到一个新的、记录数增 1 的有序表。

2. 算法思路

直接插入排序的思路如图 9.3 所示。

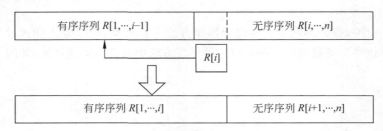

图 9.3　直接插入排序示意图

将第 i 个记录的关键字 $R[i]$.key 顺序地与前面记录的关键字 $R[i-1]$.key，$R[i-2]$.key，$\cdots$，$R[1]$.key 进行比较，把所有关键字大于 $R[i]$.key 的记录依次后移一位，直到关键字小于或者等于 $R[i]$.key 的记录 $R[j]$，直接将 $R[i]$ 插入到 $R[j]$ 后面，循环以上过程直到最后一个记录也插入到合理的位置。整个排序过程是从第二个记录开始的，视第一个记录为已经排好序的集合。

3. 实例描述

例如，一组待排序的记录初始排列为{42,20,17,13,28,14,23,15}，直接插入排序的操作过程如图 9.4 所示。

图中的每一列数都表示以该列顶部的 i 值进行一次 for 循环后数组中的内容。每列中横线以上的记录是已排序的。箭头指示了待排序记录应该插入的位置。

4. 参考程序

Vector.h 头文件中，Vector 类下添加插入排序函数定义。

```
1.    public:
2.        //对[low,high]区间中的元素
3.        //以 dk(默认为 1)间隔进行插入排序(非递减)
```

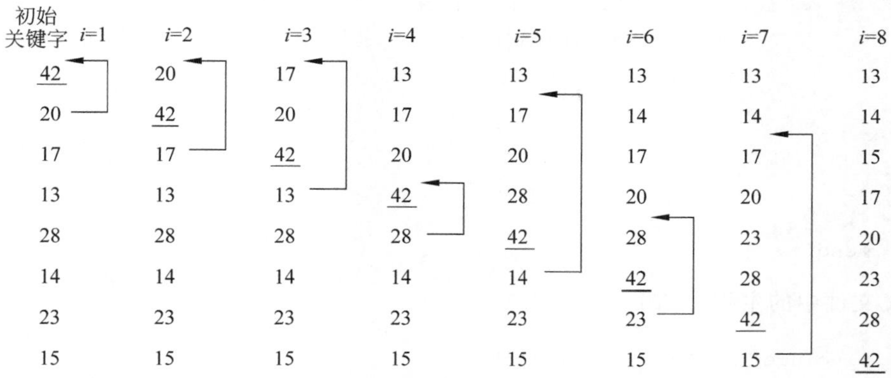

初始
关键字　*i*=1　　　　*i*=2　　　　*i*=3　　　　*i*=4　　　　*i*=5　　　　*i*=6　　　　*i*=7　　　　*i*=8

42	20	17	13	13	13	13	13
20	42	20	17	17	14	14	14
17	17	42	20	20	17	17	15
13	13	13	42	28	20	20	17
28	28	28	28	42	28	23	20
14	14	14	14	14	42	28	23
23	23	23	23	23	23	42	28
15	15	15	15	15	15	15	42

图 9.4　直接插入排序过程示例

```
4.        void insertSort(int low, int high, int dk =1);
5.        //默认对全局元素进行插入排序
6.        void insertSort() { insertSort(0, length -1); }
```

Vector_sort.h 头文件中,对 Vector 类新增的函数定义进行实现。

```
1.    #ifndef _VECTOR_SORT_H_
2.    #define _VECTOR_SORT_H_
3.
4.    #include "Vector.h"
5.    #include <iostream>
6.
7.    //对[low,high]区间中的元素
8.    //以 dk(默认为 1)间隔进行插入排序(非递减)
9.    template <typename T>
10.   void Vector<T>::insertSort(int low, int high, int dk)
11.   {
12.       if (low <0 || high >=length || low >=high || dk <=0)
13.           return;
14.       for (int i =low +dk; i <=high; i++)
15.       {
16.           T tmp =elem[i];                          //复制为哨兵元素
17.           int j =i -dk;
18.           //从 i 的前一个元素开始与哨兵元素比较并移动元素
19.           while (tmp <elem[j] && j >=low)
20.           {
21.               elem[j +dk] =elem[j];
22.               j -=dk;
23.           }
24.           elem[j +dk] =tmp;
25.           /*
26.           //输出当前情况(仅为本书插入排序演示)
27.           std::cout <<"当前排序结果为:";
```

```
28.          for ( int k =0; k < length ; k++)
29.              std::cout <<elem[k] <<' ';
30.          std::cout <<'\n' ;
31.          * /
32.      }
33. }
34.
35. #endif
```

定义文件中的主程序如下。

```
1.  #include "../Vector/Vector.h"
2.  #include "../Vector/Vector_sort.h"
3.  #include <iostream>
4.  using namespace std;
5.
6.  void CreateVector(Vector<int>&L)
7.  {
8.      int e;
9.      cout <<"请输入顺序表的元素(以 Ctrl+Z 结束):\n";
10.     while (cin >>e)   L.insert(e);
11.     cin.clear();                              //更改 cin 的状态标识符
12.     rewind(stdin);                            //清空输入缓存区
13. }
14.
15. void PrintVector(Vector<int>&L)
16. {
17.     cout <<"顺序表一共" <<L.size() <<"个元素:\n";
18.     for (int i =0; i <L.size(); i++)   cout <<L[i] <<' ';
19.     cout <<endl;
20. }
21.
22. int main()
23. {
24.     Vector<int>L;
25.     CreateVector(L);
26.     PrintVector(L);
27.     L.insertSort();
28.     cout <<"\n 顺序表进行插入排序后,结果为:\n";
29.     PrintVector(L);
30.     system("pause");
31.     return 0;
32. }
```

5. 运行结果

依次输入待排序的初始记录的关键字 42、20、17、13、28、14、23、15,非递减排序的结果如图 9.5 所示。

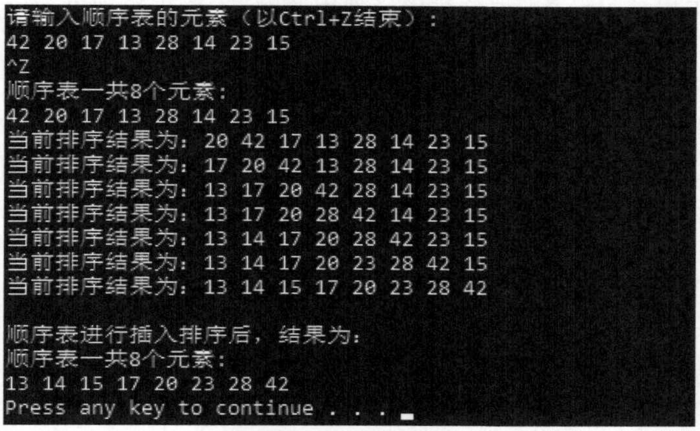

图 9.5　直接插入排序算法演示

6. 算法分析

1）算法的时间复杂度

如果初始序列的关键字已经是从大到小递减排列的。这种情况下，每个记录都必须移动到数组的顶端，并且每做一次比较就要做一次数据移动。总的比较次数为 $n(n-1)/2 \approx n^2/2$，总的移动次数为 $(n+4)(n-1)/2 \approx n^2/2$。这是直接插入算法的最差情况，此时算法的时间复杂度为 $O(n^2)$。

相反，如果初始序列中的关键字已经是从小到大递增排列的。每趟只需与前面的有序序列的最后一个记录的关键字比较一次，移动两次记录，总的比较次数为 $n-1$，总的移动次数为 $2(n-1)$。这是直接插入算法的最好情况，此时算法的时间复杂度为 $O(n)$。

若待排序记录序列中出现各种可能排列的概率相同，则可取上述最好情况和最坏情况的平均情况。在平均情况下的关键字比较次数和记录移动次数约为 $n^2/4$。因此，直接插入排序的时间复杂度为 $O(n^2)$。

2）算法的空间复杂度

直接插入排序只需一个中间变量作为辅助空间，空间复杂度为 $O(1)$。

3）算法的稳定性

直接插入排序是稳定的排序方法。

9.2.2　希尔排序

1. 算法功能

希尔排序（Shell sort）又称缩小增量排序（diminishing increment sort），它也是一种插入排序方法，但在时间效率上比直接插入排序有较大的改进。希尔排序利用了插入排序的最佳时间代价特性，它试图将待排序序列变成近似有序的状态，又称基本有序（almost sorted），然后再用插入排序来完成最后的排序工作。

2. 算法思路

先将待排序序列分割成若干个子序列，分别对子序列进行直接插入排序。经过调整，序列中的记录已经基本有序,最后对全部记录进行一次直接插入排序。具体步骤如下。

（1）首先选定记录间距 d_k,把待排序序列中间隔 d_k 的记录划分为一组进行组内直接插入排序。

（2）然后取 $i=i+1$,记录间隔为 d_k,把待排序记录中间隔 d_k 的记录划分为一组并进行组内直接插入排序。

（3）逐渐缩小记录间隔 d_k,重复以上步骤,直到 $d_k=1$,此时只有一个待排序序列,对该序列进行直接插入排序,完成整个排序过程。

3. 实例描述

用希尔排序算法对初始序列 $\{59,20,17,13,28,14,23,83,36,98,11,70,65,41,42,15\}$ 排序,如图 9.6 所示。

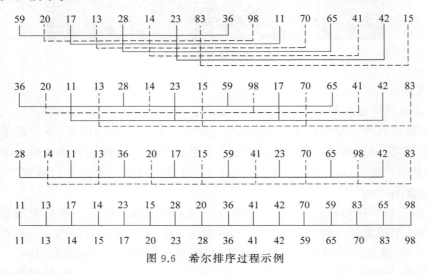

图 9.6　希尔排序过程示例

图 9.6 中对 16 个元素进行了 4 趟排序,第一趟排序处理 8 个长度为 2 的子序列,第二趟排序处理 4 个长度为 4 的子序列,第三趟排序处理 2 个长度为 8 的子序列,第四趟排序处理长度为 16 的整个序列,至此,希尔排序结束,整个序列的记录已按照关键字非递减有序排列。

4. 参考程序

Vetor.h 头文件中,Vector 类下添加希尔排序函数定义。

```
1.  public:
2.      //按增量序列对顺序表进行希尔排序
3.      void shellSort(Vector<int>&dlta);
```

Vector_sort.h 头文件中,对 Vector 类新增的函数定义进行实现。

```
1.  #ifndef _VECTOR_SORT_H_
2.  #define _VECTOR_SORT_H_
3.
4.  #include "Vector.h"
5.  #include <iostream>
```

```
6.
7.    //按增量序列对顺序表进行希尔排序
8.    template <typename T>
9.    void Vector<T>::shellSort(Vector<int> &dlta)
10.   {
11.       for (int k = 0; k < dlta.size(); k++)
12.       {
13.           insertSort(0, length - 1, dlta[k]);
14.           /*
15.           //输出当前情况(仅为本书希尔排序演示)
16.           std::cout << "第" << k+1 << "趟排序结果为:";
17.           for ( int k = 0; k < length ; k++)
18.               std::cout << elem[k] << ' ';
19.           std::cout << '\n';
20.           */
21.       }
22.   }
23.
24.   #endif
```

定义文件中的主程序如下。

```
1.    #include "../Vector/Vector.h"
2.    #include "../Vector/Vector_sort.h"
3.    #include <iostream>
4.    using namespace std;
5.
6.    void CreateVector(Vector<int> &L)
7.    {
8.        int e;
9.        cout << "请输入顺序表的元素(以 Ctrl+Z 结束):\n";
10.       while (cin >> e)   L.insert(e);
11.       cin.clear();                          //更改 cin 的状态标识符
12.       rewind(stdin);                        //清空输入缓存区
13.   }
14.
15.   void PrintVector(Vector<int> &L)
16.   {
17.       cout << "顺序表一共" << L.size() << "个元素:\n";
18.       for (int i = 0; i < L.size(); i++)    cout << L[i] << ' ';
19.       cout << endl;
20.   }
21.
22.   int main()
23.   {
24.       Vector<int> L;
```

```
25.        CreateVector(L);
26.        PrintVector(L);
27.
28.        Vector<int>dlta(4);
29.        dlta.insert(8);
30.        dlta.insert(4);
31.        dlta.insert(2);
32.        dlta.insert(1);
33.        L.shellSort(dlta);
34.        cout <<"\n 顺序表进行希尔排序后,结果为:\n";
35.        PrintVector(L);
36.
37.        system("pause");
38.        return 0;
39.    }
```

5. 运行结果

依次输入待排序的初始记录的关键字 59、20、17、13、28、14、23、83、36、98、11、70、65、41、42、15,希尔排序的结果如图 9.7 所示。

图 9.7 希尔排序算法演示

6. 算法分析

1）时间复杂度分析

在最后一趟排序中,整个序列已经基本有序,只要进行少量比较和移动即可完成排序,因此希尔排序的时间复杂度比直接插入排序的时间复杂度低。

如果正确实现,在最差情况下希尔排序将具有比 $O(n^2)$ 好得多的性能。但是,想要弄清希尔排序中关键字比较次数和记录移动次数与增量选择之间的依赖关系,并给出完整的数学分析,目前还没有人能够做到。实验统计资料得出,当 n 很大时,关键字平均比较次数和记录平均移动次数大约在 $n^{1.25} \sim 1.6n^{1.25}$ 的范围内,即希尔排序的时间复杂度为 $O(n^{1.25}) \sim O(1.6n^{1.25})$。这是在利用直接插入排序作为子序列排序方法的情况下得到的。

2）空间复杂度分析

希尔排序仅占用一个缓冲单元,空间复杂度为 $O(1)$。

3) 稳定性分析

希尔排序是不稳定的排序方法。

9.3 交换排序的算法实现

1. 算法功能

冒泡排序(bubble sort)是大家熟悉的一种交换排序方法,但其平均时间复杂度为 $O(n^2)$。快速排序(quick sort)是对冒泡排序的一种改进排序方法。它的基本思想是:首先选择一个轴值(pivot),通过一趟排序将待排记录分成独立的两个部分,其中一部分记录的关键字均小于或等于轴值,另一部分记录的关键字均大于或等于轴值,再分别对这两部分记录继续进行排序,以达到整个序列有序。

选择轴值有多种方法。最简单的方法是使用第一个记录的关键字。但是,如果输入的数组是正序的或者是逆序的,就会将所有结点分割到轴值的一边。较好的方法是随机选取轴值,这样可以减少由于原始输入对排序造成的影响。可惜,随机选取轴值的开销较大,可以用选取数组中间点的方法代替。

2. 算法思路

一趟快速排序的具体做法如下。

(1) 在待排序序列 $L.r[\text{low.high}]$ 中,设置两个指针 i 和 j,它们的初值分别为序列的下界和上界,即 $i=\text{low}, j=\text{high}$;选取无序序列的第一个记录 $L.r[0]$(即 $L.r[\text{low}]$)作为轴值记录,并将它保存在变量 pivotkey 中。

(2) 从 high 起向左扫描,直到找到第一个关键字小于 pivotkey 的记录 $L.r[\text{high}].\text{key}$,将 $L.r[\text{high}]$ 移至 low 所指的位置上 $L.r[\text{low}]$,使关键字小于轴值关键字 pivotkey 的记录移到了轴值的左边,然后,令 low 指针自 low+1 位置开始向右扫描,直至找到第一个关键字大于 pivotkey 的记录 $L.r[\text{low}].\text{key}$,将 $L.r[\text{low}]$ 移到 high 所指的位置上,使关键字大于轴值关键字的记录移到了轴值的右边,接着令指针 high 自位置 high−1 开始向左扫描,如此交替改变扫描方向,从两端各自往中间靠拢,直至 low=high 时,low 便是轴值 pivot 最终的位置,将 pivot 放在此位置上就完成了一次划分。

整个快速排序的过程可递归进行。若待排序列中只有一个记录,则已有序;否则,进行一趟快速排序后再分别对划分后所得的两个子序列进行快速排序。

3. 实例描述

对初始关键字序列 $\{72,6,57,88,60,42,83,73,48,85\}$ 进行快速排序,如图 9.8 所示。

4. 参考程序

Vector.h 头文件中,Vector 类下添加快速排序函数定义如下。

```
1.    private:
2.        //快速排序
3.        //对[low,high]做划分,使枢轴记录到位,并返回其所在位置
4.        int partition( int low , int high ) ;
5.
6.    public:
```

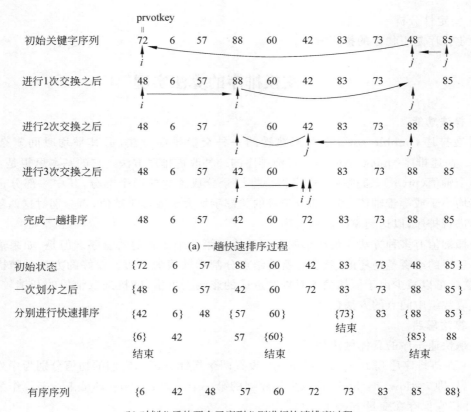

图 9.8　快速排序过程

```
7.      //递归法对顺序表的[low,high]元素做快速排序
8.      void quickSort( int low , int high ) ;
9.      //默认对全局元素进行快速排序
10.     void quickSort() { quickSort( 0 , length-1 ) ; }
```

Vector_sort.h 头文件中，对 Vector 类新增的函数定义进行实现。

```
1.   #ifndef _VECTOR_SORT_H_
2.   #define _VECTOR_SORT_H_
3.
4.   #include "Vector.h"
5.   #include <iostream>
6.
7.   //快速排序
8.   //对[low,high]进行划分，使枢轴记录到位，并返回其所在位置
9.   template <typename T>
10.  int Vector<T>::partition(int low, int high)
11.  {
12.      //保存首元素的值
13.      T pivotkey =elem[low];
```

```
14.      while (low <high)
15.      {
16.          while (low <high && elem[high] >=pivotkey) --high;
17.          elem[low] =elem[high];
18.          while (low <high && elem[low] <=pivotkey)    ++low;
19.          elem[high] =elem[low];
20.      }
21.      elem[low] =pivotkey;
22.
23.      //输出当前情况 (仅为本书快速排序演示)
24.      std::cout <<"当前排序结果为:";
25.      for (int k =0; k <length; k++)
26.          std::cout <<elem[k] <<' ';
27.      std::cout <<'\n';
28.
29.      return low;
30. }
31.
32. //递归法对顺序表的[low,high]元素进行快速排序
33. template <typename T>
34. void Vector<T>::quickSort(int low, int high)
35. {
36.      if (low <0 || high >=length)    return;
37.      if (low >=high) return;
38.      int pivotloc =partition(low, high);
39.      quickSort(low, pivotloc -1);
40.      quickSort(pivotloc +1, high);
41. }
42. #endif
```

定义文件中的主程序如下。

```
1.    #include "../Vector/Vector.h"
2.    #include "../Vector/Vector_sort.h"
3.    #include <iostream>
4.    using namespace std;
5.
6.    void CreateVector(Vector<int> &L)
7.    {
8.        int e;
9.        cout <<"请输入顺序表的元素(以 Ctrl+Z 结束):\n";
10.       while (cin >>e)  L.insert(e);
11.       cin.clear();                          //更改 cin 的状态标识符
12.       rewind(stdin);                        //清空输入缓存区
13.   }
14.
```

```
15.  void PrintVector(Vector<int>&L)
16.  {
17.      cout <<"顺序表一共" <<L.size() <<"个元素:\n";
18.      for (int i =0; i <L.size(); i++)    cout <<L[i] <<' ';
19.      cout <<endl;
20.  }
21.
22.  int main()
23.  {
24.      Vector<int>L;
25.      CreateVector(L);
26.      PrintVector(L);
27.      L.quickSort();
28.      cout <<"\n 顺序表进行快速排序后,结果为:\n";
29.      PrintVector(L);
30.
31.      system("pause");
32.      return 0;
33.  }
```

5. 运行结果

依次输入待排序的初始记录的关键字 72、6、57、88、60、42、83、73、48、85，快速排序结果如图 9.9 所示。

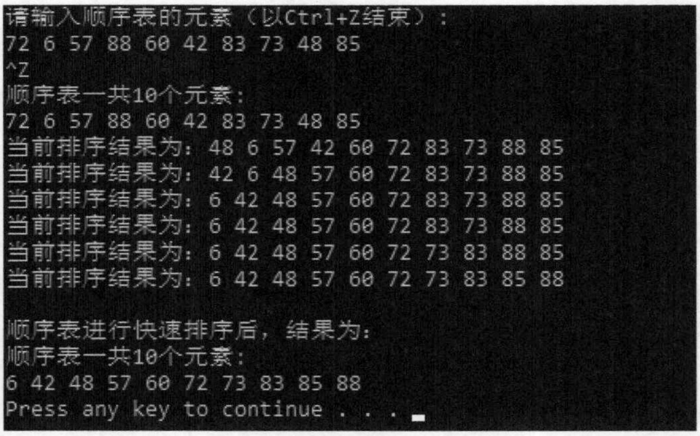

```
请输入顺序表的元素（以Ctrl+Z结束）:
72 6 57 88 60 42 83 73 48 85
^Z
顺序表一共10个元素:
72 6 57 88 60 42 83 73 48 85
当前排序结果为: 48 6 57 42 60 72 83 73 88 85
当前排序结果为: 42 6 48 57 60 72 83 73 88 85
当前排序结果为: 6 42 48 57 60 72 83 73 88 85
当前排序结果为: 6 42 48 57 60 72 83 73 88 85
当前排序结果为: 6 42 48 57 60 72 73 83 88 85
当前排序结果为: 6 42 48 57 60 72 73 83 85 88

顺序表进行快速排序后, 结果为:
顺序表一共10个元素:
6 42 48 57 60 72 73 83 85 88
Press any key to continue . . .
```

图 9.9 快速排序算法演示

6. 算法分析

快速排序的时间主要耗费在划分操作上，对长度为 k 的序列进行划分，共需 $k-1$ 次关键字的比较。

1）算法的时间复杂度

最好情况下，每次划分所取的轴值都是当前无序序列的"中值"记录，划分的结果是轴值的左、右两个无序子序列的长度大致相等。总的关键字比较次数为 $O(n\log_2 n)$。

最坏情况下，每次划分所取的轴值都是当前无序序列中关键字最小（或最大）的记录，划分的结果是轴值左边的子序列为空(或右边的子序列为空),而划分所得的另一个非空的子序列中记录数目仅仅比划分前的无序序列中记录个数减少一个。总的比较次数达到最大值 $\dfrac{n(n-1)}{2}=O(n^2)$。

但是,就平均性能而言,快速排序是基于关键字比较的内部排序算法中速度最快的,它的平均时间复杂度为 $O(n\log_2 n)$。

2)算法的空间复杂度

快速排序是递归的,需要有一个栈存放每层递归调用时的指针和参数(新的 low 和 high)。最大递归调用层次数与递归树的深度一致。若每次划分较为均匀,则其递归树的深度为 $O(\log_2 n)$,故递归后需栈空间为 $O(\log_2 n)$。最坏情况下,递归树的深度为 $O(n)$,所需的栈空间为 $O(n)$。

3)算法的稳定性

快速排序是不稳定的排序方法。

9.4 选择排序的算法实现

9.4.1 直接选择排序

1. 算法功能

选择排序(selection sort)首先从未排序的序列中找到最小关键字,接着是次小的,第 i 次选择排序是选择数组中第 i 小的记录,并将这个记录放到数组的第 i 个位置,如此反复,直到完全排好序。

最简单的选择排序算法是直接选择排序。它比较独特的地方是寻找下一个较小的关键字时,需要检索整个未排序的序列,但是只用交换一次就可以将待排序的记录放到正确位置。

2. 算法思路

直接选择排序可经过 $n-1$ 趟排序得到有序结果。具体步骤如下。

(1)第 1 趟排序时,从第 1 个记录开始,通过 $n-1$ 次关键字比较,选出关键字最小的记录 $L.r[k]$ 作为有序序列的第 1 个记录。

(2)第 i 趟排序时,从第 $i(1 \leqslant i \leqslant n-1)$ 个记录开始,通过 $n-i$ 次关键字比较,选出关键字最小的记录 $L.r[k]$ 作为有序序列的第 i 个记录。

重复上述操作,经过 $n-1$ 次排序,将 $n-1$ 个记录排到相应的位置,剩余的最后一个记录排在最后完成排序。

3. 实例描述

例如,对初始关键字的序列 $\{42,20,17,13,28,14,23,15\}$ 进行直接选择排序,如图 9.10 所示。

每列中横线以上的元素都已经是有序的了,而且都在它们的最终位置上。

4. 参考程序

Vector.h 头文件中,在 Vector 类下添加选择排序函数定义。

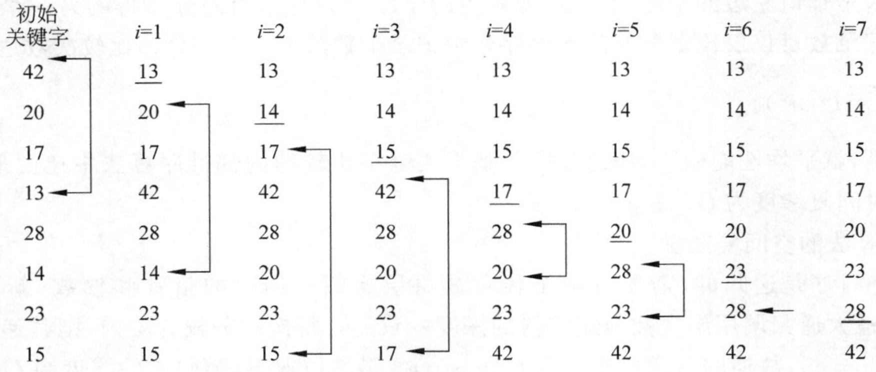

初始 关键字	i=1	i=2	i=3	i=4	i=5	i=6	i=7
42	13	13	13	13	13	13	13
20	20	14	14	14	14	14	14
17	17	17	15	15	15	15	15
13	42	42	42	17	17	17	17
28	28	28	28	28	20	20	20
14	14	20	20	20	28	23	23
23	23	23	23	23	23	28	28
15	15	15	17	42	42	42	42

图 9.10　选择排序过程示例

```
1.    public:
2.        //对[low,high]中的元素进行直接选择排序
3.        void selectSort( int low , int high ) ;
4.        //默认对全局元素进行选择排序
5.        void selectSort() { selectSort( 0 , length-1 ) ; }
```

Vector_sort.h 头文件中，对 Vector 类新增的函数定义进行实现。

```
1.    #ifndef _VECTOR_SORT_H_
2.    #define _VECTOR_SORT_H_
3.
4.    #include "Vector.h"
5.    #include <iostream>
6.
7.    //对[low,high]中的元素进行直接选择排序
8.    template <typename T>
9.    void Vector<T>::selectSort(int low, int high)
10.   {
11.       if (low <0 || high >=length || low >=high)   return;
12.       for (int i =low; i <high; i++)
13.       {
14.           int pos =i;
15.           //找到后续元素中最小的元素记录为 pos
16.           for (int j =i +1; j <=high; j++)
17.               if (elem[j] <elem[pos]) pos =j;
18.           //若第 i 个元素不是最小的,则与最小元素交换
19.           if (pos !=i)
20.           {
21.               T tmp =elem[i];
22.               elem[i] =elem[pos];
23.               elem[pos] =tmp;
24.           }
25.
```

```
26.          /*
27.          //输出当前情况(仅作为本书选择排序演示)
28.          std::cout <<"第" <<i-low+1 <<"趟排序结果为:";
29.          for ( int k =0; k <length ; k++)
30.              std::cout <<elem[k] <<' ';
31.          std::cout <<'\n';
32.          */
33.      }
34. }
35. #endif
```

定义文件中的主程序如下。

```
1.  #include "../Vector/Vector.h"
2.  #include "../Vector/Vector_sort.h"
3.  #include <iostream>
4.  using namespace std;
5.
6.  void CreateVector(Vector<int>&L)
7.  {
8.      int e;
9.      cout <<"请输入顺序表的元素(以 Ctrl+Z 结束):\n";
10.     while (cin >>e)  L.insert(e);
11.     cin.clear();                        //更改 cin 的状态标识符
12.     rewind(stdin);                      //清空输入缓存区
13. }
14.
15. void PrintVector(Vector<int>&L)
16. {
17.     cout <<"顺序表一共" <<L.size() <<"个元素:\n";
18.     for (int i =0; i <L.size(); i++)   cout <<L[i] <<' ';
19.     cout <<endl;
20. }
21.
22. int main()
23. {
24.     Vector<int>L;
25.     CreateVector(L);
26.     PrintVector(L);
27.     L.selectSort();
28.     cout <<"\n 顺序表进行选择排序后,结果为:\n";
29.     PrintVector(L);
30.
31.     system("pause");
32.     return 0;
33. }
```

5. 运行结果

依次输入待排序记录的关键字 42、20、17、13、28、14、23、15,直接选择排序算法的运行结果如图 9.11 所示。

```
请输入顺序表的元素（以Ctrl+Z结束）：
42 20 17 13 28 14 23 15
^Z
顺序表一共8个元素：
42 20 17 13 28 14 23 15
第1趟排序结果为: 13 20 17 42 28 14 23 15
第2趟排序结果为: 13 14 17 42 28 20 23 15
第3趟排序结果为: 13 14 15 42 28 20 23 17
第4趟排序结果为: 13 14 15 17 28 20 23 42
第5趟排序结果为: 13 14 15 17 20 28 23 42
第6趟排序结果为: 13 14 15 17 20 23 28 42
第7趟排序结果为: 13 14 15 17 20 23 28 42

顺序表进行选择排序后，结果为：
顺序表一共8个元素：
13 14 15 17 20 23 28 42
Press any key to continue . . .
```

图 9.11 直接选择排序算法演示

6. 算法分析

1) 算法的时间复杂度

直接选择排序的关键字比较次数与记录的初始排列无关。第 i 趟选择具有最小关键字的记录所需的比较次数总是 $n-i$ 次,若整个待排序序列有 n 个记录,则总的比较次数为 $\sum_{i=1}^{n-1}(n-i)=n(n-1)/2$。

记录的移动次数与记录的初始排列有关。最好的情况是记录的初始状态是正序的,记录移动次数为 0 次,达到最小值。最差的情况是记录的初始状态是逆序的,每趟排序均要执行交换操作,总的移动次数取最大值 $3(n-1)$。

因此,直接选择排序算法的平均时间复杂度是 $O(n^2)$,最坏时间复杂度也是 $O(n^2)$。

2) 算法的空间复杂度

直接选择排序无须任何附加单元,空间复杂度为 $O(1)$。

3) 算法的稳定性

直接选择排序是不稳定的排序方法。

9.4.2 堆排序

1. 算法功能

堆的定义为：n 个元素的序列 $\{k_0,k_1,\cdots,k_{n-1}\}$ 当且仅当满足下列关系时,称为堆。

$$\begin{cases} k_i \leqslant k_{2i+1} \\ k_i \leqslant k_{2i+2} \end{cases}$$

或

$$\begin{cases} k_i \geqslant k_{2i+1} \\ k_i \geqslant k_{2i+2} \end{cases}$$

其中, $i = 0, 1, \cdots, \lfloor (n-1)/2 \rfloor$。

若将此序列对应的一维数组看成一棵完全二叉树,则堆的含义表明,n 个记录的序列 $\{k_0, k_1, \cdots, k_{n-1}\}$ 建立的堆中,所有非终端结点的值均不大于(或不小于)其左、右孩子结点的值。堆顶元素或完全二叉树的根必为序列中 n 个元素的最小值(或最大值)。小顶堆和大顶堆进行堆排序的操作相似,以下算法仅以大顶堆为例实现堆排序。

堆排序(heap sort)是一种树状结构排序法。如果在输出堆顶的最大值后,使得剩余 $n-1$ 个元素的序列重建成一个堆,则得到 n 个元素中的次大值。如此反复执行,便能得到一个有序序列,这个过程就称为堆排序。

实现堆排序需要解决两个问题。

(1)构建初始堆:如何由一个无序序列建成一个堆?

(2)重建堆:如何在输出堆顶元素之后,调整剩余元素成为一个新的堆?

2. 算法思路

在堆排序中,把初始序列 $L.\text{elem}[0 \cdots n-1]$ 看成一棵完全二叉树的顺序表示,第一个记录 $L.\text{elem}[0]$ 为二叉树的根,以下记录 $L.\text{elem}[1 \cdots n-1]$ 依次逐层从左到右顺序排列,任意结点 $L.\text{elem}[i]$ 的左孩子是 $L.\text{elem}[2i+1]$,右孩子是 $L.\text{elem}[2i+2]$,双亲是 $L.\text{elem}[\lfloor (i-1)/2 \rfloor]$。

1)重建堆

假设输出堆顶元素之后,以堆中最后一个记录作为待调整记录。此时根结点为空,从该结点左、右孩子中选出一个关键字较大的记录,如果该记录关键字大于待调整记录的关键字,则将该记录移动到空结点中。此时,被移动的那个记录结点为空,从该结点的左、右孩子中选出一个关键字较大的记录,若该记录的关键字大于待调整记录的关键字,则将该记录移动到上次移动后的空结点处。

重复上述移动过程,直到空结点左、右孩子的关键字均小于待调整记录关键字,此时,将待调整记录放入该空结点即可。这种自堆顶至叶子的调整过程称为"筛选"。

2)构建初始堆

将一个任意序列看成一个完全二叉树,可以利用以上调整堆算法自底向上逐层把所有子树调整为堆,直到将整个完全二叉树调整为堆。因为完全二叉树最后一个非叶子结点位于第 $\lfloor (n-1)/2 \rfloor$ 个位置上,所以从第 $\lfloor (n-1)/2 \rfloor$ 个结点开始,逐层向上倒退调整,直到根结点。

3. 实例描述

用堆排序算法对初始序列 $\{73, 6, 57, 88, 60, 42, 83, 72, 48, 85\}$ 排序,过程如图 9.12 所示。

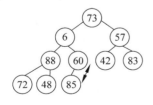
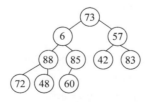
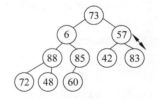

(a) 由初始序列建立完全二叉树　　(b) 60 初筛选之后的状态　　(c) 88 初筛选之后的状态

图 9.12　堆排序过程示例

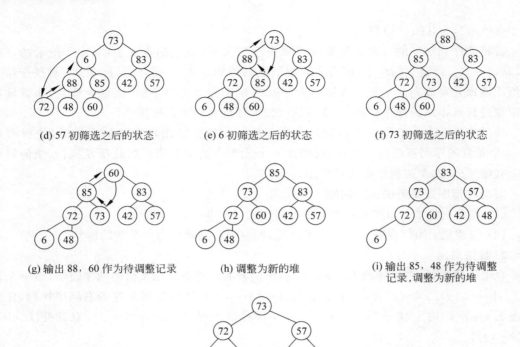

(d) 57 初筛选之后的状态　　　(e) 6 初筛选之后的状态　　　(f) 73 初筛选之后的状态

(g) 输出 88，60 作为待调整记录　　　(h) 调整为新的堆　　　(i) 输出 85，48 作为待调整
记录，调整为新的堆

(j) 输出 83，6 作为待调整记录，并调整为新的堆

图 9.12 （续）

此时待排序列中最后 3 个位置按增序存放着序列中关键字最大的 3 个记录。堆排序照此反复进行下去，直到整个序列有序。

4. 参考程序

新建 Heap.h 头文件，定义 Heap 基类与子类 MaxHeap、MinHeap：

```
1.    #ifndef _HEAP_H_
2.    #define _HEAP_H_
3.
4.    #include "../Vector/Vector.h"
5.
6.    //堆的数据结构的抽象类
7.    template <typename T>
8.    class Heap : public Vector<T>
9.    {
10.   protected:
11.       //指定比较函数,用于大顶堆和小顶堆的继承重写
12.       //逻辑为父结点与子结点的比较要求
13.       virtual bool compare(T x, T y) =0;
14.
15.       //返回第 i 个元素的父结点序号
16.       int parent(int i) { return (i -1) >>1; }
```

```
17.        //返回第 i 个元素的左孩子结点序号
18.        int lchild(int i) { return (i <<1) +1; }
19.        //返回第 i 个元素的右孩子结点序号
20.        int rchild(int i) { return (i +1) <<1; }
21.
22.        //对顺序表中的第 i 个元素进行上浮操作
23.        void shiftUp(int i)
24.        {
25.            T tmp =this->elem[i];
26.            //上浮到根结点结束
27.            while (i)
28.            {
29.                //若当前结点与父亲结点比较失败,上浮结束
30.                if (!compare(tmp, this->elem[parent(i)])) break;
31.                //否则进行交换
32.                this->elem[i] =this->elem[parent(i)];
33.                i =parent(i);
34.            }
35.            this->elem[i] =tmp;
36.        }
37.
38.        //对顺序表中的第 i 个元素进行下沉操作
39.        void shiftDown(int i)
40.        {
41.            T tmp =this->elem[i];
42.            //下沉到最后的结点
43.            while (lchild(i) <=this->length)
44.            {
45.                int child =lchild(i);
46.                //child 指向结果成功的孩子结点
47.                if (rchild(i) <this->length &&
48.                    compare(this->elem[rchild(i)],
49.                            this->elem[lchild(i)]))
50.                    child++;
51.                if (compare(tmp, this->elem[child])) break;
52.                this->elem[i] =this->elem[child];
53.                i =child;
54.            }
55.            this->elem[i] =tmp;
56.        }
57.
58.        //根据数组 array 建立长度为 n 的堆
59.        void heapify(T * array, int n)
60.        {
61.            //插入所有元素
```

```
62.          for (int i = 0; i < n; i++)  this->insert(array[i]);
63.          //只用对所有孩子结点不为空的父结点进行下沉
64.          for (int i = parent(this->length); i >= 0; i--)
65.              shiftDown(i);
66.      }
67.
68.  public:
69.      Heap() {}
70.
71.      //返回堆顶元素
72.      T top() { return this->elem[0]; }
73.
74.      //将元素 e 插入堆中
75.      void push(T e)
76.      {
77.          this->insert(e);
78.          shiftUp(this->length - 1);
79.      }
80.
81.      //删除堆顶元素并返回其值
82.      T pop()
83.      {
84.          T max = this->elem[0];
85.          //将堆顶元素与最后元素交换
86.          this->elem[0] = this->elem[--this->length];
87.          //将新的堆顶元素下沉
88.          shiftDown(0);
89.          return max;
90.      }
91.  };
92.
93.  //大顶堆实现
94.  template <typename T>
95.  class MaxHeap : public Heap<T>
96.  {
97.  protected:
98.      //指定比较函数,父结点比子结点大
99.      bool compare(T x, T y) { return x > y; }
100.
101. public:
102.     MaxHeap() : Heap<T>() {}
103.     MaxHeap(T * array, int n) { this->heapify(array, n); }
104. };
105.
106. //小顶堆实现
```

```
107. template <typename T>
108. class MinHeap : public Heap<T>
109. {
110. protected:
111.     //指定比较函数,父结点比子结点小
112.     bool compare(T x, T y) { return x < y; }
113.
114. public:
115.     MinHeap() : Heap<T>() {}
116.     MinHeap(T * array, int n) { this->heapify(array, n); }
117. };
118.
119. #endif
```

Vector.h 头文件中,在 Vector 类添加堆排序函数定义。

```
1.   public:
2.       //堆排序
3.       void heapSort( int low , int high ) ;
4.       //默认全局排序
5.       void heapSort() { heapSort( 0 , length-1 ) ; }
```

Vector_sort.h 头文件中,对 Vector 类新增的函数定义进行实现。

```
1.   #ifndef _VECTOR_SORT_H_
2.   #define _VECTOR_SORT_H_
3.
4.   #include "../Sort/Heap.h"
5.   #include "Vector.h"
6.   #include <iostream>
7.
8.   //利用堆对顺序表[low,high]进行堆排序(非递减)
9.   template <typename T>
10.  void Vector<T>::heapSort(int low, int high)
11.  {
12.      if (low < 0 || high >= length || low >= high)    return;
13.      MaxHeap<T>H(elem + low, high - low + 1);
14.      /*
15.      //输出当前情况(仅作为本书堆排序演示)
16.      std::cout << "初始序列建成的大顶堆为:";
17.      for ( int k = 0; k < length ; k++)
18.          std::cout << H[k] << ' ';
19.      std::cout << '\n';
20.      */
21.      while (!H.empty())
22.      {
23.          elem[high--] = H.pop();
```

```
24.          /*
25.          //输出当前情况(仅作为本书堆排序演示)
26.          std::cout <<"弹出元素为:" <<elem[high+1] ;
27.          std::cout <<"\t 当前大顶堆为:" ;
28.          for ( int k =0; k <H.size() ; k++)
29.              std::cout <<H[k] <<' ';
30.          std::cout <<'\n' ;
31.          */
32.      }
33. }
34.
35. #endif
```

定义文件中的主程序如下。

```
1.  #include "../Vector/Vector.h"
2.  #include "../Vector/Vector_sort.h"
3.  #include <iostream>
4.  using namespace std;
5.
6.  void CreateVector(Vector<int>&L)
7.  {
8.      int e;
9.      cout <<"请输入顺序表的元素(以 Ctrl+Z 结束):\n";
10.     while (cin >>e)  L.insert(e);
11.     cin.clear();                          //更改 cin 的状态标识符
12.     rewind(stdin);                        //清空输入缓存区
13. }
14.
15. void PrintVector(Vector<int>&L)
16. {
17.     cout <<"顺序表一共" <<L.size() <<"个元素:\n";
18.     for (int i =0; i <L.size(); i++)    cout <<L[i] <<' ';
19.     cout <<endl;
20. }
21.
22. int main()
23. {
24.     Vector<int>L;
25.     CreateVector(L);
26.     PrintVector(L);
27.     L.heapSort();
28.     cout <<"\n 顺序表进行堆排序后,结果为:\n";
29.     PrintVector(L);
30.
31.     system("pause");
```

```
32.     return 0;
33. }
```

5. 运行结果

依次输入待排序的关键字 73、6、57、88、60、42、83、72、48、85，堆排序结果如图 9.13 所示。

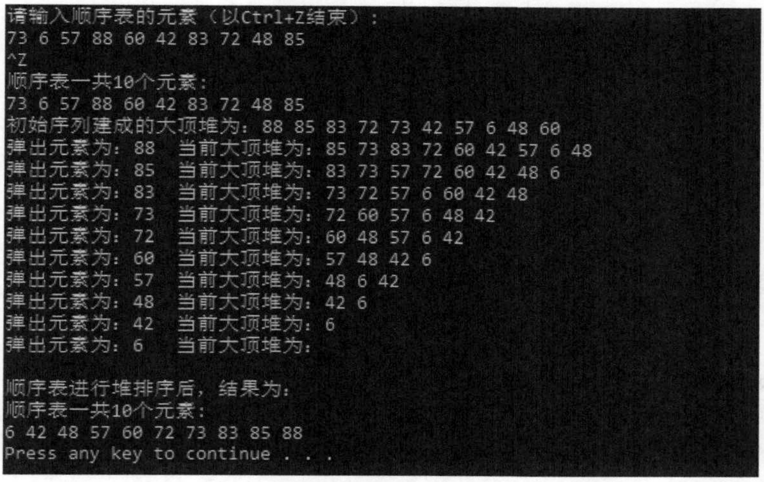

图 9.13　堆排序算法演示

6. 算法分析

1）算法的时间复杂度

堆排序的时间主要由建立初始堆和反复重建堆的时间开销构成。

建初始堆所需的比较次数较多，所以堆排序不适宜于记录数较少的文件。但对记录数较大的文件还是很有效的。堆排序在最坏的情况下，其时间复杂度为 $O(n\log_2 n)$。相对于快速排序来说，这是堆排序的最大优点。堆排序的平均性能较接近于最坏性能。

2）算法的空间复杂度

堆排序仅需一个记录大小供交换用的辅助存储空间，空间复杂度为 $O(1)$。

3）算法的稳定性

堆排序是不稳定的排序方法。

9.5　归并排序的算法实现

1. 算法功能

归并排序（merging sort）是指将若干个有序的序列合并成一个有序的序列。

2. 算法思路

首先将初始序列 $L.r[1\cdots n]$ 中 n 个记录看成 n 个有序的子序列，每个子序列的长度为 1，然后相邻的两两归并，得到 $\lceil n/2 \rceil$ 个长度为 2（n 为奇数时，最后一个序列长度是 1）的有序子序列。之后再对长度为 2 的有序子序列进行两两归并，得到长度为 4 的有序子序列。如此重复上述操作过程，直到得到一个长度为 n 的有序序列为止。上述归并操作是将两个子序列归并为一个子序列，称为"二路归并"，类似地还有"三路归并"或"多路归并"。

3. 实例描述

用二路归并法对关键字序列{36,20,17,13,28,14,23,15}排序，排序过程如图 9.14
所示。

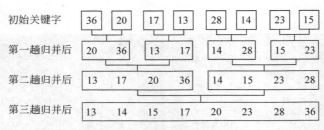

图 9.14 归并排序过程示例

4. 参考程序

Vector.h 头文件中，在 Vector 类添加归并排序函数定义。

```
1.  private:
2.      //将顺序表中有序的[low,mid]和[mid+1,high]有序合并
3.      void merge( int low , int mid , int high );
4.
5.  public:
6.      //对[low,high]中的元素进行归并排序
7.      void mergeSort( int low , int high );
8.      //默认对全局元素进行归并排序
9.      void mergeSort() { mergeSort( 0 , length-1 ) ; }
```

Vector_sort.h 头文件中，对 Vector 类新增的函数定义进行实现。

```
1.  #ifndef _VECTOR_SORT_H_
2.  #define _VECTOR_SORT_H_
3.
4.  #include "Vector.h"
5.  #include<iostream>
6.
7.  //将顺序表中有序的[low,mid]和[mid+1,high]有序合并
8.  template<typename T>
9.  void Vector<T>::merge( int low , int mid , int high )
10. {
11.     //临时数组用于储存合并结果
12.     T * tmp = new T[high-low+1] ;
13.     //分别遍历临时数组,[low,mid]和[mid+1,high]
14.     int t = 0 , i = low , j = mid+1 ;
15.     while( i <=mid && j <=high )
16.     {
17.         if( elem[i] <=elem[j] ) tmp[t++] =elem[i++] ;
```

```
18.          else tmp[t++] =elem[j++] ;
19.      }
20.      //将剩余元素放入 tmp
21.      while( i <=mid ) tmp[t++] =elem[i++] ;
22.      while( j <=high )    tmp[t++] =elem[j++] ;
23.      //将 tmp 中的结果复制到原顺序表
24.      while( high >=low ) elem[high--] =tmp[--t] ;
25.      delete []tmp ;
26.      /*
27.      //输出当前情况 (仅作为本书归并排序演示)
28.      std::cout<<"当前合并后排序结果为:" ;
29.      for ( int k =0; k <length ; k++)
30.          std::cout <<elem[k] <<' ';
31.      std::cout <<'\n' ;
32.      */
33.  }
34.
35.  #endif
```

定义文件中的主程序如下。

```
1.   #include "../Vector/Vector.h"
2.   #include "../Vector/Vector_sort.h"
3.   #include <iostream>
4.   using namespace std;
5.
6.   void CreateVector(Vector<int>&L)
7.   {
8.       int e;
9.       cout <<"请输入顺序表的元素 (以 Ctrl+Z 结束):\n";
10.      while (cin >>e)    L.insert(e);
11.      cin.clear();                                 //更改 cin 的状态标识符
12.      rewind(stdin);                               //清空输入缓存区
13.  }
14.
15.  void PrintVector(Vector<int>&L)
16.  {
17.      cout <<"顺序表一共" <<L.size() <<"个元素:\n";
18.      for (int i =0; i <L.size(); i++)    cout <<L[i] <<' ';
19.      cout <<endl;
20.  }
21.
22.  int main()
23.  {
24.      Vector<int>L;
25.      CreateVector(L);
```

```
26.        PrintVector(L);
27.        L.mergeSort();
28.        cout <<"\n 顺序表进行归并排序后,结果为:\n";
29.        PrintVector(L);
30.
31.        system("pause");
32.        return 0;
33. }
```

5. 运行结果

依次输入待排序的关键字 36、20、17、13、28、14、23、15,归并排序的结果如图 9.15 所示。

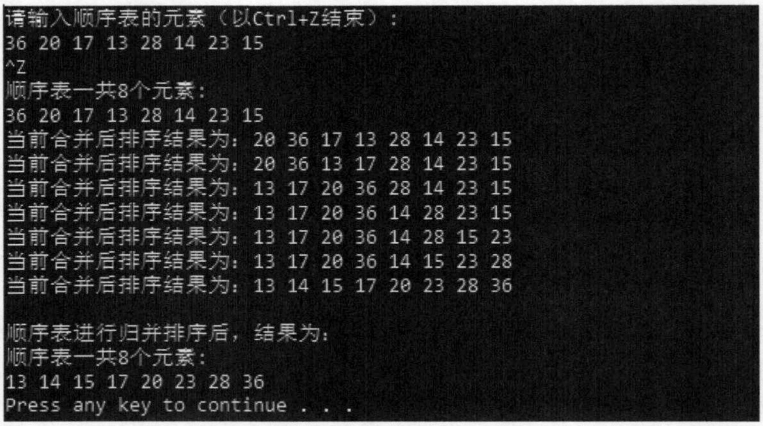

图 9.15　归并排序算法演示

6. 算法分析

1) 算法的时间复杂度

当被排序的记录数目为 n 时,递归的深度为 $\log_2 n$,且每一层递归都需要 $O(n)$ 的时间开销,故归并排序算法的时间复杂度是 $O(n\log_2 n)$。

2) 算法的空间复杂度

归并排序需要一个辅助向量来暂存两个有序子序列归并的结果,其空间复杂度为 $O(n)$。

3) 算法的稳定性

归并排序是稳定的排序方法。

9.6　基数排序的算法实现

1. 算法功能

基数排序(radix sorting)是一种借助多关键字排序的思想对单逻辑关键字进行排序的方法。

1) 多关键字排序

以扑克牌排序为例。每张扑克牌有两个关键字:花色和面值。其有序关系为:花色(◆＜♣＜♥＜♠)和面值(2＜3＜…＜A),且花色的地位高于面值。

已知扑克牌中 52 张牌面的次序关系如下。

♣2＜♣3＜…＜♣A＜♦2＜♦3＜…＜♦A＜♥2＜♥3＜…＜♥A＜♠2＜♠3＜…＜♠A

在比较任意两张牌面的大小时,先比较花色,若花色相同,再比较面值。由此,将扑克牌整理成如上所述次序时,通常采用的方法是:首先按不同花色分成有次序的 4 堆,每一堆牌均具有相同的花色;然后分别对每一堆按面值大小整理有序。

也可以采用另一种办法:首先按不同面值分成 13 堆,然后将这 13 堆牌自小到大叠在一起(3 在 2 之上,4 在 3 之上……最上面的是 4 张 A);然后将这副牌整个颠倒过来,再重新按不同花色分成 4 堆;最后将这 4 堆牌按从小到大的次序合在一起(♣在最下面,♠在最上面),此时同样得到一副满足如上次序的牌。

这两种整理扑克牌的方法便是两种多关键字的排序方法。

2) 单逻辑关键字排序

多关键字排序的方法也可应用于对一个关键字进行的排序。此时,可将单关键字 K_i 看成一个子关键字组:$(K_{i1}, K_{i2}, \cdots, K_{id})$。如对关键字取值范围为 0~999 的一组对象,可看成是 (K_1, K_2, K_3) 的组合。

2. 算法思路

假设有 n 个记录的序列 $\{R_1, R_2, \cdots, R_n\}$,每个记录 R_i 中含有 d 个关键字 $(K_i^0, K_i^1, \cdots, K_i^{d-1})$,则称上述记录序列对关键字 $(K_i^0, K_i^1, \cdots, K_i^{d-1})$ 有序是指:对于序列中任意两个记录 R_i 和 R_j $(1 \leqslant i < j \leqslant n)$ 都满足下列有序关系:

$$(K_i^0, K_i^1, \cdots, K_i^{d-1}) < (K_j^0, K_j^1, \cdots, K_j^{d-1})$$

其中,K^0 称为最高位关键字,K^{d-1} 称为最低位关键字。

按照关键字排序次序的不同,多关键字排序分为最高位(Most Significant Digit,MSD)优先法和最低位(Least Significant Digit,LSD)优先法。

(1) 最高位优先法:先对 K^0 进行排序,并按 K^0 的不同值将记录序列分成若干子序列之后,分别对 K^1 进行排序。以此类推,将序列逐层分割成若干子序列,然后对各子序列分别进行排序,直至最后对最低位关键字排序完成为止。

(2) 最低位优先法:先对 K^{d-1} 进行排序,然后对 K^{d-2} 进行排序。以此类推,直至对最高位关键字 K^0 排序完成为止。LSD 优先法是对每个关键字都是整个序列参加排序。但对 k^i $(0 \leqslant i \leqslant d-2)$ 进行排序时,只能用稳定的排序方法。另一方面,按 LSD 优先法进行排序时,在一定的条件下(即对前一个关键字 k^i $(0 \leqslant i \leqslant d-2)$ 的不同值,后一个关键字 k^{i+1} 均取相同值),通过若干次"分配"和"收集"来实现排序。

3. 实例描述

待排序关键字的序列为 $\{288, 371, 260, 531, 287, 235, 56, 299, 18, 23\}$,按照最低位优先法为关键字进行基数排序,其过程如图 9.16 所示。

4. 参考程序

定义文件中的主程序如下。

```
1.    #include "../Queue/Queue.h"
2.    #include "../Vector/Vector.h"
3.    #include <iostream>
```

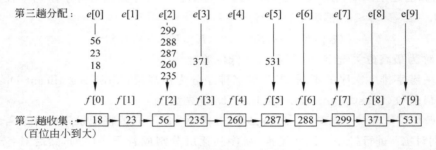

图 9.16　基数排序示意图

```
4.    using namespace std;

5.

6.    #define RADIX 10 //基数为 10,处理十进制数

7.

8.    int CreateVector(Vector<int>&L)

9.    {

10.       int e, max =0;

11.       cout <<"请输入顺序表的元素(以 Ctrl+Z 结束):\n";

12.       while (cin >>e)

13.       {

14.           L.insert(e);

15.           if (max <e) max =e;

16.       }

17.       cin.clear();                              //更改 cin 的状态标识符
```

```
18.        rewind(stdin);                                      //清空输入缓存区
19.        return max;
20.    }
21.
22.    void PrintVector(Vector<int>&L)
23.    {
24.        cout <<"顺序表一共" <<L.size() <<"个元素:\n";
25.        for (int i =0; i <L.size(); i++)    cout <<L[i] <<' ';
26.        cout <<endl;
27.    }
28.
29.    //通过最大值计算关键字项数
30.    int getKeynum(int maxElem)
31.    {
32.        int i;
33.        for (i =0; maxElem; i++)    maxElem /=RADIX;
34.        return i;
35.    }
36.
37.    //计算元素 x 的 pos 位关键字
38.    int ord(int x, int pos)
39.    {
40.        for (int i =0; i <pos; i++)    x /=10;
41.        return x %10;
42.    }
43.
44.    //按第 i 位关键字分配给对应的队列
45.    void distribute(Vector<int>&L, int i, Queue<int> * Q)
46.    {
47.        for (int j =0; j <L.size(); j++)
48.        {
49.            int k =ord(L[j], i);
50.            Q[k].enqueue(L[j]);
51.        }
52.    }
53.
54.    //按顺序进行收集
55.    void collect(Vector<int>&L, Queue<int> * Q)
56.    {
57.        int j =0;
58.        for (int i =0; i <RADIX; i++)
59.            while (!Q[i].empty())    L[j++] =Q[i].dequeue();
60.    }
61.
```

```
62.    //对顺序表 L 进行关键字项数为 keynum 的基数排序
63.    void radixSort(Vector<int>&L, int keynum)
64.    {
65.        Queue<int> * Q =new Queue<int>[RADIX];
66.        for (int i =0; i <keynum; i++)
67.        {
68.            distribute(L, i, Q);
69.            collect(L, Q);
70.            cout <<"第" <<i +1 <<"趟收集结果为,";
71.            PrintVector(L);
72.        }
73.    }
74.
75.    int main()
76.    {
77.        Vector<int>V;
78.        int max =CreateVector(V);
79.        PrintVector(V);
80.        int keynum =getKeynum(max);
81.        radixSort(V, keynum);
82.        cout <<"\n 顺序表进行基数排序后,结果为:\n";
83.        PrintVector(V);
84.
85.        system("pause");
86.        return 0;
87.    }
```

5. 运行结果

输入待排序序列的长度为 10,关键字项为 3,依次输入初始记录的关键字 288、371、260、531、287、235、56、299、18、23,基数排序的结果如图 9.17 所示。

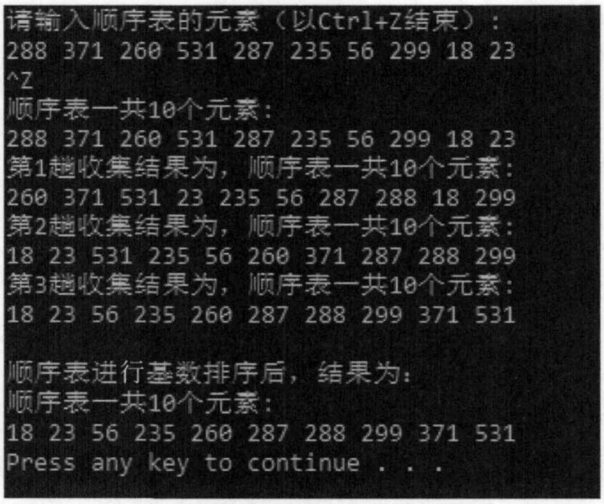

图 9.17　基数排序算法演示

6. 算法分析

1）算法的时间复杂度

对于 n 个记录,若每个记录含有 d 个关键字,每个关键字的取值范围为 r_d 个值,进行链式基数排序需要重复执行 d 趟"分配"与"收集"。每一趟对 n 个对象进行"分配",对 r_d 个队列进行"收集",总时间复杂度为 $O(d(n+r_d))$。

2）算法的空间复杂度

链式基数排序需要增加 $n+2r_d$ 个附加链接指针,辅助存储空间为 $O(n+r_d)$。

3）算法的稳定性

基数排序是稳定的排序方法。

9.7　各种内部排序方法的比较

9.7.1　时间性能

按平均的时间性能来分,有以下 3 类排序方法。

（1）时间复杂度为 $O(n\log_2 n)$ 的排序方法:有快速排序、堆排序和归并排序,其中以快速排序为最好。

（2）时间复杂度为 $O(n^2)$ 的排序方法:有直接插入排序、冒泡排序和直接选择排序,其中以直接插入排序为最好,特别是对那些关键字近似有序的记录序列尤为如此。

（3）时间复杂度为 $O(d(n+r_d))$ 的排序方法:只有基数排序。

当待排记录序列按关键字顺序有序时,直接插入排序和冒泡排序能达到 $O(n)$ 的时间复杂度;而对于快速排序而言,这是最坏的情况,此时的时间性能为 $O(n^2)$。

直接选择排序、堆排序和归并排序的时间性能不随记录序列中关键字的分布而改变。

各种内部排序方法的综合比较如表 9.1 所示。

表 9.1　各种内部排序方法的综合比较

排序分类	排序方法	平均时间复杂度	最坏时间复杂度	辅助存储空间	稳定性
插入排序	直接插入排序法	$O(n^2)$	$O(n^2)$	$O(1)$	是
	希尔排序法	$O(n^{1.25})$	$O(n^{1.25})$	$O(1)$	否
交换排序	冒泡排序法	$O(n^2)$	$O(n^2)$	$O(1)$	是
	快速排序法	$O(n\log_2 n)$	$O(n^2)$	$O(\log_2 n)$	否
选择排序	直接选择排序法	$O(n^2)$	$O(n^2)$	$O(1)$	否
	堆排序法	$O(n\log_2 n)$	$O(n\log_2 n)$	$O(1)$	否
归并排序	归并排序法	$O(n\log_2 n)$	$O(n\log_2 n)$	$O(n)$	是
基数排序	链式基数排序法	$O(d(n+r_d))$	$O(d(n+r_d))$	$O(n+r_d)$	是

9.7.2　空间性能

排序的空间性能指的是排序过程中所需要的辅助空间大小。

（1）所有的简单排序方法（包括直接插入排序法、希尔排序法、冒泡排序法、直接选择排序法）和堆排序法所需辅助存储空间为 $O(l)$。

（2）快速排序的空间复杂度为 $O(\log_2 n)$，为栈所需要的辅助空间。

（3）归并排序所需要的辅助存储空间为 $O(n)$。

（4）链式基数排序法所需要的辅助存储空间为 $O(n+r_d)$。

9.7.3　排序方法的稳定性

从稳定性来看，直接插入排序法、冒泡排序法、归并排序法和链式基数排序法是稳定的排序方法。希尔排序法、快速排序法、直接选择排序法和堆排序法是不稳定的排序方法。一般来说，排序过程中的"比较"是在"相邻的两个记录关键字"之间进行的排序方法是稳定的。

9.8　外　部　排　序

排序分内部排序和外部排序。内部排序是把待排序的记录全部调入内存单元中进行的排序。外部排序是指大文件的排序，即待排序的记录存储在外存储器上，在排序过程中需要进行多次内存与外存之间的交换。

限于篇幅，本书只介绍了内部排序，没有讨论外部排序，有兴趣的读者可以参考其他文献。

本　章　小　结

本章介绍了排序的概念以及排序算法的评价标准，重点介绍了插入排序、交换排序、选择排序、归并排序和基数排序方法。应该掌握各种排序方法的思想与排序过程，掌握相应的排序方法的算法实现与算法分析。

习题 9

习题 9 参考答案

第 10 章 综合案例

数据结构的理论性和实践性都很强,学习数据结构的目的是培养将实际问题转换为抽象数据类型的能力,并有效设计出高性能的优质算法。前面的 9 章分类介绍了基础数据结构的概念以及相关的算法,其中不乏如 KMP 算法、哈夫曼编码等实际应用中的经典算法。本章是本书的特色章节,通过一个实际生产问题的求解过程,深化读者对数据结构的理解和综合应用能力,为读者展示数据结构与算法的魅力。

10.1　背 景 介 绍

交通运输产生的空气污染、噪音、拥堵等会对环境造成一定的负面影响。大型物流公司要兼顾利润、环保和品牌形象,向符合可持续发展理念的运输方式转型。其中,使用新能源电动汽车是实现绿色减排的重要措施之一。因为新能源电动汽车由可持续、可再生的能源来提供动力,不会造成温室气体的排放,噪音小,而且随着政府和车企大力推动电动汽车的发展,并提供所需的充电桩等基础设施,越来越多的家庭和企业在选购时会考虑购买电动汽车。

但是,就目前的电池性能来看,电动汽车一次行程的运输范围可能不足以一次性执行物流服务的要求,满电量运输可能无法直接到达距离仓库很远的客户,所以就需要前往充电站充电。物流公司从常规燃油车辆过渡到电动汽车运输,特别是在充电站分布稀疏、数量较少的情况下,需要进行充电行程规划以避免无意义的绕行。人们要解决的问题是根据指定地点规划电动汽车的行驶路线,以最大程度地减少总的行驶距离或者所需要的总时间。

10.2　问 题 分 解

上述问题可以描述为:在一个交通网络中,为一辆电动汽车找到一条访问所有客户并最终回到起始点的最优路线,由于受到电池电量的限制,这条路线可以分为多段行程,电动汽车必须在电池耗尽之前找到某个充电站进行充电。

与此类似的问题还有旅行商问题:旅行商的行程从某点出发,对所有客户进行推销,在此期间他可能无法单趟拜访完全,因此需要选择一个酒店休息,第二天再接着出发。在求解电动汽车路线规划和带酒店选择的旅行商问题前,先要了解旅行商问题。

10.2.1　旅行商问题

1. 概念介绍

假设有一个商品推销员需要到若干个地点推销商品,他每天从公司出发,经过指定的地点之后再回到公司。显然,需要为他找到一个总行程最短的路线。这就是著名的组合优化问题——旅行商问题(travelling salesman problem,TSP),如果用图论来描述,则为已知带

权图 $G=(C,L)$，寻出总权值最小的 Hamilton 圈。其中，$C=\{c_1,c_2,\cdots,c_n\}$ 表示 n 个城市的集合，$L=\{l_{ij}|c_i,c_j\in C\}$ 是集合 C 中城市点两两连接的集合，每一条边 l_{ij}，都存在与之对应的权值 d_{ij}。在实际情况中，旅行商问题中的权值可以表示距离、费用、时间、油量等，所以具有重要的实际意义和工程背景。

TSP 的描述虽然看起来简单，解决起来却很困难。如果简单地用穷举法列出所有可能的路径寻找其中最短的路径，这样只能处理很小规模的问题。旅行商问题属于 NP-complete 问题，是 NP(non-deterministic poly-nominal) 问题中最难的一类，无法在多项式时间内求解。如果有 n 座城市，那么巡游路径共有 $(n-1)!/2$ 条，计算的时间和 $(n-1)!$ 成正比。当城市数 $n=20$ 时，巡回路径有 1.2×10^{18} 种；当 $n=100$ 时，巡回路径多达 4.6×10^{155} 种，要知道，据估计宇宙中基本粒子数"仅仅只有"10^{87} 个。

虽然旅行商问题最开始仅仅是为了交通运输行业的需求，如飞机航线的安排、邮件送达、物流服务等，但问题进行推广后，其范围扩展到许多其他的领域，如印制电路板钻孔是 TSP 应用的经典例子，在一块电路板上钻成百上千个孔，钻头在这些孔之间移动，相当于对所有的孔进行一次巡游。把这个问题转化为 TSP，孔相当于城市，孔到孔之间的移动时间就是距离。美国国家卫生协会在人类基因排序工作中用 TSP 方法绘制放射性杂交图。把 DNA 片断作为城市，它们之间的相似程度作为城市间的距离。法国科学家已经用这种办法绘制出了老鼠的放射性杂交图。

2. 数学模型

$G=(V,E)$ 为一个带权图，$V=\{1,2,\cdots,n\}$ 为顶点集，$E=\{e_{ij}=(i,j)|i,j\in V,i\neq j\}$ 为边集。$d_{ij}(i,j\in V,i\neq j)$ 为顶点 i 到顶点 j 的距离，其中，$d_{ij}>0$ 且 $d_{ij}\neq\infty$，同时 $d_{ij}=d_{ji}(i,j\in V)$，则经典的 TSP 的数学模型为

$$\min F=\sum_{i\neq j}d_{ij}\times x_{ij}$$

$$\text{st.}x_{ij}=\begin{cases}1, & \text{边 } e_{ij} \text{ 在最优路径上}\\0, & \text{边 } e_{ij} \text{ 不在最优路径上}\end{cases}$$

$$\sum_{i\neq j}x_{ij}=1, \quad i\in V$$

$$\sum_{i\neq j}x_{ij}=1, \quad j\in V$$

$$\sum_{i,j\in S}x_{ij}=|S|, \quad S \text{ 为 } G \text{ 的子图}$$

3. 求解方法

求解旅行商问题的方法主要分为传统的确定性算法和现代流行的智能算法。传统的确定性算法中主要使用的是动态规划法和分支限界法。动态规划法是美国数学家 Bellman R.E. 等人于 20 世纪 50 年代初在研究多阶段决策过程的优化问题时提出的，该方法把多阶段过程转化为一系列单阶段问题逐个求解。分支限界法是由达金 R.J. 和兰德-多伊格在 20 世纪 60 年代初提出的，该方法的基本思想是根据智能化的判定函数，只产生解部分的状态空间树，从而加速搜索过程，即通过一小部分可行解即可找到最优解。现代流行的智能算法里以近似算法或启发式算法为主，例如，遗传算法、人工神经网络算法、模拟退火算法等。

下面以动态规划算法为例，介绍如何把问题转换为简单的数据结构并进行求解。

10.2.2　动态规划

1. 相关概念

动态规划(dynamic programming)是求解决策过程(decision process)最优化的数学方法,常用来求解最优化问题。通常按照以下 4 个步骤来设计一个动态规划算法。

(1)刻画一个最优解的结构特征。

(2)递归地定义最优解的值。

(3)计算最优解的值,通常采用自底向上的方法。

(4)利用计算出的信息构造一个最优解。

动态规划的本质是对问题状态和状态转移方程的定义。动态规划是通过拆分问题,定义问题状态和状态之间的关系,使得问题能够以递推(或分治)的方式去解决。如何拆分问题,是动态规划的核心,此时就依靠状态的定义和状态转移方程的定义。动态规划的思想读者并不陌生,第 7 章图中的弗洛伊德算法利用的就是动态规划的思想。

下面以旅行商问题为例,了解动态规划在求解 TSP 的过程中是如何将问题转换为简单的数据结构的。

2. 状态转移方程

记 S 为集合 $\{2,3,\cdots,n\}$ 的子集,$k\in\{2,3,\cdots,n\}$,$C(k,S)$ 为从 k 出发遍历 S 中的结点并终止于结点 1 的最短距离,d_{k1} 为结点 1 到结点 k 的距离。当 $|S|=0$ 时,$C(k,S)=d_{k1}$,当 $|S|\geqslant 1$ 时,根据最优性原理,可以将 TSP 的动态规划的状态转移方程写成

$$C(k,S)=\min_{i\in S,k\in S}\{d_{ki}+C(i,S-\{i\})\}$$

假设规定巡游路线开始于结点编号 1,所要求的最短巡游距离则为

$$\min\{d_{k1}+C(k,V)\}\quad \text{且}\quad V=\{2,3,\cdots,n\},\qquad k\in V$$

接下来即可按照上述方程逐步迭代求解。

3. 状态压缩

那么如何将上述动态规划中对旅行商问题的状态定义转换为编程所需的数据结构呢?这里使用了一个状态压缩的方法,利用二进制及位运算将动态规划中状态的复杂定义转换为最简单的数组。

状态转移方程中的集合 S 与结点 k,如果直接关联到集合的数据结构,可能会联想到树状结构,如并查集等。但是,当用状态 $C(k,S)$ 表示时,集合 S 与结点 k 却无法直接作为 $C(k,S)$ 的下标,这是因为动态规划中状态表示的信息太多,如果我们简单地将所有结点以及是否在集合 S 中的信息作为 $C(k,S)$ 下标,则我们至少需要一个 4 维数组,如 $C[$ 结点 $i]$ $[$ 结点 i 是否在 S 中 $][$ 结点 $k][$ 结点 k 是否在 S 中 $]$,此时就需要将状态信息进行压缩保存,这也是动态规划算法中常用的技巧。

在状态转移方程中,集合 S 是一个整数的集合,在问题规模较小的前提下,可使用一个二进制数来表示该集合。换言之,如果某城市或客户结点 i 在集合 S 中,那么存储集合变量 k 的第 i 位就为 1,否则为 0。总客户结点数为 n,那么所有状态总数 M 应为 2^{n-1}(每个结点两种情况),这样结合位运算,数据结构的存储结构就可用最简单的顺序表数组进行表示。

以 4 个城市结点集合 $\{1,2,3,4\}$ 为例,则根据定义集合 S 为 $\{2,3,4\}$ 的子集,对应下标集合为 $\{1,2,3\}$,那么 S 所有的可能为 $\{\}$、$\{1\}$、$\{2\}$、$\{1,2\}$、$\{3\}$、$\{1,3\}$、$\{2,3\}$、$\{1,2,3\}$,若集

合 S 包含 i 结点则对应二进制位（第 $i-1$ 位）上为 1，否则为 0，转换后的二进制数为 000、001、010、011、100、101、110、111，再转换为十进制数恰好为 0、1、2、3、4、5、6、7，故 n 个城市结点情况下的集合 S（包含 $n-1$ 个结点）需要用十进制数 $0 \sim 2^{n-1}-1$ 来表示。

同样地，判断第 i 个城市是否在集合 S 中，需要判断二进制数中的第 i 位是否为 1，对应的 C++ 判断条件为 $((x \gg (i-1)) \& 1) == 1$，意思是十进制数 x 向右移 $(i-1)$，再和 1 进行"与"运算，即位移后的第 0 位是否为 1。例如，判断结点 2 是否在集合 $\{1,3\}$ 中，集合对应的二进制数为 101（十进制数为 5），将其右移 $(2-1)$ 位，即右移 1 位得到 10（十进制数为 2），再和 1（也可以理解为二进数为 01）进行"与"运算得到 0，故结点 2 不在集合 $\{1,3\}$ 中。

4. 算法实现

```cpp
1.   #include <iostream>
2.   using namespace std;
3.
4.   class TSP
5.   {
6.   private:
7.       int number;                              //客户或城市结点数量
8.       int **distance;                          //数组表示的邻接矩阵
9.       int **C;                                 //动态规划求解时的过程矩阵
10.
11.  public:
12.      //构造函数
13.      TSP(int _number) : number(_number)
14.      {
15.          //distance[i][j]:结点 i 到结点 j 的距离
16.          distance = new int * [number];
17.          //C[k][s]:从结点 k 出发,遍历十进制数 s 对应集合
18.          //最后回到起点的距离,即状态 C(k,S)
19.          C = new int * [number];
20.          for (int i = 0; i < number; i++)
21.          {
22.              distance[i] = new int[number];
23.              C[i] = new int[1 << (number - 1)];
24.              //首先将过程矩阵初始化为无穷大
25.              for (int s = 0; s < (1 << (number - 1)); s++)
26.                  C[i][s] = INT_MAX;
27.          }
28.
29.          cout << "------------------------------------------\n";
30.          cout << "请输入" << number << "个城市间的距离矩阵:\n";
31.          for (int i = 0; i < number; i++)
32.              for (int j = 0; j < number; j++)
33.              {
34.                  cin >> distance[i][j];
```

```
35.                     if (i == j)      distance[i][j] = 0;
36.               }
37.        }
38.
39.        //析构函数
40.        ~TSP()
41.        {
42.            for (int i = 0; i < number; i++)
43.            {
44.                delete[] distance[i];
45.                delete[] C[i];
46.            }
47.            delete[] distance;
48.            delete[] C;
49.        }
50.
51.        //输出城市距离邻接矩阵
52.        void print()
53.        {
54.            cout << "-------------------------------------------\n";
55.            cout << number << "个城市的距离矩阵为:\n";
56.            cout << "    ";
57.            for (int i = 0; i < number; i++)
58.                cout << "    " << i + 1;
59.            cout << endl;
60.            for (int i = 0; i < number; i++)
61.            {
62.                cout << i + 1 << " |";
63.                for (int j = 0; j < number; j++)
64.                    printf("%4d", distance[i][j]);
65.                cout << " |\n";
66.            }
67.        }
68.
69.        //动态规划求解 TSP
70.        void solve()
71.        {
72.            //初始化,对应定义中|S| = 0 时,C(k, S) = dk
73.            for (int k = 0; k < number; k++)
74.                C[k][0] = distance[k][0];
75.            //枚举计算集合 S 的所有状态
76.            for (int s = 1; s < (1 << (number - 1)); s++)
77.                for (int i = 0; i < number; i++)
78.                {
79.                    //选择要加入集合 S 的结点 i,若已在集合 S 中则忽略
```

```
80.              if (((s >> (i -1)) & 1) ==1)      continue;
81.              //从集合 S 中寻找结点 k,找到最小的状态值
82.              for (int k =1; k <number; k++)
83.              {
84.                  int ss =s ^ (1 << (k -1));
85.                  /*
86.                  s ^ (1 << (k -1))解释:
87.                  1 << (k -1)表示将二进制数 1 左移 k-1 位,
88.                  得到集合{k}对应的十进制数
89.                  再和 s 进行"异或"运算,
90.                  得到集合 S -{k}对应的十进制数
91.                  */
92.                  //若 k 不在集合 S 中或者还未运算
93.                  if (((s >> (k -1)) & 1) ==0 ||
94.                      C[k][ss] ==INT_MAX)
95.                      continue;
96.                  //对应状态转移方程
97.                  if (C[i][s] >distance[i][k] +C[k][ss])
98.                      C[i][s] =distance[i][k] +C[k][ss];
99.              }
100.             }
101.       cout <<"----------------------------------------\n";
102.       cout <<"该 TSP 的最短路径为:"
103.            <<C[0][(1 << (number -1)) -1] <<endl;
104.     }
105. };
106.
107. int main()
108. {
109.     int num;
110.     cout <<"请输入城市结点数:";
111.     cin >>num;
112.     TSP tsp(num);
113.     tsp.print();                          //输出距离矩阵
114.     tsp.solve();                          //求出最短路径
115.
116.     system("pause");
117.     return 0;
118. }
```

由于该算法是一个递归算法,所以时间复杂度为 $O(n^2 \times 2^n)$,空间复杂度为 $O(n \times 2^n)$,可见随着问题规模的扩大,其所需要的空间会急剧增加,故动态规划求解旅行商问题时,往往仅适用于规模很小的情况。

10.2.3　带酒店选择的旅行商问题

在了解了旅行商问题的基本概念后,再来回顾案例背景中的电动汽车路径规划问题,可

以将其归类为带酒店选择的旅行商问题(travelling salesman problem with hotel selection,TSPHS),这是经典的旅行商问题的拓展,考虑了更多的现实因素。

1. 问题定义

旅行商(即类似问题中的电动汽车)需要拜访若干城市或客户,但每天的工作时间受到限制(即问题中受到电池容量的限制),往往无法单趟拜访完所有的客户,因此需要在每一天的路程后选择一家酒店(即问题中电动汽车的充电设施),第二天从同一酒店出发继续路程。

该问题可以定义为一个带权的完全图 $G=(V,E)$,顶点集合 $V=C\cup H$,其中 $H=\{1,\cdots,m\}$ 是 m 个酒店的位置集合,$C=\{m+1,\cdots,m+n\}$ 是 n 个客户(或城市)的位置集合。每条边 $(i,j)\in E(i,j\in V)$ 带有权重 t_{ij},表示两个对应的位置 $i,j\in V$ 之间行进所需的时间。此外,每个客户结点都关联着一个服务时间 τ_i(其中 $\forall i\in H,\tau_i=0$)。问题的主要目标是使去酒店休息的次数最少(类似目标是电动汽车的充电次数最少),次要目标是在每段路程不超过最大时间限制(类似目标是不超过电动汽车的电量)的前提下,总的旅行时间最短(或距离最短)。

TSPHS 可能和多旅行商问题(mTSP)、车辆路径问题(VRP)、多仓库的车辆路径问题(MDVRP)类似,但关键区别在于:①TSPHS 可能起始于某个酒店但结束于另一个酒店,而其他问题的起点和终点相同;②TSPHS 只有一个车辆或旅行商,因此所有的行程必须是相连的。TSPHS 的发展过程以及相关问题在此不做过多介绍,感兴趣的读者可自行查阅相关文献。

TSPHS 的数据模型较为复杂,读者需要有一定的数学模型理论知识才能理解,故此处将其省略。

2. 寻找最优酒店住宿序列

求解 TSPHS 时,当问题规模中客户结点数小于 40 时,确定性算法尚能在可接受的时间内得到精确解。考虑到实际生活背景中,该问题的规模往往远超过 40 个,一般会选择使用专门设计的启发式智能算法,但这一部分不是本书所讲述的重点,所以无法为读者展示求解该问题的完整算法,此处仅向读者展现一种为一个旅程寻找最优住宿酒店序列的动态规划算法,这也是整个算法的核心部分,正是该方法让整体算法的计算效率得到了显著的提升,希望读者在理解 TSP 的基础上拓宽对现实问题的思考。

我们已经知道了如何求解 TSP,那么现在假定已经得到一个 TSP 旅程,开始并结束于某个预定的酒店位置,并逐一拜访 n 个客户结点。设 $S=(s_0,s_1,\cdots,s_{n+1})$ 为构成 TSP 旅程的结点序列,其中 $s_1,s_2,\cdots,s_n$ 表示 n 个客户结点且 s_0、s_{n+1} 分别表示开始的酒店、结束的酒店。此外,T 表示一天的最大路程(可以类比为电动汽车的最大电池容量),t_{ij} 为从结点 i 到结点 j 的旅行时间,τ_i 是在结点 i 的服务时间。该动态规划方法维护了一个 $T\times(n+2)$ 的矩阵 M,每个元素 $M[t,v]$ 表示在到达 S 的第 v 个结点后路程还剩 t 时间的最优旅行成本。旅行成本分为两部分:一是到达结点 s_v 时所耗费的总旅行成本,既包括旅行时间也包括客户结点的服务时间;二是在酒店住宿耗费的总成本。假定每次住宿酒店时耗费的成本为一个固定的较大值 δ。

M 中第一个元素 $M[T,0]$(对应旅行起点 s_0)设定为 0,其余元素都初始化为无穷大。从 $M[T,0]$ 开始,动态规划相对于 v 列以升序进行计算,对每列 v,使用以下两种正向递推的方法填充 $v+1$ 列的每个不为无穷大的元素 $M[t,v]$。

（1）若满足$(t_{s_v,s_{v+1}}+\tau_{s_{v+1}})\leqslant t$ 且$(M[t,v]+t_{s_v,s_{v+1}}+\tau_{s_{v+1}})<M[t-t_{s_v,s_{v+1}}-\tau_{s_{v+1}},v+1]$，则$M[t-t_{s_v,s_{v+1}}-\tau_{s_{v+1}},v+1]=(M[t,v]+t_{s_v,s_{v+1}}+\tau_{s_{v+1}})$。该递推公式表达的是直接从结点$s_v$到结点$s_{v+1}$，不需要住酒店。

（2）对于每个酒店$h\in H$，如果$t\geqslant t_{s_v,h}$，$T\geqslant(t_{h,s_{v+1}}+\tau_{s_{v+1}})$且$(M[t,v]+t_{s_v,h}+t_{h,s_{v+1}}+\tau_{s_{v+1}}+\delta)<M[T-t_{h,s_{v+1}}-\tau_{s_{v+1}},v+1]$，则$M[T-t_{h,s_{v+1}}-\tau_{s_{v+1}},v+1]=(M[t,v]+t_{s_v,h}+t_{h,s_{v+1}}+\tau_{s_{v+1}}+\delta)$。该递推公式表达的是从结点$s_v$离开，选择住宿在酒店，次日再访问结点$s_{v+1}$。

上述正向递归方法确定了每个$M[t,v]$的值（$0\leqslant t\leqslant T$，$1\leqslant k\leqslant n+1$），矩阵的最后一列中的最小值即对应了 TSPHS 的最佳巡游路线，通过回溯法也可以确定最优旅行成本对应的酒店顺序。

同时，为了提高动态规划算法的效率，使用两种加速求解的方法：一是在选择酒店时，直接选择到下一个结点S_{v+1}花费时间最短的可以到达的酒店；二是在正向递推至第v列时，淘汰那些剩余时间短（$t_1>t_2$）、花费成本高（$M[t_1,v]<M[t_2,v]$）的元素（即淘汰$M[t_2,v]$），此时不用将其计算。

下面给出算法的伪代码。

3. 算法过程

算法的伪代码如下。

要求：TSP 序列 S = (s_0，s_1，…，s_{n+1}）及可行的中间酒店结点 H = {1，…，m}

  矩阵 N[t，v]记录离开客户结点s_{v-1}后到酒店 N[t，v]住宿，第二天再前往s_v

  矩阵 L[t，v]记录从 M[t，v]递推 M[t'，v+1]时的 t 信息，主要用于反向回溯

```
1.   S' ← S
2.   for v = 0，…，n +1 do
3.     for t = 0，…，T do
4.       M[ t，v ] ← ∞，L[ t，v ] ← ∞，N[ t，v ] ← ∞
5.     end for
6.   end for
7.   M[ T，0 ] ← 0
     /* 正向递推 */
8.   for v = 0，…，n do
9.     for t = 1，…，T do
10.      if M[ t，v ] ≠ ∞ then
```
11.   **if** $(t_{s_v,s_{v+1}}+\tau_{s_{v+1}})\leqslant t$ and $(M[t,v]+t_{s_v,s_{v+1}}+\tau_{s_{v+1}})<M[t-t_{s_v,s_{v+1}}-\tau_{s_{v+1}},v+1]$ **then**

12. $M[t-t_{s_v,s_{v+1}}-\tau_{s_{v+1}},v+1]\leftarrow M[t,v]+t_{s_v,s_{v+1}}+\tau_{s_{v+1}}$

13. $N[t-t_{s_v,s_{v+1}}-\tau_{s_{v+1}},v+1]\leftarrow\infty$

14. $L[t-t_{s_v,s_{v+1}}-\tau_{s_{v+1}},v+1]\leftarrow t$

15.   **end if**

16.   **for** each h ∈ H **do**

17.   **if** $t\geqslant t_{s_v,h}$，$T\geqslant(t_{h,s_{v+1}}+\tau_{s_{v+1}})$ and $(M[t,v]+t_{s_v,h}+t_{h,s_{v+1}}+\tau_{s_{v+1}}+\delta)<M[T-t_{h,s_{v+1}}-\tau_{s_{v+1}},v+1]$ **then**

18. $M[T-t_{h,s_{v+1}}-\tau_{s_{v+1}},v+1]\leftarrow M[t,v]+t_{s_v,h}+t_{h,s_{v+1}}+\tau_{s_{v+1}}+\delta$

19. $N[T-t_{h,s_{v+1}}-\tau_{s_{v+1}},v+1]\leftarrow h$

20.　　　　　　　　$L[T-t_{h,s_{v+1}} - \tau_{s_{v+1}}, v+1] \leftarrow t$

21.　　　　　　**end if**

22.　　　　　**end for**

23.　　　　**end if**

24.　　　**end for**

25.　　**end for**

26.　**Select** $t \in \arg \min_{0 \leqslant t \leqslant T} M[t, n+1]$

　　　/* 反向回溯 */

27.　**for** $v = n+1, \cdots, 1$ **do**

28.　　**if** $N[t, v] \neq \infty$ **then**

29.　　　在结点 s'_{v-1} 和 s'_v 之间插入一个中间酒店 $N[t, v]$

30.　　**end if**

31.　　$t \leftarrow L[t, v]$

32.　**end for**

33.　**Return** S'

上述内容便是该算法中动态规划求解最优酒店住宿序列的过程，当然，此时求出来的解还不一定是最优解，需要通过启发式智能算法进一步优化，所以算法接下来的部分就不继续展开了，但此动态规划仍是解决 TSPHS 的核心算法，将原本可能很复杂的集合操作简化为数组。

10.3　总结与思考

旅行商问题是案例背景中电动汽车路线选择的基本问题，所以需要了解 TSP 及其动态规划解法。现实生活中电动汽车的物流问题，则属于带酒店选择的旅行商问题，本章介绍相关概念，以及一个动态规划算法求解酒店住宿序列，旨在让读者体会到实际问题下数据结构实用的重要性，并不是数据结构越复杂、越高级，其算法就越优秀，如何合适有效地解决问题的数据结构才是思考的重点，希望读者在阅读本章后能够对现实问题的数据结构设计有自己的见解。

电动汽车路线选择的问题越贴近现实，考虑的现实因素就越多，该问题就变得更为复杂，而且现实背景下问题的规模也往往更大，若仅仅使用动态规划等确定性算法，根据其时空复杂度很显然无法在可接受的时间内将其解决。我们生活中的大多数社会生产问题均有这样的特点，在解这类 NP 问题时，确定性算法虽然能够找到全局最优解，但其耗费的时间与空间几乎是不可承受的，此时往往会选择准确性没有那么高的启发式智能算法进行近似求解，在可接受的时间内找到一个局部的较优的解。启发式智能算法不是本书讲述的重点，感兴趣的读者可自行查阅相关资料。

附录 A　文件夹结构

本书中算法实现的头文件文件夹结构,主要作为头文件引用时的相对文件位置参考。

表 A-1　头文件文件夹结构

序号	文 件 名	简 要 说 明
1	Vector	顺序表的相关文件夹
1.1	Vector.h	顺序表 Vector 类的定义
1.2	Vector_search.h	Vector 类中查找函数的实现
1.3	Vector_sort.h	Vector 类中排序函数的实现
2	List	链表的相关文件夹
2.1	List.h	单链表 List 类及结点 LNode 的定义
2.2	CList.h	循环链表 CList 类的定义
2.3	DuList.h	双向链表 DuList 类及结点 DuLNode 的定义
3	Stack	栈的相关文件夹
3.1	Stack.h	顺序栈 Stack 类的定义
4	Queue	队列的相关文件夹
4.1	Queue.h	链式队列 Queue 类的定义
4.2	Queue@Vector.h	顺序队列 Queue 类的定义
4.3	CQueue.h	循环队列 Queue 类的定义
5	String	字符串的相关文件夹
5.1	String.h	字符串 String 类的定义
6	Matrix	矩阵的相关文件夹
6.1	Matrix.h	矩阵 Matrix 类及三元组 Triple 的定义
7	Generalized List	广义表的相关文件夹
7.1	Generalized List.h	广义表 GList 类及结点 GLNode 的定义
8	Tree	树的相关文件夹
8.1	BTree.h	二叉树 BTree 类及结点 BTNode 的定义
8.2	HuffmanTree.h	哈夫曼树 HuffmanTree 类及结点 HuffmanNode 的定义
8.3	DisjSets.h	并查集 DisjSets 类的定义
9	Graph	图的相关文件夹
9.1	Graph.h	图 Graph 抽象类及函数 create_Graph、print_Graph 的定义

序号	文 件 名	简 要 说 明
9.2	MGraph	邻接矩阵 MGraph 类的定义
9.3	MGraph_algorithm.h	邻接矩阵相关算法实现
9.4	LGraph.h	邻接表 LGraph 类及结点 VNode 的定义
9.5	LGraph_algorithm.h	邻接表相关算法实现
9.6	AMLGraph.h	邻接多重表 AMLGraph 类及边 Edge 与结点 VexBox 的定义
9.7	OLGraph.h	十字链表 OLGraph 类及弧 ArcBox 与结点 VNode 的定义
10	Search	查找的相关文件夹
10.1	BSTree.h	二叉排序树 BSTree 类的定义
10.2	AVLTree.h	平衡二叉排序树 AVLTree 类及结点 AVLNode 的定义
10.3	B_Tree.h	多路平衡查找树 B_Tree 类及结点 B_TNode 与查找结果 Result 的定义
10.4	HashTable.h	哈希表 HashTable 类的定义
10.5	IndexTable.h	索引表 IndexTable 类及索引块 IndexNode 的定义
11	Sort	排序的相关文件夹
11.1	Heap.h	堆 Heap 类的定义

附录 B   UML 类图

本书中算法实现的 C++ 类转换为 UML 类图表示，通过 UML 类图可以很清晰地看到每个类中的属性与方法，以及各个类之间的关系。

B.1   第 2 章线性表的相关类图

单链表 List、循环链表 CList 与一元多项式 poly 的 UML 类图如图 B-1 所示。

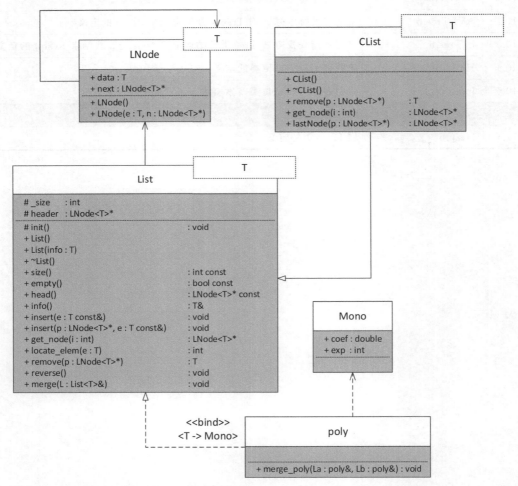

图 B-1   单链表 List、循环链表 CList 与一元多项式 poly 的 UML 类图

顺序表 Vector 与双向链表 DuList 的 UML 类图如图 B-2 所示。

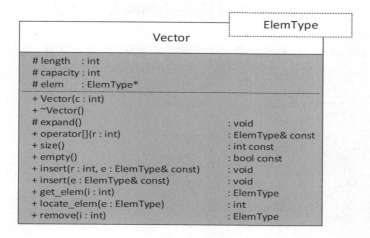

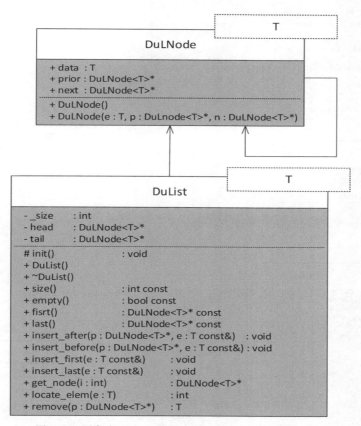

图 B-2　顺序表 Vector 与双向链表 DuList 的 UML 类图

B.2　第 3 章栈与队列的相关类图

顺序栈 Stack 的 UML 类图如图 B-3 所示。链式队列、顺序队列、循环队列的 UML 类图如图 B-4 所示。

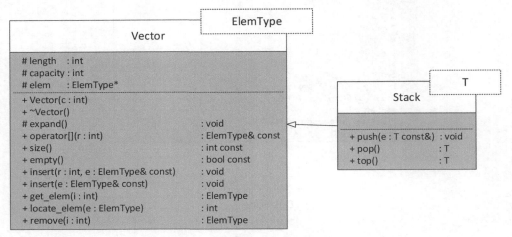

图 B-3　顺序栈 Stack

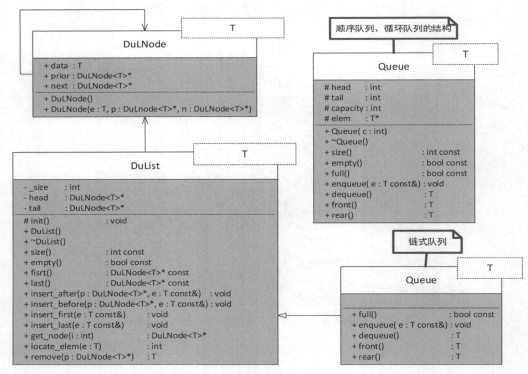

图 B-4　链式队列、顺序队列、循环队列的 UML 类图

B.3 第 4 章串的相关类图

字符串 String 的 UML 类图如图 B-5 所示。

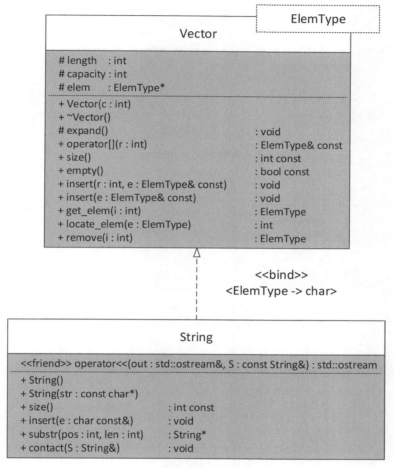

图 B-5 字符串 String 的 UML 类图

B.4　第 5 章数组和广义表的相关类图

矩阵 Matrix 的 UML 类图如图 B-6 所示。广义表 GList 的 UML 类图如图 B-7 所示。

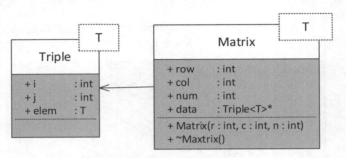

图 B-6　矩阵 Matrix 的 UML 类图

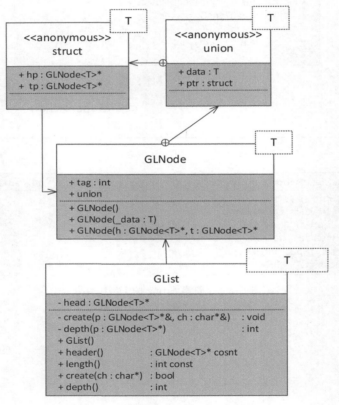

图 B-7　广义表 GList 的 UML 类图

B.5 第 6 章树和二叉树的相关类图

二叉树 BTree 的 UML 类图如图 B-8 所示。哈夫曼树 HuffmanTree 的 UML 类图如图 B-9 所示。

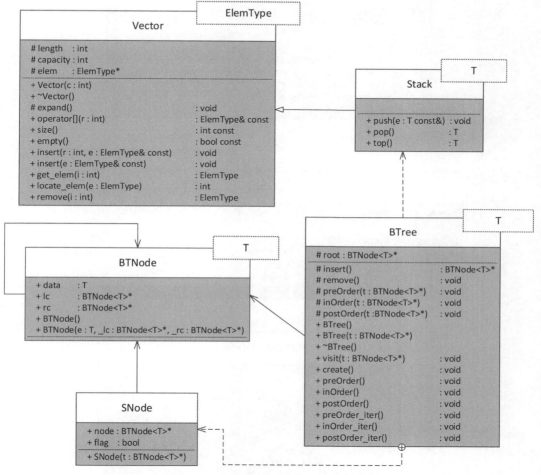

图 B-8 二叉树 BTree 的 UML 类图

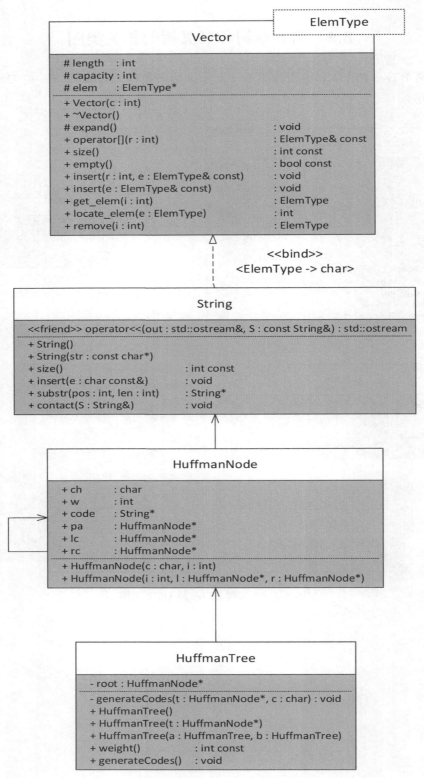

图 B-9　哈夫曼树 HuffmanTree 的 UML 类图

B.6 第 7 章图的相关类图

邻接矩阵 MGraph 的 UML 类图如图 B-10 所示。

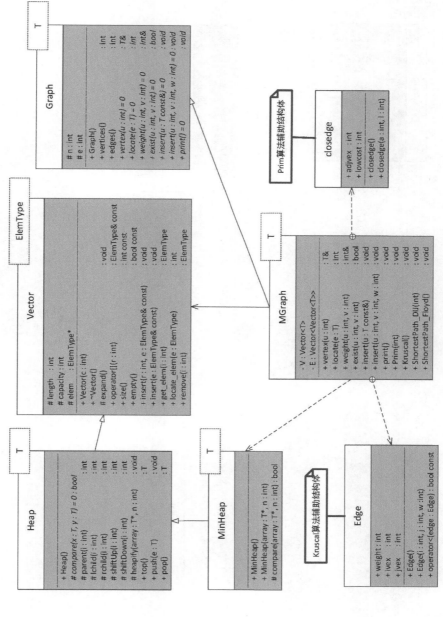

图 B-10 邻接矩阵 MGraph 的 UML 类图

邻接表 LGraph 的 UML 类图如图 B-11 所示。

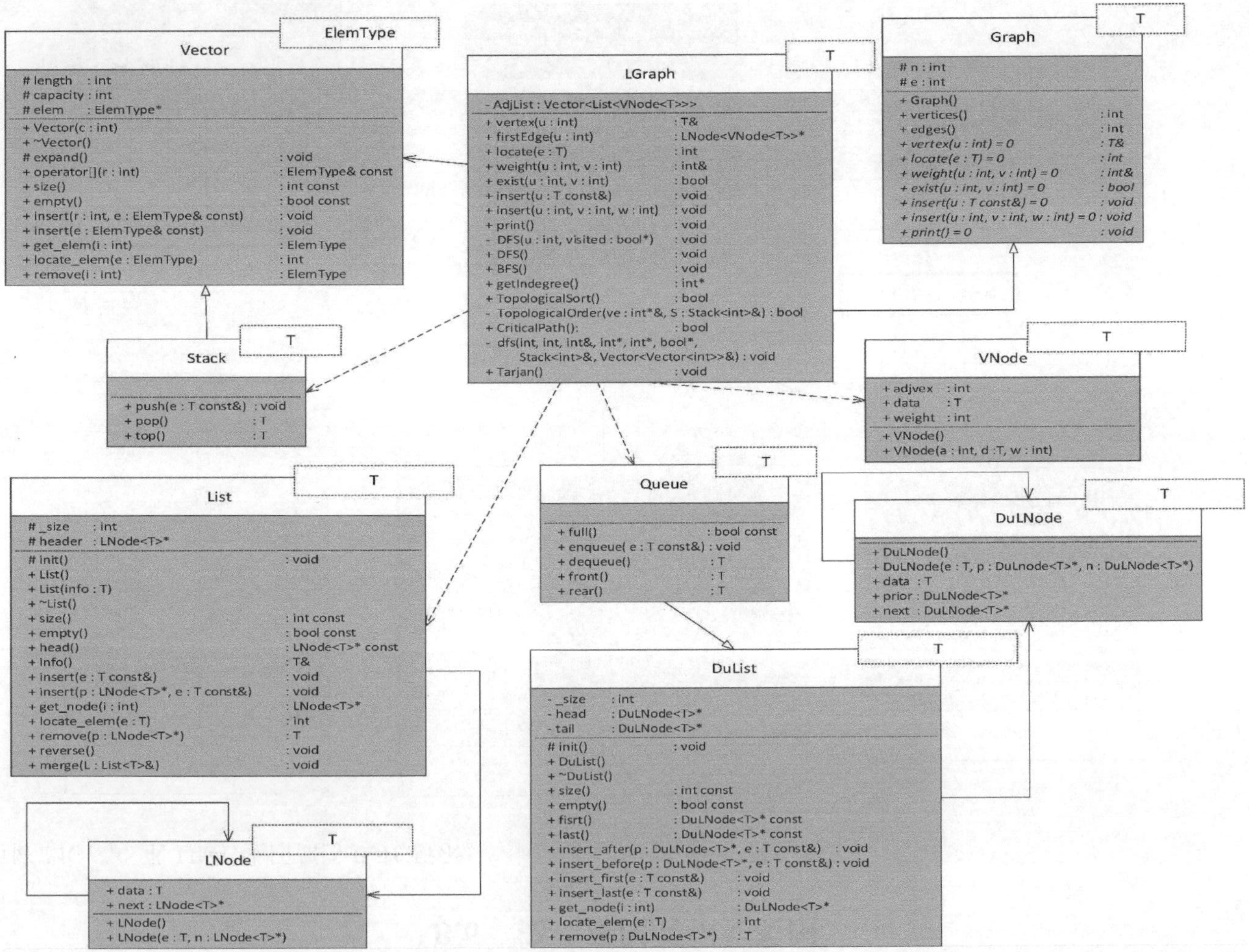

图 B-11 邻接表 LGraph 的 UML 类图

十字链表 OLGraph 与邻接多重表 AMLGragh 的 UML 类图如图 B-12 所示。

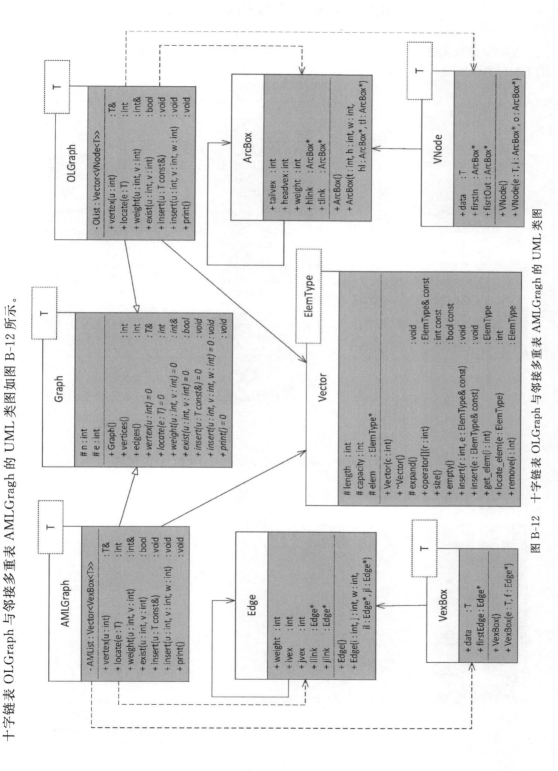

图 B-12 十字链表 OLGraph 与邻接多重表 AMLGragh 的 UML 类图

B.7　第 8 章查找的相关类图

Vector 查找函数与索引表 IndexTable 的 UML 类图如图 B-13 所示。哈希表 HashTable 的 UML 类图如图 B-14 所示。

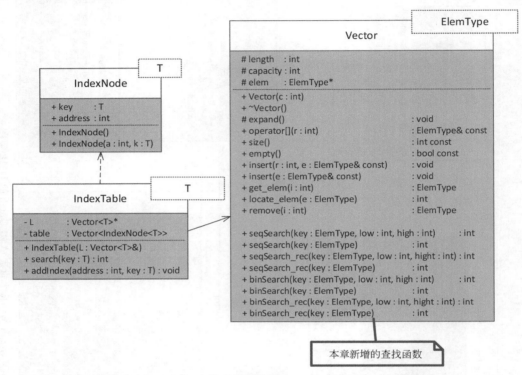

图 B-13　Vector 查找函数与索引表 IndexTable 的 UML 类图

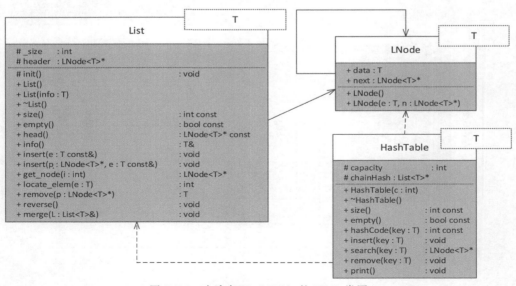

图 B-14　哈希表 HashTable 的 UML 类图

二叉排序树 BSTree 与平衡二叉排序树 AVLTree 的 UML 类图如图 B-15 所示。

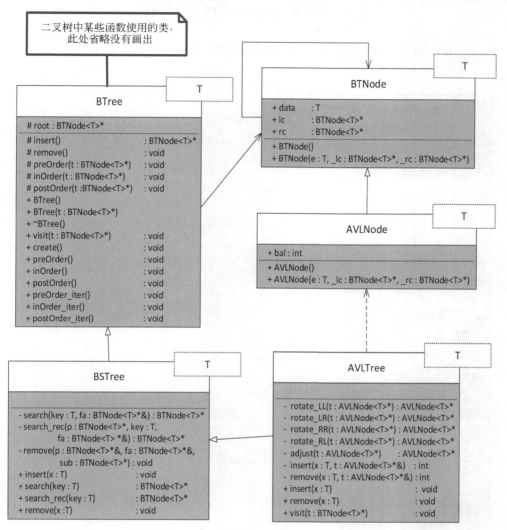

图 B-15　二叉排序树 BSTree 与平衡二叉排序树 AVLTree 的 UML 类图

B.8　第 9 章排序的相关类图

Vector 排序函数与堆 Heap 的 UML 类图如图 B-16 所示。

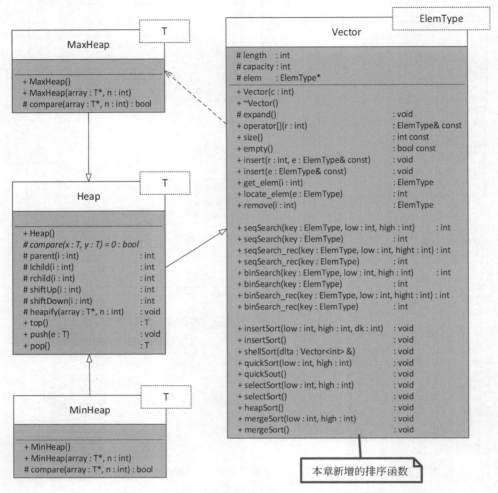

图 B-16　Vector 排序函数与堆 Heap 的 UML 类图

参 考 文 献

［1］ Weiss M A.数据结构与算法分析：C++描述［M］.张怀勇,译.北京：人民邮电出版社,2006.

［2］ 邓俊辉.数据结构：C++语言版［M］.北京：清华大学出版社,2013.

［3］ 胡昭民,吴灿铭.图解数据结构：使用 C++［M］.北京：清华大学出版社,2016.

［4］ Cormen T H,Leiserson C E,Rivest R L,et al.算法导论(原书第 3 版)［M］.殷建平,徐云,王刚,等译.北京：机械工业出版社,2012.

［5］ Schneider M,Stenger A,Goeke D. The electric vehicle-routing problem with time windows and recharging stations［J］. Transportation Science,2014,48(4)：500-520.

［6］ 王剑文,戴光明,谢柏桥,张全元.求解 TSP 问题算法综述［J］.计算机工程与科学,2008(2)：72-74+155.

［7］ Lu Y,Benlic U,Wu Q. A hybrid dynamic programming and memetic algorithm to the traveling salesman problem with hotel selection［J］. Computers & Operations Research,2018,90：193-207.

［8］ 严蔚敏,吴伟民.数据结构(C 语言版)［M］.北京：清华大学出版社,2018.

图书资源支持

感谢您一直以来对清华版图书的支持和爱护。为了配合本书的使用,本书提供配套的资源,有需求的读者请扫描下方的"书圈"微信公众号二维码,在图书专区下载,也可以拨打电话或发送电子邮件咨询。

如果您在使用本书的过程中遇到了什么问题,或者有相关图书出版计划,也请您发邮件告诉我们,以便我们更好地为您服务。

我们的联系方式:

地　　址:北京市海淀区双清路学研大厦 A 座 701

邮　　编:100084

电　　话:010-83470236　　010-83470237

资源下载:http://www.tup.com.cn

客服邮箱:2301891038@qq.com

QQ:2301891038(请写明您的单位和姓名)

资源下载、样书申请

书 圈

扫一扫,获取最新目录

课 程 直 播

用微信扫一扫右边的二维码,即可关注清华大学出版社公众号"书圈"。